高等学校机械工程类系列教材

机械制造基础 下册

（修订版）

主　编　王国顺　郭　维
副主编　肖　华　李　伟
参编人员（按姓氏笔画排列）
王国顺　李　伟　肖　华
张业鹏　陈志华　周子瑾
翁晓红　郭　维　潘卫平
戴锦春

图书在版编目(CIP)数据

机械制造基础(修订版).下册/王国顺,郭维主编.—武汉:武汉大学出版社,2011.10
高等学校机械工程类系列教材
ISBN 978-7-307-09014-9

Ⅰ.机… Ⅱ.①王… ②郭… Ⅲ.机械制造—高等学校—教材 Ⅳ.TH

中国版本图书馆CIP数据核字(2011)第153120号

责任编辑:谢文涛　　责任校对:刘　欣　　版式设计:马　佳

出版发行:武汉大学出版社　(430072　武昌　珞珈山)
(电子邮件:cbs22@whu.edu.cn 网址:www.wdp.whu.edu.cn)
印刷:通山金地印务有限公司
开本:787×1092　1/16　印张:14.75　字数:354千字
版次:2011年10月第1版　　2011年10月第1次印刷
ISBN 978-7-307-09014-9/TH·24　　定价:25.00元

高等学校机械工程类及
现代工业训练类系列教材

编委会名单

序

机械工业是“四个现代化”建设的基础，机械工业涉及工业、农业，国防建设、科学技术以及国民经济建设的方方面面，机械工业专业人才的培养质量直接影响工业、农业、国防建设、科学技术的可持续发展，乃至影响国民经济的发展。高等学校是培养高新科学技术人才的摇篮，也是培养机械工程类专业高级人才的重要基础。但凡一所高等学校，学科建设、课程建设、教材建设应该是一项常抓不懈的工作，而教材建设是课程建设的重要内容，是教学思想与教学内容的重要载体，因此显得尤为重要。

为了提高高等学校机械工程类课程教材建设水平，由武汉大学动力与机械学院和武汉大学出版社联合倡议、组建21世纪高等学校机械工程类，现代工业训练类系列教材编委会，在一定范围内，联合若干所高等学校合作编写机械工程类系列教材，为高等学校从事机械工程类教学和科研的教师，特别是长期从事教学具有丰富教学经验的一线教师搭建一个交流合作编写教材的平台，通过该平台，联合编写教材，交流教学经验，确保教材的编写质量，突出教材的基本特色，同时提高教材的编写与出版速度，有利于教材的不断更新，极力打造精品教材。

本着上述指导思想，我们组织编撰出版了这套21世纪高等学校机械工程类系列教材和21世纪高等学校现代工业训练类系列教材，根据国家教育部机械工程类本科人才培养方案以及编委会成员单位(高校)机械工程类本科人才培养方案明确了高等学校机械工程类42种教材，以及高等学校现代工业训练类6卷27种教材为今后一个时期的出版工作规划，并根据编委会各成员单位(高校)的专业特色作了大致的分工，旨在努力提高高等学校机械工程类课程的教育质量和教材建设水平。

参加高等学校机械工程类及现代工业训练类系列教材编委会的高校有：武汉大学、华中科技大学、桂林电子科技大学、香港理工大学、广西大学、华南理工大学、海军工程大学、湖北汽车工业学院、湖北工业大学、中国地质大学、武汉理工大学、华中农业大学、长江大学、三峡大学、武汉科技大学、武汉科技学院、江汉大学、清华大学、广东工业大学、东风汽车有限公司、中国计量学院、中国科技大学、扬州大学等20余所院校及工程单位。

单位。

武汉大学出版社是被中共中央宣传部与国家新闻出版署联合授予的全国优秀出版社之一，在国内享有较高的知名度和社会影响力，武汉大学出版社愿尽其所能为国内高校的教学与科研服务。我们愿与各位朋友真诚合作，力争将该系列教材打造成为国内同类教材中的精品教材，为高等教育的发展贡献力量！

高等学校机械工程类及
现代工业训练类系列教材编委会
2011 年 1 月

再版前言

“机械制造基础”是高等学校机类和非机类专业的一门重要的技术基础课程。《机械制造基础》教材自2005年第一版问世后，多所兄弟院校采用本书作为授课教材或教学参考书，不少同仁对本书的特点加以肯定的同时，也提出许多宝贵意见。近年来，高等院校注重创新教育和实践教育，本书的改编，将突出创新和实践。

修订版教材从工程材料及其性能控制、材料成形、机械加工等三个方面，分别叙述传统的机械制造过程及方法；适当介绍机械制造中的一些新工艺、新技术、新方法及其发展趋势，扩大学生的视野，适应时代对工程技术人员的要求；在编写本书的同时，进一步完善多媒体课件和网络平台的建设。课堂教学采用大量的动画和教学视频，再现机械加工过程的各工种生产原理，增强教学效果。网络平台逐步实现在线交流，满足读者的各种要求。

本书的编者都是长期从事机类和非机类工科学生课程教学和实习工作，具有丰富的机械制造基础教学和实习经验的一线教师。本书的再版，认真听取了许多同仁的意见，考虑了各院校课时压缩的实际，从内容上进行了一定的精简。

本书分上、下两册，上册介绍了金属材料的基本知识，金属材料的常见热处理、金属的液态成型工艺，金属的塑性成型工艺，金属的焊接成型工艺和金属材料毛坯选择原则。下册介绍了常见金属切削原理和金属切削刀具的基础知识，金属机床的基础知识，金属切削加工工艺以及精密和特种加工。

本书内容较新，实践性较强，既可以作为工科学生课堂教材，也可用作为机械制造实践训练教材。

本书由王国顺和郭维任主编，肖华和李伟任副主编，全书由武汉大学肖荣清教授主审。

参加本书编写的人员有：(按章节顺序)王国顺(上册第1，2，3，4章，下册第1章)、肖华(上册第5，6章)、翁晓红(下册第2章)、郭维(下册第3，4章)、李伟(下册第5章)、戴锦春(下册第6章)。其他参编人员还有潘卫平、张业鹏、陈志华、周子瑾等。

本书在编写过程中，参考了有关教材、手册、资料，并得到众多同志的支持和帮助，在此一并表示衷心地感谢。

由于编者的水平有限，书中难免有错误和不足之处，敬请广大读者批评指正。

作　者

2011年

目　录

第1章　金属切削原理与刀具

金属切削加工虽有多种不同的形式，但是，它们在很多方面如切削时的运动、切削工具以及切削过程的物理实质等，都有着共同的现象和规律。这些现象和规律是学习各种切削加工方法的共同基础。

1.1　切削运动及刀具结构

1.1.1　切削运动及切削用量

1. 零件表面的形成及切削运动

机器零件的形状虽很多，但分析起来，主要由下列几种表面组成，即外圆面、内圆面(孔)、平面和成形面。因此，只要能对这几种表面进行加工，就基本上能完成所有机器零件的加工。

外圆面和内圆面(孔)是以某一直线为母线，以圆为轨迹，做旋转运动时所形成的表面。

平面是以一直线为母线，以另一直线为轨迹，作平移运动时所形成的表面。

成形面是以曲线为母线，以圆或直线为轨迹，作旋转或平移运动时所形成的表面。

上述各种表面，可分别用图 1-1 所示的相应的加工方法来获得。由图可知，要对这些表

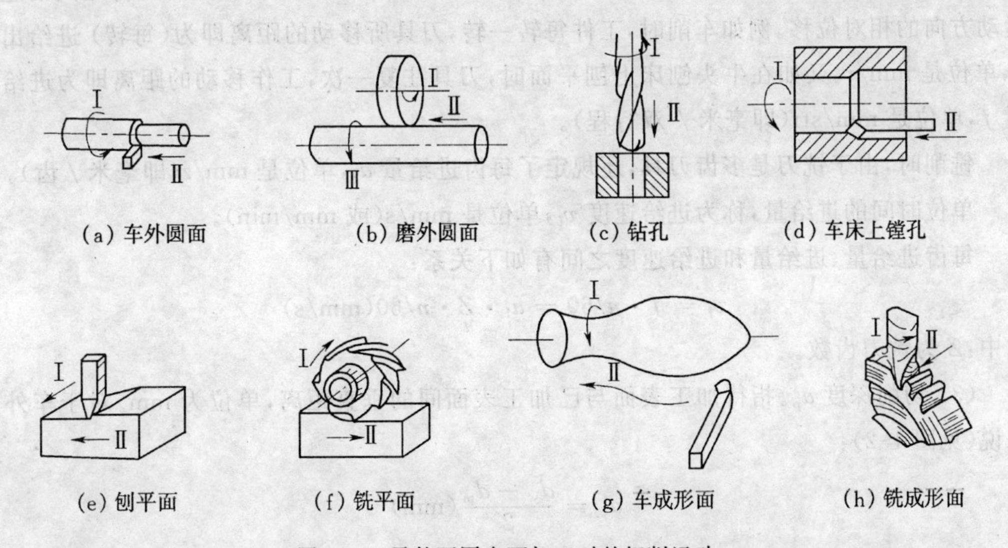

图 1-1　零件不同表面加工时的切削运动

面进行加工,刀具与工件必须有一定的相对运动,就是所谓切削运动。

切削运动包括主运动(图中Ⅰ)和进给运动(图中Ⅱ)。主运动是切下切屑最基本的运动;进给运动是使金属层不断投入切削,从而加工出完整表面所需的运动。各种切削加工方法(车削、钻削、刨削、铣削、磨削和齿轮加工等)都是为了加工某种表面而发展起来的,因此,也都有其特定的切削运动。切削运动有旋转的,也有直行的;有连续的,也有间歇的。

2.切削用量

在一般的切削加工中,切削用量包括切削速度、进给量和切削深度三要素。

(1) 切削速度 v。在单位时间内,工件和刀具沿主运动方向的相对位移。单位为 m/s 或 m/min。

若主运动为旋转运动,切削速度为其最大的线速度。以车外圆为例(见图 1-2),切削速度可按下式计算:

$$v = \frac{\pi d_w n}{1000 \times 60}(\mathrm{m/s})$$

或

$$v = \frac{\pi d_w n}{1000}(\mathrm{m/min})$$

式中:d_w—— 待加工表面直径,mm;

n—— 工件转速,r/min。

若主运动为往复直线运动(如刨削、插削等),则常以其平均速度为切削速度,即

$$v = \frac{2Ln_r}{1000 \times 60}(\mathrm{m/s}) \quad 或 \quad v = \frac{2Ln_r}{1000}(\mathrm{m/min})$$

式中:L—— 往复运动行程长度,mm;

n_r—— 主运动每分钟的往复次数,str/min。

(2) 进给量。工件或刀具运动在一个工作循环(或单位时间)内,刀具与工件之间沿进给运动方向的相对位移。例如车削时,工件每转一转,刀具所移动的距离即为(每转)进给出量 f,单位是 mm/r。又如在牛头刨床上刨平面时,刀具往复一次,工作移动的距离即为进给出量 f,单位是 mm/str(即毫米 / 双行程)。

铣削时,由于铣刀是多齿刀具,还规定了每齿进给量 a_f,单位是 mm/z(即毫米 / 齿)。

单位时间的进给量,称为进给速度 v_f,单位是 mm/s(或 mm/min)。

每齿进给量、进给量和进给速度之间有如下关系:

$$v_f = f \cdot n/60 = a_f \cdot Z \cdot n/60(\mathrm{mm/s})$$

式中:Z 为铣刀齿数。

(3) 切削深度 a_p。指待加工表面与已加工表面间的垂直距离,单位为 mm。对于车外圆来说(见图 1-2):

$$a_p = \frac{d_w - d_m}{2}(\mathrm{mm})$$

式中:d_m 为已加工表面直径,mm。

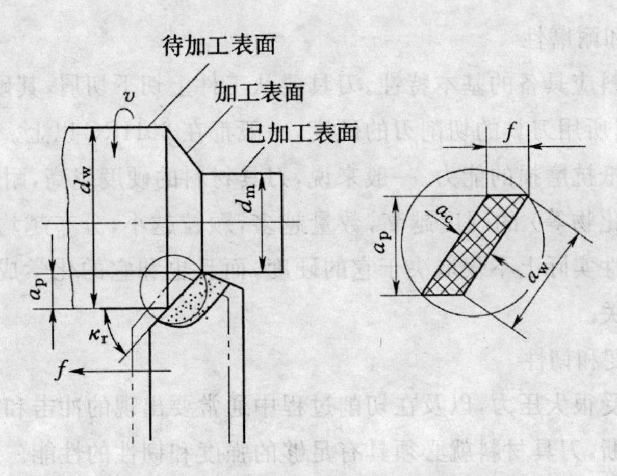

图 1-2　车外圆的切削要素

3. 切削层几何参数

切削层是指工件上正被切削刃切削的一层材料，即两个相邻加工表面之间的那层材料。以车外圆为例(见图 1-2)，切削层就是工件每转一转，切削刃所切下的一层材料。为简化计算工作，切削层的几何参数一般在垂直于切削速度的平面内观察和度量，它们包括切削厚度、切削宽度和切削面积。

(1) 切削厚度 a_c。两相邻加工表面间的垂直距离，单位为 mm。车外圆时(见图 1-2)：

$$a_c = f \cdot \sin k_r (\text{mm})$$

(2) 切削宽度 a_w。沿主切削刃度量的切削层尺寸，单位为 mm。车外圆时(见图 1-2)：

$$a_w = a_p / \sin k_r (\text{mm})$$

(3) 切削面积 A。切削层在垂直于切削速度截面内的面积，单位为 mm^2。车外圆时(见图 1-2)：

$$A_c = a_c \cdot a_p = f \cdot a_p (\text{mm}^2)$$

1.1.2　刀具材料

用刀具切削金属时，直接负担切削工作的是刀具的切削部分。刀具切削性能的好坏，取决于构成刀具切削部分的材料、切削部分的几何参数及刀具结构的选择和设计是否合理。切削加工生产率和刀具耐用度的高低，刀具消耗和加工成本的多少，加工精度和表面质量的优劣等，在很大程度上都取决于刀具材料的合理选择。

刀具材料的发展受着工件材料发展的促进和影响。

1. 刀具材料应具备的性能

刀具在工作时，要承受很大的压力。同时，由于切削时产生的金属塑性变性以及在刀具、切屑、工件相互接触表面间产生的强烈摩擦，使刀具切削刃上产生很高的温度和受到很大的应力，在这样的条件下，刀具将迅速磨损或破损。因此刀具材料应能满足下面一些

要求:

(1) 高的硬度和耐磨性

硬度是刀具材料应具备的基本特性。刀具要从工件上切下切屑,其硬度必须比工件材料的硬度大。切削金属所用刀具的切削刃的硬度,一般都在60HRC以上。

耐磨性是材料抵抗磨损的能力。一般来说,刀具材料的硬度越高,耐磨性就越好。组织中硬质点(碳化物、氮化物等)的硬度越高,数量越多,颗粒越小,分布越均匀,则耐磨性越高。但刀具材料的耐磨性实际上不仅取决于它的硬度,而且也和它的化学成分、强度、显微组织及摩擦区的温度有关。

(2) 足够的强度和韧性

要使刀具在承受很大压力,以及在切削过程中通常要出现的冲击和振动的条件下工作,而不产生崩刃和折断,刀具材料就必须具有足够的强度和韧性的性能。

(3) 高的耐热性(热稳定性)

耐热性是衡量刀具材料切削性能的主要标志。它是指导刀具材料在高温下保持硬度、耐磨性、强度和韧性的性能。

(4) 良好的热物理性能和耐热冲击性能

刀具材料的导热性越好,切削热越容易从切削区散走,有利于降低切削速度。

刀具在断续切削(如铣削)或使用切削液切削时,常常受到很大的热冲击(温度变化剧烈),因而刀具内部会产生裂纹而导致断裂。刀具材料抵抗热冲击的能力可用耐热冲击系数来衡量。

(5) 良好的工艺性能

为便于刀具制造,要求刀具材料具有良好的工艺性能,如锻造性能、热处理性能、高温塑性变形性能、磨削加工性能等等。

(6) 经济性

经济性是刀具材料的重要指标之一,刀具材料的发展应结合本国资源。有的刀具(如超硬材料刀具)虽然单件成本很贵,但因其使用寿命很长,分摊到每个零件的成本不一定很高。因此在选用时要考虑经济效果。此外,在切削加工自动化和柔性制造系统中,也要求刀具的切削性能比较稳定和可靠,有一定的可预测性和高度的可靠性。

2.常用的刀具材料

常用的刀具材料有碳素工具钢、合金工具钢、硬质合金、陶瓷、金刚石、立方氮化硼等。目前刀具材料中用得最多的是高速钢和硬质合金。

1) 碳素工具钢及合金钢

碳素工具钢是含碳量较高的优质钢(含碳量0.7%～1.2%,如T10、T12A等)淬火后碳度较高的耐热性较差(见表1-1)。在碳素工具钢中加入少量的Cr、W、Mn、Si等元素形成合金工具钢,如9SiCr、CWMn等。可适当减少热处理变形和提高耐热性(见表1-1),由于这两种材料的耐热性较低,目前主要用来制造一些切削速度不太高的手动工具,如锉刀、锯条、铰刀等较少用来制造其他刀具。

表 1-1 各种刀具材料的物理力学性能

材料种类 / 性能	高速钢	硬质合金		TiC(N)基硬质合金	陶瓷			聚晶立方氮化硼	聚晶金刚石
		K系(WC-Co)	P系(WC-Ti-TaC-Co)		Al_2O_3	Al_2O_3-TiC	SiN_4		
密度/(g/cm³)	8.7~8.8	14~15	10~13	5.4~7	3.90~3.98	4.2~4.3	3.2~3.6	3.48	3.52
硬度/HRA	84~85	91~93	90~92	91~93	92.5~93.5	93.5~94.5	1350~1600HV	4500HV	>9000HV
抗弯强度/MPa	2000~4000	1500~2000	1300~1800	1400~1800	400~750	700~900	600~900	500~800	600~1100
抗压强度/MPa	2800~3800	3500~6000		3000~4000	3500~5500		3000~4000	2500~5000	7000~8000
断裂韧度 K_{Ic}/(MPa·m^1/2)	18~30	10~15	9~14	7.4~7.7	3.0~3.5	3.5~4.0	5~7	6.5~8.5	6.89
弹性模量/GPa	210	610~640	480~560	390~440	400~320	360~390	280~320	710	1090
导热系数 W/(m·K)	20~30	80~110	25~42	21~71	29	17	20~35	130	210
热膨胀系数/(×10⁻⁶/K)	5~10	4.5~5.5	5.5~6.5	7.5~8.5	7	8	3.0~3.3	4.7	3.1
耐热性/℃	600~700	800~900	900~1100	1000~1100	1200	1200	1300	1000~1300	700~800

2) 高速钢

高速钢是一种加入了较多的钨、钼、铬、钒等合金元素的高合金工具钢。

高速钢具有较高的热稳定性,在切削温度高达到 500 ~ 650℃ 时,尚能进行切削。与碳素工具钢和合金工具钢相比,高速钢能提高切削速度 1 ~ 3 倍,提高刀具耐用度 10 ~ 40 倍,甚至更多。它可以加工从有色金属到高温合金的范围广泛的材料。

高速钢具有高的强度(抗弯强度为一般硬质合金的 2 ~ 3 倍,为陶瓷的 5 ~ 6 倍) 和韧性,具有一定的硬度(63 ~ 70HRC) 和耐磨性,适合于各类切削刀具的要求,也可用于在刚性较差的机床上加工。

高速钢刀具制造工艺简单,容易磨成锋利切削刃,能锻造,这一点对形状复杂及大型成形刀具非常重要,故在复杂刀具(钻头、丝锥、成形刀具、拉刀、齿轮刀具等) 制造中,高速钢仍占主要地位。

高速钢材料性能较硬质合金和陶瓷稳定,在自动机床上使用较可靠。因此,尽管各国种新刀具材料不断出现,高速钢仍占现用刀具材料的一半以上。

按用途不同,高速钢可分为通用型高速钢和高性能高速钢。按制造工艺不同,高速钢可分为熔炼高速钢和粉末冶金高速钢。

常用的几种高速钢的力学性能见表 1-2。

表 1-2　**高速钢的力学性能**

钢　　号	常温硬度 /HRC	抗弯强度 /CPa	冲击韧度 /(MJ/m²)	高温硬度 /HRC	
				500℃	600℃
W18Cr4V	63 ~ 66	3 ~ 3.4	0.18 ~ 0.32	56	48.5
W6Mo5Cr4V2	63 ~ 66	3.5 ~ 4	0.3 ~ 0.4	55 ~ 56	47 ~ 48
9W18Cr4V	66 ~ 68	3 ~ 3.4	0.17 ~ 0.22	57	51
W6Mo5Cr4V3	65 ~ 67	3.2	0.25	—	51.7
W6Mo5Cr4V2Co8	66 ~ 68	3.0	0.3	—	54
W2Mo9Cr4VCo8	67 ~ 69	2.7 ~ 3.8	0.23 ~ 0.3	~ 60	~ 55
W6Mo5Cr4V2Al	67 ~ 69	2.9 ~ 3.9	0.23 ~ 0.3	60	55
W10Mo4Cr4V3Al	67 ~ 69	3.1 ~ 3.5	0.2 ~ 0.28	59.5	54

(1) 通用型高速钢。

这类高速钢含碳量为 0.7% ~ 0.9%。按钢中含钨量的不同,可分为含 W12% 或 18% 的钨钢,含 W6% 或 8% 的钨钼系钢,含 W2% 或不含钨的钼钢。

这类钢按其耐热性可称为是中等热稳定性高速钢。它经 4h 加热到 615 ~ 620℃,仍可保持硬度为 60HRC。由于这类钢具有一定的硬度(63 ~ 66HRC) 和耐磨性,高的强度和韧性,良好的塑性和磨加工性,因此广泛用以制造各种复杂刀具,成为切削硬度在 250 ~ 280HBS 以下的大部分结构钢和铸铁的基本品种,应用最为广泛,占高速钢总产量的 75% ~ 80%。

通用型高速钢刀具的切削速度一般不太高,切削普通钢料时常不高于 40 ~ 60m/min。

通用型高速钢一般可分为钨钢、钨钼钢两类:

① 钨钢。这种钢的典型牌号是 W18Cr4V(简称 W18),它含 W18%,Cr4%,V1%,具有

较好的综合性能(见表 1-2)，在 600℃ 时的高温硬度为 48.5HRC，可用以制造各种复杂刀具。

② 钨钼钢。钨钼钢是将钨钢中的一部分钨用钼代替所获得的一种高速钢。如果钨钼钢中的钼不多于5%，钨不少于6%。而且满足 $\sum(W+1.4\sim1.5Mo)=12\%\sim13\%$ 时，则可保证钼对钢的强度和韧性具有有利的影响，而又不致损害钢的热稳定性。

钨钼钢的典型牌号是 W6Mo5Cr4V2(简称 M2)，它含 W6%，Mo5%，Cr4%，V2%。这种钢的碳化物分布细小均匀，具有良好的力学性能(见表 1-2)，与 W18 钢相比抗弯强度高 10%～15%、韧性高 50%～60%，而且大截面的工具也具有这种优点，因而可做尺寸较大、承受冲击力较大的刀具。

(2) 高性能高速钢。

高性能高速钢是指在通用型高速钢成分中再增加一些含碳量、含钒量及添加钴、铝等合金元素的新钢种。如高碳高速钢 9W6Mo5Cr4V2，高钒高速钢 W6Mo5Cr4V3，钴高速钢 W6Mo5Cr4V2Co5、W18Cr4VCo5 及超硬高速钢 W2Mo9Cr4VCo8、W6Mo5Cr4V2Al 等，它们的力学性能如表 2-2 所示。

这类钢按其耐热性可称为高热稳定性高速钢。加热到 630～650℃ 时仍可保持 60HRC 的硬度，因此具有更好的切削性能，这类高速钢刀具的耐用度约为通用型高速钢刀具的 1.5～3 倍。它们适合于加工奥氏体不锈钢、高温合金、钛合金、超高强度钢等难加工材料。在用中等速度加工软材料时，优越性就不很显著。

这类钢的不同牌号只有在各自的规定切削条件下使用才可达到良好的切削性能。例如，高碳高速钢的强度和韧性较通用高速钢低，高钒高速钢的磨加工性差，含钴高速钢的成本较高等，都限制了它们只适于在一定范围内使用。

超硬高速钢是指硬度能达到 67～70HRC 的高速钢，其含碳量比相似的通用高速钢高 0.20%～0.25%。就其成分而言，可分为含钴的超硬高速钢和不含钴的超硬高速钢。

①W2Mo9Cr4VCo8(M42)。这是一种应用最广的含钴超硬高速钢，具有良好的综合性能。硬度可达 67～70HRC，600℃ 的高温硬度为 55HRC，比 W18 钢高 6.5HRC，因而能允许较高的切削速度。这种钢有一定的韧性，由于含钒量不高，故磨加工性很好。用这种钢做的刀具在加工耐热合金、不锈钢时，耐用度较 W18 和 M2 钢有明显提高。加工材料的硬度愈高，效果愈显著。这种钢由于含钴量较多，成本较贵。

②W6Mo5Cr4V2Al(501)。这是一种含铝的超硬高速钢，在 600℃ 时的高温硬度也达到 54HRC，但由于不含钴，因而仍保留有较高的强度和韧性。501 钢的抗弯强度为 2.9～3.9GPa，冲击韧性为 0.23～0.3MJ/m²，具有良好的切削性能。在多数场合，其切削性能与 M42 钢相同。这种钢立足于我国资源，与钴钢比较，成本较低，故已逐渐推广使用。但与 W18 钢比较，这种钢的磨加工性较差，热处理温度也较难控制。

(3) 粉末冶金高速钢。

粉末冶金高速钢(简称粉冶钢)是用高压氩气或纯氮气雾化熔融的高速钢钢水，直接得到细小的高速钢粉末，然后将这种粉末在高温高压下压制成致密的钢坯，最后将钢坯锻轧成钢材或刀具形状的一种高速钢。

用粉末冶金法制造的高速钢有下列优点：

① 可有效地解决一般熔炼高速钢在铸锭时要产生的粗大碳化物共晶偏析，得到细小均

匀的结晶组织。晶粒尺寸小于2～3μm,而不是一般熔炼钢的8～20μm。这就使这种钢有良好的力学性能。由于粉冶钢的碳化物分布比较均匀,在轻度变形条件下,粉冶钢的强度和韧性分别是熔炼钢的2倍和2.5～3倍;在大变形状态下(如锻件或轧制毛坯在直径方向的压下量达20～30mm),则粉冶钢与熔炼钢相比,强度和韧性分别提高30%～40%和80%～90%。

② 这种钢的磨加工性很好,不会由于增加钒含量(为提高高速钢的耐磨性而加入)而降低磨加工性。含钒5%的粉冶钢的磨加工性相当于含钒2%的熔炼钢的磨加工性。粉冶钢的磨削效率比熔炼钢高2～3倍,磨削表面粗糙度可显著减小。

③ 由于粉冶钢物理力学性能的高度各向同性,可减少淬火时的变形(只及熔炼钢的1/2～1/3)。

④ 由于碳化物颗粒均匀分布的表面积较大,且不易从切削刃上剥落,故粉冶钢的耐磨性可提高20%～30%。

此外,粉冶钢热成形时具有高的合格率。这种方法还提供了在现有高速钢成分中加入大量碳化物(为增加钢的热稳定性和耐磨性而不使力学性能变坏),制成用旧方法无法生产的新钢种,和性能介于现有高速钢与硬质合金之间的新材料的可能性。

粉冶钢适于制造切削难加工材料的刀具及大尺寸刀具(如滚刀、插齿刀),也适于制造精密刀具和磨加工量大的复杂刀具,对于高压动载荷下使用的刀具(如断续切削刀具)以及小截面、薄刃刀具和成型刀具出可适用。

3) 硬质合金

(1) 硬质合金的特点。

硬质合金是由难熔金属碳化物(如WC、TiC、TaC、NbC等)和金属粘结剂(如Co、Ni等)经粉末冶金方法制成的。

由于硬质合金成分中都含有大量金属碳化物,这些碳化物都有熔点高、硬度高、化学稳定性好、热稳定性好等特点,因此,硬质合金的硬度、耐磨性、耐热性都很高。常用硬质合金的硬度为89～93HRA,比高速钢的硬度(83～86.6HRA)高。在800～1000℃时尚能进行切削。在540℃时,硬质合金的硬度为82～87HRA,相当于高速钢的常温硬度,在760℃时仍能保持77～85HRA。因此,硬质合金的切削性能比高速钢高得多,刀具耐用度可提高几倍到几十倍,在耐用度相同时,切削速度可提高4～10倍。

常用硬质合金的抗弯强度为0.9～1.5GPa,比高速钢的强度低得多,断裂韧度也较差(见表1-1)。因此。硬质合金刀具不能像高速钢刀具那样能够承受大的切削振动和冲击负荷。

硬质合金中碳化物含量较高时,硬度较高,但抗弯强度较低;粘结剂含量较高时,则抗弯强度较高,但硬度却较低。

硬质合金由于切削性能优良,因此被广泛用作刀具材料(有的国家使用量已达刀具材料总量的一半)。绝大多数的车刀和端铣刀都采用硬质合金制造;深孔钻、铰刀等刀具也广泛地采用了硬质合金;就连一些复杂刀具如拉刀、齿轮滚刀(特别是整体小模数硬质合金滚刀和加工淬硬齿面的滚刀)也都采用了硬质合金。硬质合金刀具还可用来加工高速钢刀具不能切削的淬硬钢等硬材料。

(2) 常用硬质合金的分类及性能。

目前主要应用的硬质合金有下列四类,表1-3为其化学成分及性能。

表1-3 硬质合金的化学成分及力学性能

类别		牌号	化学成分				物理性能			力学性能					相近的ISO牌号
			WC	TiC	TaC(NbC)	Co	密度 g/cm³	导热系数 W/(m·℃)	热膨胀系数 ×10⁻⁶(1/℃)	硬度 HRA	抗弯强度 GPa	抗压强度 GPa	弹性模量 GPa	冲击韧度 kJ/m²	
WC基	WC+Co	YG3X	96.5		<0.5	3	15.0～15.3		4.1	91.5	1.1	5.4～5.63			K01
		YG6X	93.5		<0.5	6	14.6～15.0	79.6	4.4	91	1.4	4.7～5.1		～20	K02
		YG6	94			6	14.6～15.0	79.6	4.5	89.5	1.45	4.6	630～640	～30	K10
		YG8	92			8	14.5～14.9	75.4	4.5	89	1.5	4.47	600～610	～40	K20
		YS2(YG10H)	90			10	14.3～14.6			91.5	2.2				K30
	WC+TiC+Co	YT30	66	30		4	14.5～14.9	20.9	7.00	92.5	0.9	3.9	400～410	3	P01
		YT15	79	15		6	11.0～11.7	33.5	6.51	91	1.15	4.2	520～530		P10
		YT14	78	14		8	11.2～12	33.5	6.21	90.5	1.2	4.6		7	P20
		YT15	85	5		10	12.5～13.2	62.8	6.06	89.5	1.4		590～600		P30
	WC+TaC(NbC)+Co	YG6A	91		3	6	14.6～15			91.5	1.4				K05
		YG8A	91		<1	8	14.5～14.9			89.5	1.5				K25
	WC+TiC+TaC(NbC)+Co	YW1	84	6	4	6	12.8～13.3			91.5	1.2				M10
		YW2	82	6	4	8	12.6～13			90.5	1.35				M20
TiC(N)基		YN05	8	71		Ni-7 Mo-14	5.9			93.3	0.95				P01
		YN10	15	62	1	Ni-12 Mo-10	6.3			92	1.1				P01

①WC-Co(YG)类硬质合金。这类合金是由WC和Co组成。我国生产的常用牌号有YG3X、YG6X、YG6、YG8等,含Co量分别为3%、6%、6%、8%,主要用于加工铸铁及有色金属。这类合金的硬度为89～91.5HRA,抗弯强度为1.1～1.5MPa。

YG类硬质合金有粗晶粒、中晶粒、细晶粒和超细晶粒之分。一般硬质合金(如YG6,YG8)均为中晶粒。细晶粒硬质合金(如YG3X、YG6X)在含钴量相同时比中晶粒的硬度和耐磨性要高些,但抗弯强度和韧性则要低一些。细晶粒硬质合金适用于加工一些特殊的硬铸铁、奥氏体不锈钢、耐热合金、钛合金、硬青铜、硬的和耐磨的绝缘材料等。超细晶粒硬质合金的WC晶粒在0.2～1μm之间,大部分在0.5μm以下,由于硬质相和粘结相高度分散,增加了粘结面积,在适当增加钴含量的情况下,能在较高硬度时获得很高的抗弯强度,如表1-4中的YS2(YG10H)合金的抗弯强度达到2.2GPa。这类硬质合金特别适合于在较低切削速度($v \leqslant 5$m/min)下工作,适于制造小尺寸刀具;可用以加工高强度、耐热合金等难加工材料。

②WC-TiC-Co(YT)类硬质合金。这类合金中的硬质相除WC外,还含有5%～30%TiC。常用牌号有YT5、YT14、YT15及YT30,TiC含量分别为5%、14%、15%和30%,相应的钴含量为10%、8%、6%和4%,主要用于加工钢料。这类合金的硬度为89.5～92.5HRA,抗弯强度为0.9～1.4GPa。随着合金成分中TiC含量的提高和Co含量的降低,硬度和耐磨性提高,抗弯强度则降低。与YG类硬质合金比较,YT类合金的硬度提高了,但抗弯强度、特别是冲击韧度却显著降低了。例如,含Co量为6%的YT15与YG6比较,抗弯强度降低了0.3GPa,硬度则提高了1.5HRA。此外,YT类合金的导热性能、磨削性能及焊接性能均随TiC含量的增加而显著;因此,在焊接及刃磨时要注意防止过热而使刀片产生裂纹。

③WC-TiC-TaC(NbC)-Co(YW)类硬质合金型。这是在上述硬质合金成分中加入一定数量的TaC(NbC),常用牌号有YW1和YW2。在YT类硬质合金中加入TaC(NbC)可提高其抗弯强度、疲劳强度和冲击韧度,提高合金的高温硬度和高温强度,提高抗氧化能力和耐磨性。这类合金既可用于加工铸铁及有色金属,也可用于加工钢,因此常称为通用硬质合金。

④TiC(N)基硬质合金。TiC(N)基硬质合金是以下TiC为主要成分(有些加入了其他碳化物和氮化物)的TiC-Ni-Mo合金。TiC(N)基硬质合金的硬度很高(90～94HRA),达到了陶瓷的水平。这种合金有很高的耐磨性和抗月牙洼磨损能力,有较高的耐热性和抗氧化能力,化学稳定性好,与工件材料的亲和力小,摩擦系数较小,抗粘结能力较强,因此刀具耐用度可比WC基硬质合金提高几倍。可用以加工钢,也可用以加工铸铁。总的来说,目前这类合金的抗弯强度和韧性还赶不上WC基合金,因此主要用于精加工和半精加工(国外也有一些粗加工的牌号),尤其是加工那些较大零件、要求表面粗糙小和尺寸精度较高的零件,效果特别好。由于这类合金的抗塑性变形能力和抗崩刃性能差,故不适于重切削及断结转切削。

为提高TiC基合金的性能,常加入一定量的TiN和TaN,有时还加入WC及其他元素而形成TiCN基硬质合金,其性能比TiC合金的性能更好,使用量日益增多。

(3)硬质合金的选用。

YG类硬质合金主要用于加大铸铁、有色金属及非金属材料。加工这类材料时,切屑呈崩碎块粒,对刀具冲击很大,切削力和切削热都集中在刀尖附近。YG类合金有较高的抗弯强度和冲击韧性,可减少切削时的崩刀。同时,YG类合金的导热性也较好,有利于从刀尖传出切削热，降低刀尖温度。在从低速到中速范围内切削时，YG类硬质合金刀具耐用度比YT类合金高。然而，由于YG类合金的耐热性较YT类合金差，切铸铁时如果切削速度太高，则反不如YT类合金。此外由于YG类合金的磨加工性较好，可以磨出较锐的切削刃，因此适于加工有色金属和纤维层压材料。

YT类硬质合金适于加工钢料。加工钢料时，金属塑性变形很大，摩擦很剧烈，切削温度很高。YT类合金具有较高的硬度和耐磨性，特别是有高的耐热性，抗粘结扩散能力和抗氧化能力也很好，在加工钢时，刀具磨损较小，刀具耐用度较高。然而在低速切削钢料时，由于切削过程不太平稳，YT类合金的韧性较差，容易产生崩刃，这时反不如YG类合金。因此，在不允许高速切削钢料的情况下，例如在多轴自动机床上加工小直径棒料时，则宁可选用YG类合金。

硬质合金中含钴量增多(WC、TiC含量减少)时，其抗弯强度和冲击韧度增高(硬度及耐热性降低)，适合于粗加工；含钴量减少(WC、TiC含量增加)时，其硬度、耐磨性及耐热性增加(强度及韧性降低)，适合于作精加工用。

各种牌号的硬质合金的应用见表1-4。

表1-4　**硬质合金的用途**

牌号	使用性能	使用范围
YC3X	属细晶粒合金，是YG类合金中耐磨性最好的一种，但冲击韧度差	适于铸铁、有色金属及其合金的精镗、精车等。亦可用于合金钢、淬硬钢及钨、钼材料的精加工
YG6X	属细晶粒合金，其耐磨性较YG6高，而使用强度接近于YG6	适用于冷硬铸铁、合金铸铁、耐热钢及合金钢的加工，亦适于普通铸铁的精加工，并可用于制造仪器仪表工业用的小型刀具和小模数滚刀
YG6	耐磨性较好但低于YG6X,YG3X，韧性高于YG6X,YG3X，可使用较YG8为高的切削速度	适于铸铁、有色金属及其合金与非金属材料连续切削时的粗车，间断切削时的半精车、精车、小断面精车，粗车螺纹，旋风车螺纹，连续断面的半精铣与精铣，孔的粗扩和精扩
YG8	使用强度较高，抗冲击和抗振性能较YG6好，耐磨性和允许的切削速度较低	适于铸铁、有色金属及其合金与非金属材料加工中，不平整断面和间断切削时的精车、粗刨、粗铣，一般孔和深孔的钻孔、扩孔
YS2 (YG10H)	属细晶粒合金，耐磨性较好，抗冲击和抗振动性能高	适于低速粗车、铣削耐热合金及钛合金、作切断刀及丝锥等
YT5	在YT类合金中，强度最高，抗冲击和抗振动性能最好，不易崩刃，但耐磨性较差	适于碳钢及合金钢，包括锻件、冲压件及铸造件的表皮加工，以及不平整断面和间断切削时的精车、粗刨、半精刨、粗铣、钻孔等
YT14	使用强度高，抗冲击性能和抗振动性能好，但较YT5稍差，耐磨性及允许的切削速度较YT5高	适于碳钢及合金钢连续切削时的粗车，不平整断面和间断切削时的半精车和精车，连续面的粗铣，铸孔的扩钻等
YT15	耐磨性优于YT14，但抗冲击韧度较YT14差	适于碳钢及合金钢加工中，连续切削时的半精车及精车，间断切削时的小断面精车，旋风车螺纹，连续面的半精铣及精铣，孔的精扩及粗扩
YT30	耐磨性及允许的切削是速度较YT15高，但使用强度及冲击韧度较差，焊接及刃磨时极易产生裂纹	适于碳钢及合金钢的精加工，如小断面精车、精扩等

续表

牌号	使用性能	使用范围
YG6A	属细晶粒合金,耐磨性和使用强度与YG6X相似	适于硬铸铁、球墨铸铁、有色金属及其合金的半精加工;亦可用于高锰钢、淬硬钢及合金钢的半精加工和精加工
YG8N	属中颗粒合金,其抗弯强度与YG8相同,而硬度和YG6相同,高温切削时热硬性较好	适于硬铸铁、球墨铸铁、白口铸铁及有色金属的粗加工,亦适于不锈钢的粗加工和半精加工
YW1	热硬性较好,能承受一定的冲击负荷,通用性较好	适于耐热钢、高锰钢、不锈钢等难加工钢材的精加工,也适于一般钢材和普通铸铁及有色金属的精加工
YW2	耐磨性稍次于YW1合金,但使用强度较高,能承受较大的冲击负荷	适于耐热钢、高锰钢、不锈钢及高级合金钢等难加工钢材的半精加工,也适于一般钢材和普通铸铁及有色金属的半精加工
YN05	耐磨性接近陶瓷,热硬性极好,高温抗氧化性优良,抗冲击和抗振动性能差	适于钢、铸钢和合金铸铁的高速精加工,及机床-工件-刀具系统刚性特别好的细长件的精加工
YN10	耐磨性及热硬性较高,抗冲击和抗振动性能差,焊接及刃磨性能均较YT30为好	适于碳钢、合金钢、工具钢及淬硬钢的连续面精加工。对于较长件和表面粗糙度要求小的工件,加工效果尤佳

4) 陶瓷刀具

陶瓷刀具的主要成分是Al_2O_3,陶瓷刀具的硬度高、耐磨性好、耐热性高(见表1-1),允许使用较高的切削速度,加工Al_2O_3的价格低廉、原料丰富,因此有很好的发展前途。但陶瓷材料性脆怕冲击,切削时易崩刃,所以如何提高其抗弯强度已成为各国研究的工作重点。近十年来,各国已先后研制成功"金属陶瓷",如我国研制成的AM、AMF、AMT、AMMC等牌号的金属陶瓷,其成分除Al_2O_3外,还含有各种金属元素,抗弯强度比普通陶瓷刀片高。

5) 其他刀具材料

(1) 人造金刚石。

人造金刚石硬度极高(10000HV),耐热性为700～800℃。聚晶金刚石大颗粒可制成一般切削刀具,单晶微粒主要制成砂轮,金刚石可以加工高硬度而具耐磨的硬合金、陶瓷、玻璃外,还可以加工有色金属及其合金,但不宜加工铁族金属,这是由于铁和碳原子的亲和力较强,易产生粘结作用而加快刀具磨损。

(2) 立方氮化硼(CBN)。

立方氮化硼是人工合成的又一种高硬材料,硬度(7300～9000HV)仅次于金刚石。但它的耐热性为化学稳定性大大高于金刚石,能耐1300～1500℃的高温,并且与铁族金属的亲和力小,因此它的切削性能好,不但适合于非铁族难加工材料的加工,也适合于铁族材料的加工。

1.1.3 车刀的形状及几何角度

1. 刀具切削部分的结构要素

金属切削刀具的种类虽然很多,但它们在切削部分的几何形状与参数方面却有着共性的内容，不论刀具构造如何复杂，它们的切削部分总是近似地以外圆车刀切削部分为基本形态的。如图 1-3 所示，各种复杂刀具或多齿刀具，拿出其中一个刀齿，它的几何形状都相当于一把车刀的刀头。

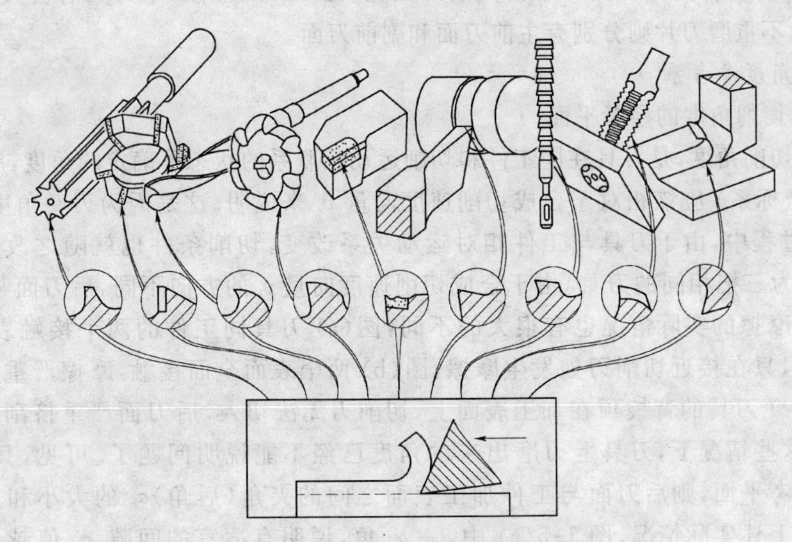

图 1-3　各种刀具切削部分的形状

为此，在确立刀具一般性的基本定义时，我们以普通外圆车刀为基础。刀具切削部分构造要素及定义如下(见图 1-4)：

前刀面(A_γ)—— 直接作用于被切削的金属层，并控制切屑沿其排出的刀面。

主后刀面(A_α)—— 同工件上的加工表面互相作用和相对着的刀面。

副后刀面(A'_α)—— 同工件上已加工表面互相作用和相对着的刀面。

主刃切削 —— 前刀面与主后刀面的相交部位，它完成主要的切除或表面形成工作。

副刃切削 —— 前刀面与副后刀面的相交部位，它配合主切削刃完成切除工作，并最终形成已加工表面。在某些情况下。如大进给量切削、宽刃精切等，副切削刃将完成主要的切除和成形工作。

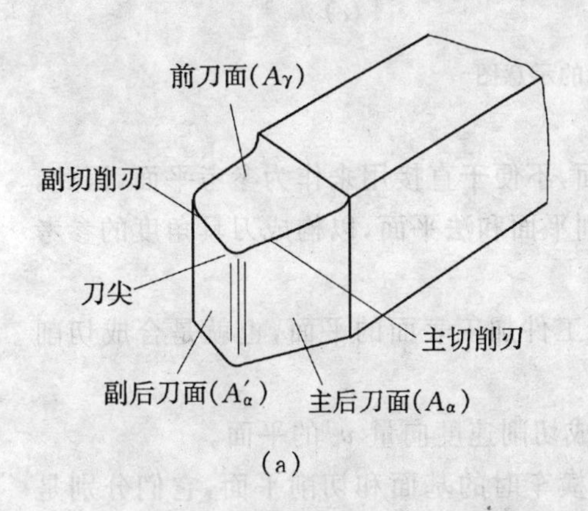

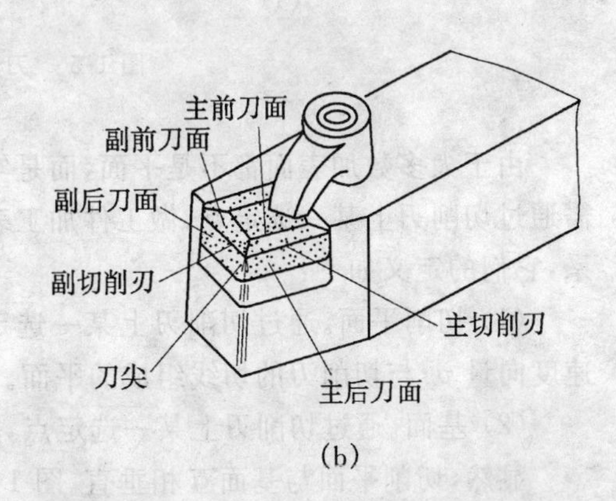

图 1-4　刀具切削部分的构造要素

刀尖——主切削刃和副切削刃的联结部位,或者是切削刃(刃段)之间转折的尖角部分。为了强化刀尖,许多刀具都在刀尖处磨出直线或圆弧形过渡刃。

应该说明的是,每条切削刃都可以有自己的前刀面和后刀面,但为了设计、制造和刃磨简便,常常是多段切削刃在同一个公共前刀面上。图 1-4(a) 所示车刀具有公共前刀面;图 1-4(b) 所示不重磨刀片则分别有主前刀面和副前刀面。

2. *刀具角度参考系*

1) 刀具切削角度的参考平面

刀具的切削角度,是刀具在同工件和切削运动相联系的状态下确定的角度,所以刀具的参考系(即坐标系)应该相对于合成切削速度向量 v_e 来说明。这是因为刃磨角度相同的刀具,在切削过程中,由于刀具与工件相对运动关系改变,切削条件也就随之改变的缘故。图 1-5 所示为三把相同的刀具,由于合成切削速度向量 v_e 的方向不同,后刀面与加工表面之间接触和摩擦的实际情况也有很大的不同:图(a) 刀具同工件的两个接触表面之间有适宜的间隙,只在接近切削刃处发生摩擦;图(b) 两个表面全面接触,摩擦严重,切削条件不正常;图(c) 刀具的背棱顶在加工表面上,切削刃无法切入,后刀面严重挤刮,切削条件被破坏。在这些情况下,刀具上刃磨出来的角度已经不能说明问题了。可见,只有用加工表面作为参考平面,则后刀面与工件加工表面之间的夹角(后角)α_o 的大小和正负,才能定量地反映上述实际情况。图 1-5(a) 中,$+\alpha_o$ 角,说明有适宜的间隙,α_o 值越大,摩擦越小;图(b) 中 $\alpha_o=0$,说明没有间隙,摩擦很大;图(c) 中,$-\alpha_o$ 说明间隙是"负"的,即不但没有间隙,反而把切削刃顶起来使之丧失切削作用。这样确定的 α_o,称之为切削角度。其他角度也是如此。

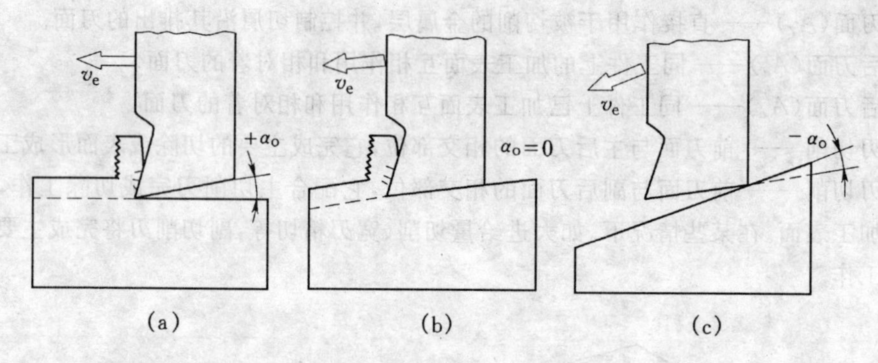

图 1-5 刀具切削角度的示意图

由于大多数加表面都不是平面,而是空间的曲面,不便于直接用来作为参考平面,因此,需通过切削刃上某一选定点,做工件加工表面的切削平面和法平面,以构成刀具角度的参考系,它们的定义如下:

(1) 切削平面。通过切削刃上某一选定点,切于工件加工表面的平面,也就是合成切削速度向量 v_e 与切削刃的切线组成的平面。

(2) 基面。通过切削刃上某一选定点,垂直于合成切削速度向量 v_e 的平面。

显然,切削平面与基面互相垂直。图 1-6 所示为横车时的基面和切削平面,它们分别是相对运动轨迹面(加工表面为阿基米德螺旋面)的法平面和切削平面。

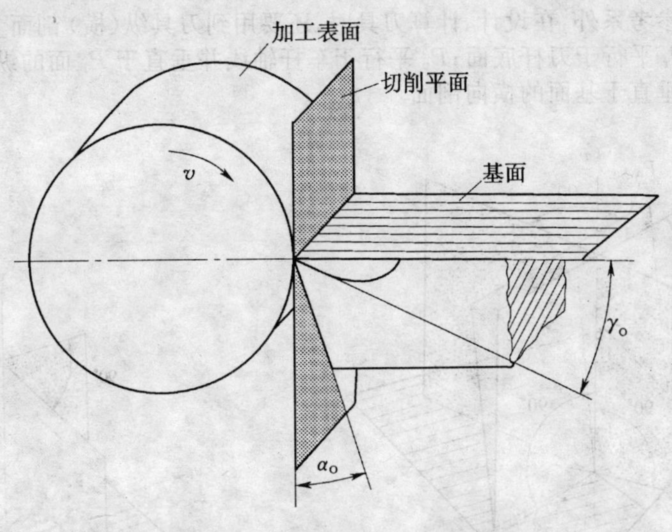

图 1-6　横车的基面和切削平面

2) 刀具标注角度的参考系

刀具的标注角度是画刀具图及磨刀时掌握的角度，该角度是假定条件下的切削角度，即在切削角度的基础上，合理地规定一些条件，使上述的参考平面同刀具的刃磨和检验的基准面一致，以便于刀具的设计与制造。

(1) 假定运动条件。各类刀具的标注角度均暂不考虑进给运动的大小，即用主运动向量 v 近似地代替切削刃同工件之间相对运动的合成速度向量 v_e。

(2) 假定安装条件。规定刀具的刃磨和安装基准面垂直于切削平面或平行于基面，同时规定刀杆的中心线同进给运动方向垂直。例如，对于车刀来说，规定其刀尖安装于工件中心高度上，刀杆中心线垂直于进给方向；对于刨(插) 刀来说，规定刀杆底面垂直于切削平面(基面)。

目前，世界各国采用的刀具标注角度参考系和基本术语尚不统一。我国过去采用主剖面参考系，与欧洲标准相同。但近年来参照 ISO 标准，逐渐兼用主剖面参考系和法剖面参考系。表 1-5 和图 1-7 给出了这两种参考系的基本术语、定义及符号。

表 1-5　刀具标注角度的参考系(通过切削刃上某一选定点)

参考系	参考平面	符号	定义及说明
主剖面参考系	基　面	P_r	垂直于切削速度 v 平面(车刀的基面平行于刀杆底面)
	切削平面	P_s	切削速度 v 和切削刃的切线组成的平面
	主剖面	P_o	垂直于切削刃在基面上的投影的平面
法剖面参考系	基　面	P_r	与主剖面参考系的 P_r 相同
	切削平面	P_s	与主剖面参考系的 P_s 相同
	法剖面	P_n	垂直于切削刃的平面

需要说明的是，这两个参考系主要的区别是刀具的剖面不同：主剖面 P_o 是垂直于切削刃在基面上的投影的平面，因此主剖面参考系内三个参考平面互相垂直，构成一个空间直角坐标系；而法剖面 P_n 因垂直于切削刃，故法剖面不一定垂直于基面。

除上述两个参考系外，在设计、计算刀具时，还要用到刀具纵(横)剖面参考系。图1-8为外圆车刀，基面 P_r 平行于刀杆底面；P_p 平行于车杆轴线并垂直于 P_r 面的纵向剖面；P_f 为垂直于刀杆轴线并垂直于基面的横向剖面。

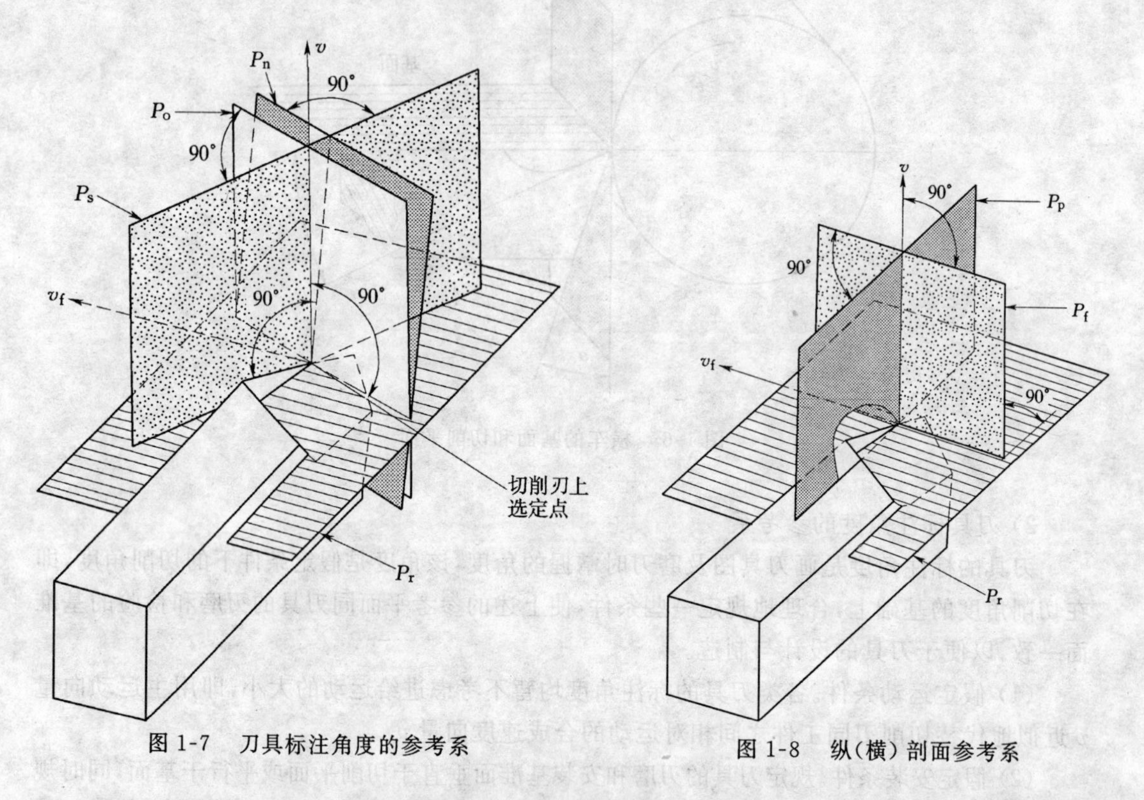

图 1-7 刀具标注角度的参考系　　图 1-8 纵(横)剖面参考系

由于两个相交平面的夹角在不同的剖面内测量，所得的数值是不同的，故上述各参考系之间有一定换算关系。图1-9画出了上述各参考系中所有重叠的和不重叠的参考平面。刀具的标注角度就在这些平面的视图或剖面中观察和度量。

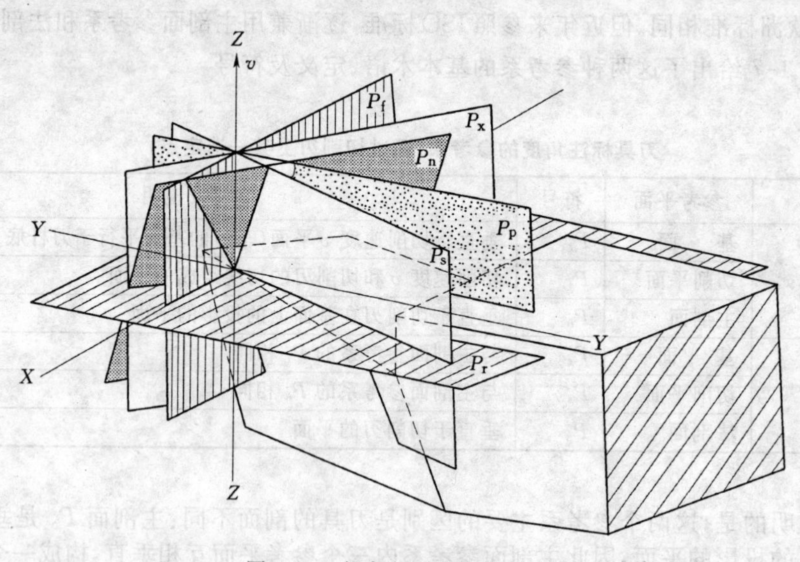

图 1-9 各参考系的参考平面

3. 刀具的标注角度

图 1-10 所示为 ISO 3002/1—1977 规定的车刀标注角度。其主要视图是车刀在基面上的投影图（即 P_r 视图）；另一视图为车刀在切削平面上的投影图（即 P_s 斜视图）。在 P_r 视图中作出主剖面 P_o，可得主剖面的剖视图（O—O 剖视图）；在 P_s 视图中作垂直于主切削刃的剖面 P_n，可得法剖面的剖视图（N—N 剖视图）。初学者应该先搞清这两个视图和两个剖视图，把基本角度弄明白，再去观察左方和上方两个纵、横剖面内的剖视图。

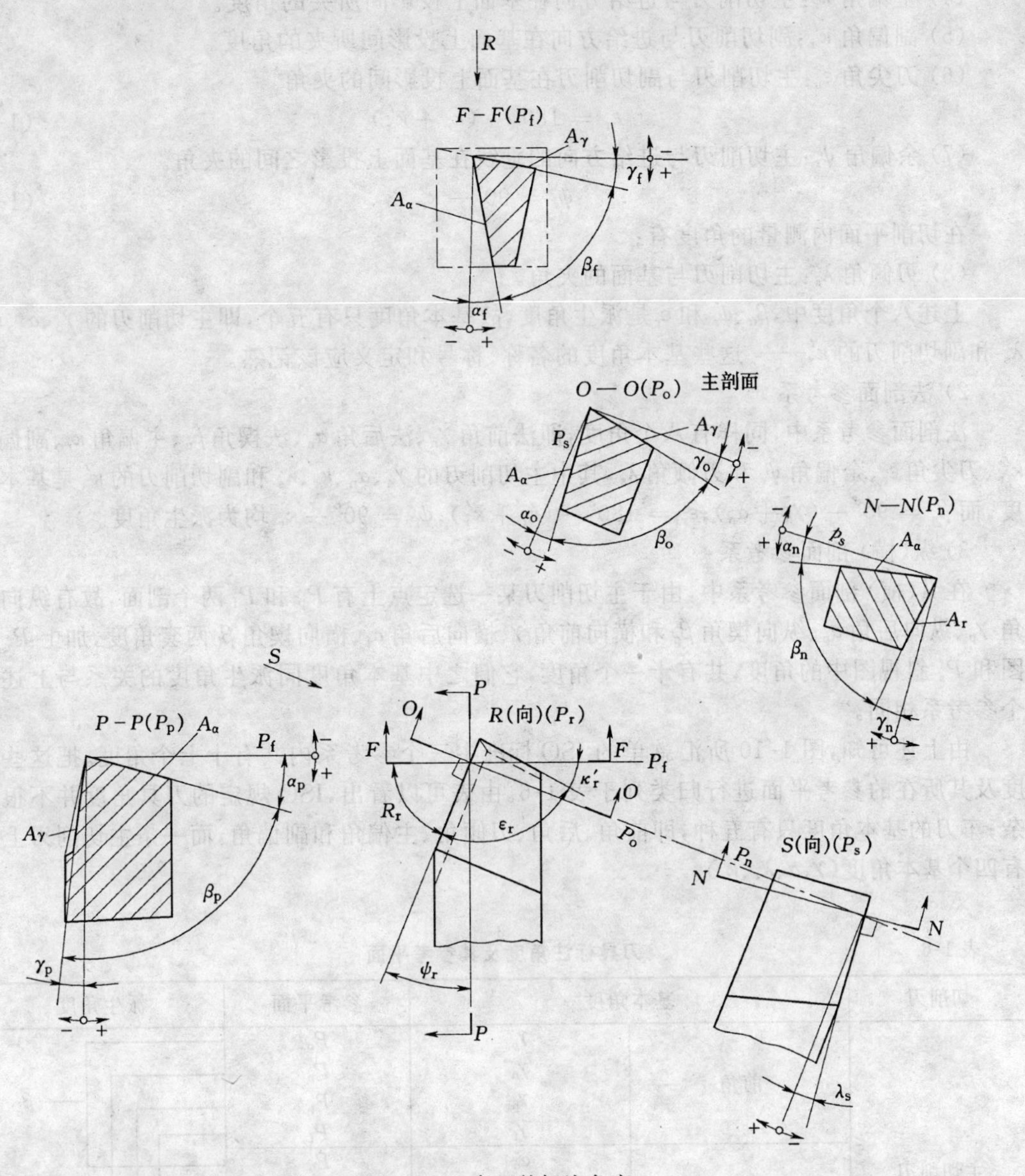

图 1-10　车刀的标注角度

现将各参考系内的刀具角度名称和定义说明如下：

1）主剖面参考系

在主剖面 P_o 内测量的角度有：

(1) 前角 γ_o:前刀面与基面之间的夹角。

(2) 后角 α_o:后刀面与切削平面之间的夹角。

(3) 楔角 β_o:前刀面与后刀面之间的夹角。

由上列定义可知:

$$\gamma_o + \beta_o + \alpha_o = 90^\circ \qquad \beta_o = 90^\circ - (\alpha_o + \gamma_o)$$

在基面上的投影上测量出的角度有:

(4) 主偏角 κ_r:主切削刃与进给方向在基面上投影间所夹的角度。

(5) 副偏角 κ'_r:副切削刃与进给方向在基面上投影间所夹的角度。

(6) 刀尖角 ε_r:主切削刃与副切削刃在基面上投影间的夹角。

$$\varepsilon_r = 180^\circ - (\kappa_r + \kappa'_r) \tag{1-1}$$

(7) 余偏角 ψ_r:主切削刃与进给方向的垂线在基面上投影之间的夹角。

$$\psi_r = 90^\circ - \kappa_r \tag{1-2}$$

在切削平面内测量的角度有:

(8) 刃倾角 λ_s:主切削刃与基面的夹角。

上述八个角度中,β_o、ψ_r 和 ε_r 是派生角度,故基本角度只有五个,即主切削刃的 γ_o、α_o、κ_r、λ_s 和副切削刃的 κ'_r——这些基本角度的名称、称号和定义应该记熟。

2) 法剖面参考系

法剖面参考系中,同样有八个角度,即法前角 γ_n、法后角 α_n、法楔角 β_n、主偏角 κ_r、副偏角 κ'_r、刀尖角 ε_r、余偏角 ψ_r 和刃倾角 λ_s,其中主切削刃的 γ_n、α_n、κ_r、λ_s 和副切削刃的 κ'_r 是基本角度。而 $\beta_n = 90^\circ - (\gamma_n + \alpha_n)$;$\varepsilon_r = 180^\circ - (\kappa_r + \kappa'_r)$;$\psi_r = 90^\circ - \kappa_r$ 均为派生角度。

3) 纵(横) 剖面参考系

在纵(横) 剖面参考系中,由于主切削刃某一选定点上有 P_p 和 P_f 两个剖面,故有纵向前角 γ_p、纵向后角 α_p、纵向楔角 β_p 和横向前角 γ、横向后角 α_f、横向楔角 β_f 两套角度,加上 P_r 视图和 P_s 斜视图中的角度,共有十一个角度,它们之中基本角度同派生角度的关系与上述两个参考系相同。

由上述可知,图 1-10 所汇款单的 ISO 标准中三个参考系内共有十七个角度。把这些角度及其所在的参考平面进行归类列于表 1-6。由表可以看出,ISO 规定的刀具角度并不很复杂;车刀的基本角度只有五种,即前角、后角、刃倾角、主偏角和副偏角,而一条主切削刃上只有四个基本角度(γ、α、λ_s、κ_r)。

表 1-6 **刀具标注角度及其参考平面**

切削刃	基本角度		参考平面	派生角度
主切削刃	前角	γ_o	P_o	
		γ_n	P_n	
		γ_p	P_p	β_o
		γ_f	P_f	
	后角	α_o	P_o	
		α_n	P_n	β_n
		α_p	P_p	β_p
		α_f	P_f	β_f
	刃倾角	λ_s	P_s	
	主偏角	κ_r	P_r	ψ_r
副切削刃	副偏角	κ'_r	P_r	ε_r

4.刀具工作角度的计算

以上所讲的都是在假定运动条件和安装条件下的标注角度，如果考虑合成运动和实际安装情形，则刀具的参考系将发生变化。按照切削工作中的参考系所确定的角度，称为工作角度。如果进一步考虑切削过程中的积屑瘤、振动及流屑方向的影响而确定的刀具角度，称为实际切削角度。

由于通常的进给速度远小于主运动速度，因此，在一般的安装条件下，刀具的工作角度近似地等于标注角度（不超过 1°）。这样，在多数场合下（如普通车削、镗孔、端铣、周铣等），都不必进行工作角度的计算。只有在角度变化值较大时（如车螺纹或丝杠，铲背，钻孔时研究钻心附近的切削条件或刀具安装特殊时），才需要计算工作角度。

1) 进给运动对角度的影响

(1) 横车。

以切断车刀为例（见图 1-11），在不考虑进给运动时，车刀切削刃某一选定点相对于工件的运动轨迹为一圆周，切削平面 P_s 为通过切削刃上该点切于圆周的平面，基面 P_r 平行于刀杆底面，γ_o、α_o 为标注前角和后角。考虑横向进给运动之后，切削刃上选定相对于工件的运动轨迹为一阿基米德螺旋线，切削平面变化为通过切削刃切于螺旋面的平面 P_{se}，基面也相应倾斜为 P_{re}，角度变化值为 μ。主剖面 P_{oe} 仍为图面。此时，在工作参考系[P_{re}，P_{se}，P_{oe}]内的工作角度 γ_{oe} 和 α_{oe} 为

$$\gamma_{oe} = \gamma_o + \mu$$
$$\alpha_{oe} = \alpha_o - \mu$$

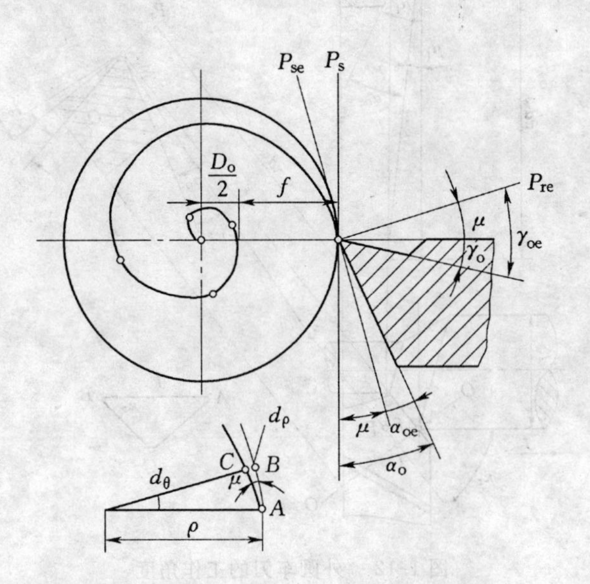

图 1-11　横向进给运动对工作角度的影响

由图 1-20 可知：

$\tan\mu = \frac{BC}{AB} = \frac{d\rho}{\rho d\theta}$ 工件每转一转（2π），刀具进给量为 f；则工件每转一个微分的 $d\theta$ 角度时，刀具横向移动为 $d\rho$，则有

$$\frac{\mathrm{d}\rho}{\mathrm{d}\theta}=\frac{f}{2\pi}$$

故

$$\tan\mu=\frac{\mathrm{d}\rho}{\rho\mathrm{d}\theta}=\frac{f}{2\rho\pi}=\frac{f}{\pi d} \tag{1-3}$$

式中,$d=2\rho$,说明 μ 值是随着切削刃趋近工件中心而增大;在常用进给量下当切削刃距离工件中心 1mm 时,$\mu=1°40'$;再靠近中心,μ 值急剧增大,工作后角变为负值。切断工件时剩下直径 1mm 左右就被挤断,就是这个道理。在铲背加工时,μ 值很大,不可忽略。

(2) 纵车。

道理同上,也是由于工作中基面和切削平面变化,引起了工作角度的变化。如图 1-12 所示,拟定车刀 $\lambda_s=0$,在不考虑进给运动时,切削平面 P_s 垂直于刀杆底面,基面 P_r 平行于刀杆底面,标注角度为 γ_o、α_o;考虑进给运动后,切削平面 P_{se} 为切于螺旋面的平面,刀具工作角度的参考系[P_{re},P_{se}]倾斜了一个 μ 角,则主剖面内的工作角度为

$$\gamma_{oe}=\gamma_o+\mu$$
$$\alpha_{oe}=\alpha_o-\mu$$

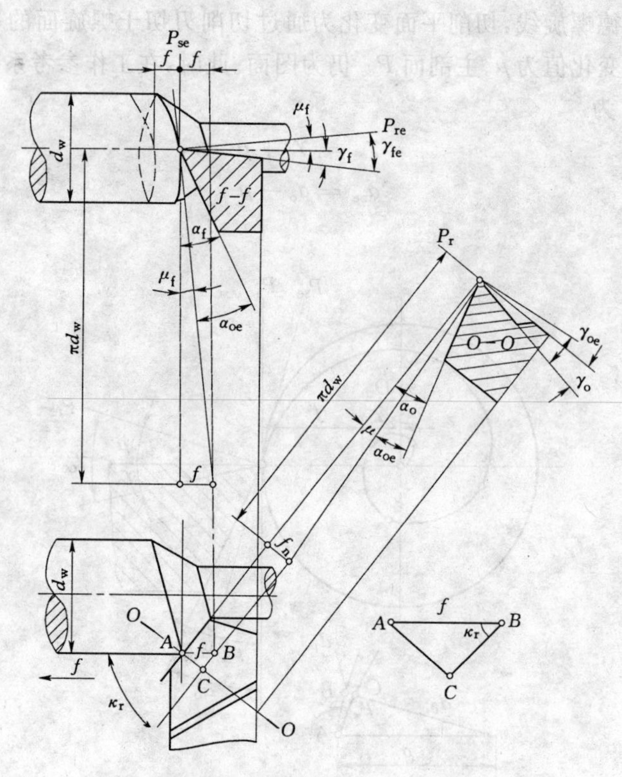

图 1-12 外圆车刀的工作角度

在 f—f 剖面中,由螺旋线之螺旋升角可知:

$$\tan\mu_f=\frac{f}{\pi d_w}$$

式中:f—— 进给量;

d_w—— 工件直径。

换算至主剖面内得

$$\tan\mu = \frac{f \cdot \sin\kappa'_r}{\pi d_w} \tag{1-4}$$

由上式可知：μ 值不仅与进给量 f 有关，也同工件直径 d_w 有关；d_w 越小，角度变化值越大。实际上，一般外圆车削的 μ 值不过 $30' \sim 40'$，因此可以忽略不计。但在车螺纹，尤其是多头螺纹时，μ 的数值很大，必须进行工作角度计算，并且要注意螺纹车刀左右两侧切削刃 μ 值对工作角度影响的符号（正负号）相反。

2）刀尖安装高低对工作角度的影响

如图 1-13 所示，当刀尖安装得高于工件中心线时，切削平面将变为 P_{se}，基面变到 P_{re} 位置，纵向工作角度 γ_{pe} 增大，α_{pe} 减小。在纵向剖面（$P—P$）内角度变化值为 θ_p：

$$\tan\theta_p = \frac{h}{\sqrt{(d_w/2)^2 - h^2}} \tag{1-5}$$

式中：h—— 刀尖高于工件中心线的数值，mm；

d_w—— 工件直径，mm。

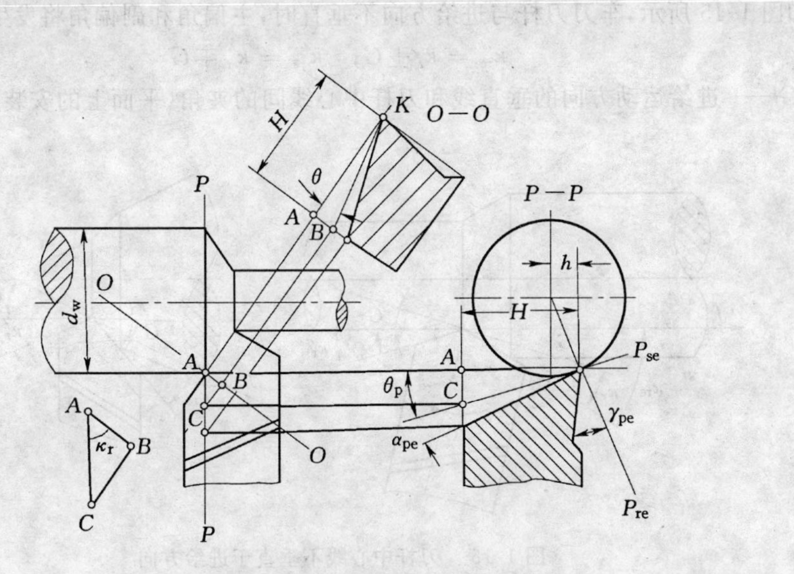

图 1-13　刀尖安装高低对工件角度的影响

则工作角度为

$$\gamma_{pe} = \gamma_p + \theta_p ; \alpha_{pe} = \alpha_p - \theta_p \tag{1-6}$$

当刀尖低于工件中心时，上述计算公式符号相反；镗孔时计算公式同外圆车削相反。

图 1-14 为镗刀杆上小刀头安装位置对工件角度的影响，其计算公式同车床上镗孔一样。它反映了各种旋转刀具（如铣刀、铰刀）的一般情形。

上述计算都是在刀具的纵向剖面（$P—P$）内的角度变化，还须换算到主剖面内：

$$\tan\theta = \frac{h}{\sqrt{(d_w/2)^2 - h^2}} \cdot \cos\kappa_r \tag{1-7}$$

$$\gamma_{oe} = \gamma_o \pm \theta \tag{1-8}$$

$$\alpha_{oe} = \alpha_o \mp \theta \tag{1-9}$$

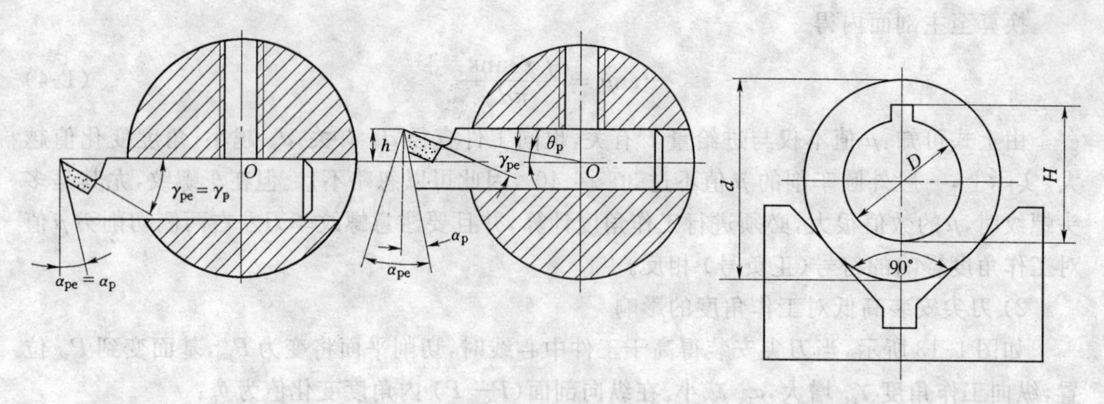

图 1-14 镗刀的工件角度

1.1.4 刀杆中心线与进给方向不垂直时工件角度的变化

如图 1-15 所示,车刀刀杆与进给方向不垂直时,主偏角和副偏角将发生变化:

$$\kappa_{re}=\kappa_r\pm G;\quad \kappa'_{re}=\kappa'_r\mp G \tag{1-10}$$

式中:G—— 进给运动方向的垂直线和刀杆中心线间的夹角(平面上的安装角)。

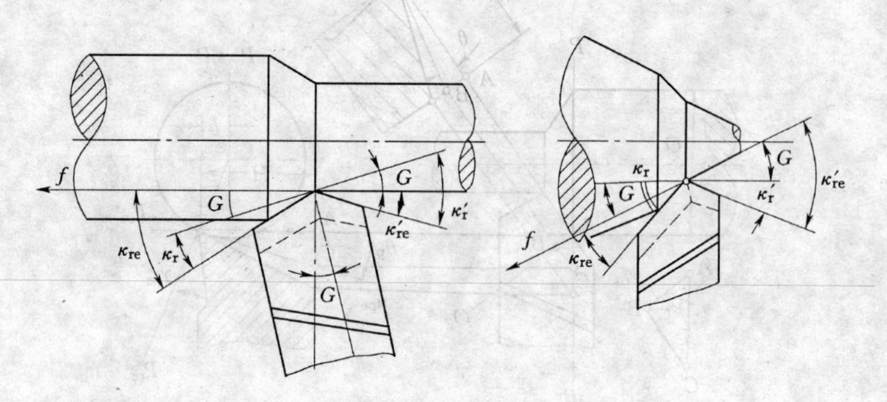

图 1-15 刀杆中心线不垂直于进给方向

1.2 金属切削基本规律

1.2.1 切屑种类及形成机理

1. 切屑种类及其相互关系

在生产现场看到的切屑形式、种类繁多,原因是工件材料不同,切屑条件不同。从变形观点出发,可将切屑归纳为以下四种形态。

1) 带状切屑(见图 1-16(a))

切屑延续成带状,与刀具接触的底层光滑,背面呈微小的锯齿形,可以看出一个个的切屑单元。一般加工塑性金属(如软钢、铜、铝等) 时形成此类切屑,必要时需采取断屑措施。带状切屑是在正常情况下最常见的切屑形态。许多金属切削的研究工作均以带状切屑的形成作为基础。

2) 挤裂切屑(见图 1-16(b))

切屑背面呈较大的锯齿形,切屑单元厚度较大,内表面有时也形成裂纹。这种形态的切屑常发生在切削微脆而易于引起剪切滑移的金属材料(如黄铜)。此外,在采用较大的切削厚度,较小的刀具前角,特别是当系统刚度不足,加工碳素钢等材料时也易得挤裂切屑。

3) 单元切屑(见图 1-16(c))

切屑塑性很大的材料(如铅、退火的纯铝和纯铜、橡胶),前刀面上润滑条件不好,刀 - 屑间粘附很严重时,剪切滑移已不连续;并且切屑向两侧膨胀(侧流),呈现不规则的形状。采用小前角或负前角的刀具以极低的切削速度和大的切削厚度切削塑性金属(延伸率较低的结构钢)时,也会产生这种类型的切屑。

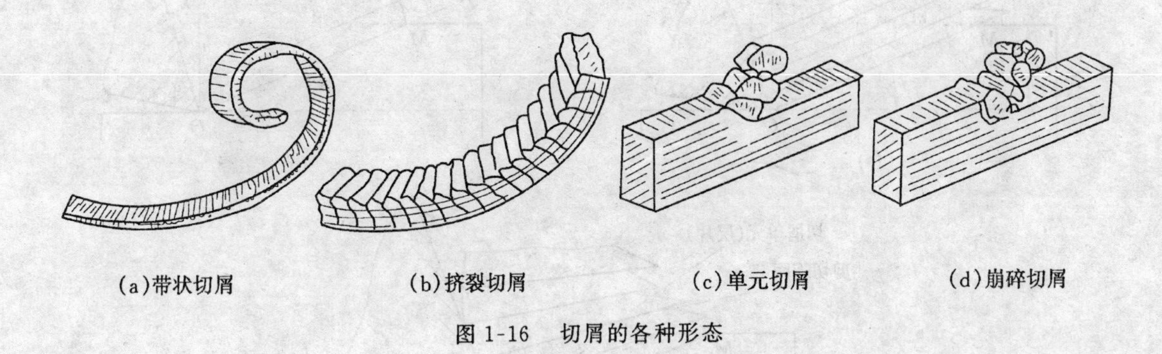

(a)带状切屑　(b)挤裂切屑　(c)单元切屑　(d)崩碎切屑

图 1-16　切屑的各种形态

由表 1-7 可清楚地看出切削塑性金属时形成各种形态切屑的切削条件与对切削加工的影响。

表 1-7　切屑形态的影响因素及其对切削加工的影响

切屑形态分类	单元切屑	挤裂切屑	带状切屑
影响切屑形态的因素及切屑形态的相互变化	1. 刀具前角 2. 进给量(切削厚度) 3. 切削速度	小——→大 大——→小 低——→高	
切屑形态对切屑加工的影响	1. 切削力的波动 2. 切削过程的平稳性 3. 加工表面光洁度	大——→小 差——→好 低——→高	

4) 崩碎切屑(见图 1-16(d))

切屑铸铁等脆性金属时易崩碎切屑。崩碎切屑是不规则的块状。

2. 切屑形成机理

研究切屑形成机理多采用直角切削方式($\lambda_s = 0$)

有关切屑形成过程的理论很多,最简单而形象化的模型是将切屑形成比拟为推挤一叠卡片的情况(见图 1-17(a))。当刀具作用于切屑层,切削刃由 a 至 O 时,整个切削层单元 $OMma$ 就沿着 OM 面发生剪切滑移;或者 OM 不动,平行四边形 $OMma$ 受到剪应力的作用,变成了平行四边形 OMm_1a_1(见图 1-17(b))。实际上,切屑单元在刀具前刀面的作用下还受到了塑性挤压,因而形成了底边膨胀为 Oa_2,近似梯形的切屑单元 OMm_2a_2,许多梯形叠加起来就迫使切屑向逆时针方向转动(见图 1-17(c))。从力学观点来看,刀具前刀面对切削层金属所作用的压力对切屑产生一个弯曲力矩,迫使切屑卷曲。

由以上切屑形成过程的典型模型可以看出,切屑形成过程是切削层金属在刀具的挤压作用下产生塑性压缩,主要是以剪切滑移的方式产生塑性变形而形成切屑的过程。

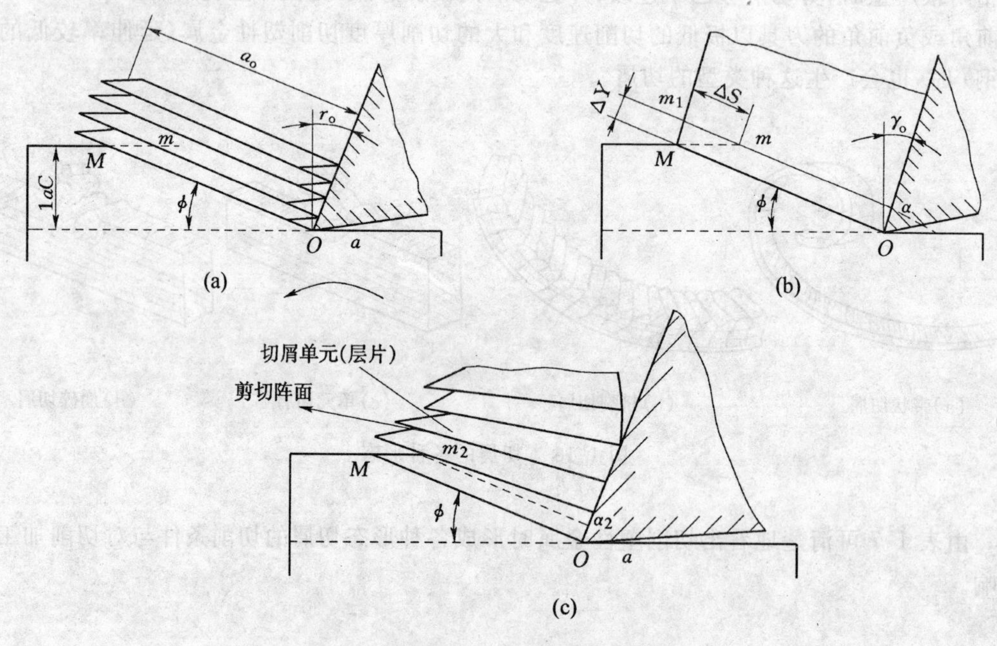

图 1-17 切屑形成过程的典型模型

1.2.2 金属切削过程中的变形规律

1. 切削区的变形范围

一般地将整个切削区切分为三个变形区(见图 1-18),即:

(1) 第一变形区(Ⅰ),也就是剪切区,是产生变形的主要区域。此区涉及变形的种类与状态,也即被切削材料应力 - 应变特性和强度的问题,因此直接与切削过程中的切削力及所消耗的功率有关。

(2) 第二变形区(Ⅱ),也就是刀 - 屑接触区。是前刀面与切屑产生摩擦的区域。此区涉及摩擦、润滑和磨损等问题。由第一变形区的变形与第二变形区的摩擦所产生的切削热直接影响了刀具的磨损与耐用度。

(3) 第三变形区(Ⅲ),也就是刀 - 工热接触区。是后刀面与已加工表面间产生摩擦的区域。此区涉及刀具的磨损,工件的尺寸精度,加工表面光洁度与表面质变层等问题,因而直接与加工表面的质量有关。

由此可知,完整的金属切削过程包括三个变形区,它们汇集在切削附近,应力状况复杂、应力大而集中,切削层金属就在此处分离。此外,必须指出,三个变形区互有影响,密切相关。例如第二变形区即刀－屑接触区的摩擦状况对第一变形区的剪切面位置有很大影响,而第三变形区却受到延伸至已加工表面下的第一变形区的影响等等。

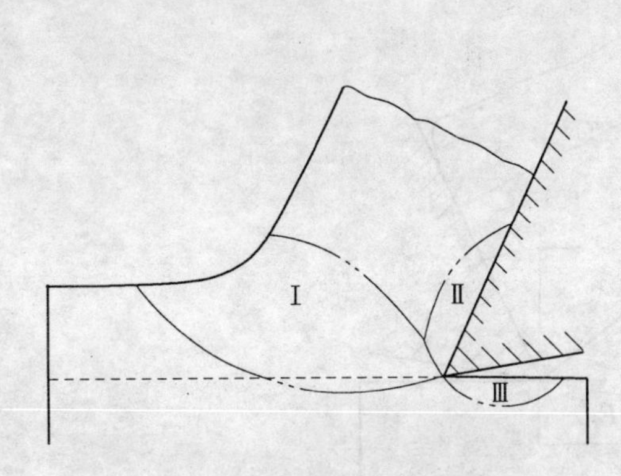

图 1-18　切削时的三个变形区

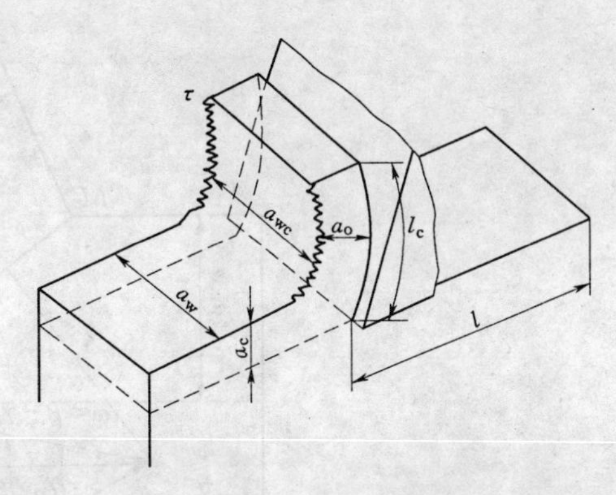

图 1-19　切屑的收缩

2. 切削过程变形的表示方法 —— 变形系数

如果仔细观察一下金属切削加工,就会发现刀具切下的切屑长度 l_c 通常均小于切削层生长度 l,而切屑厚度 a_o 却大于切削厚度 a_c。由于受到工件基本的牵制,切屑宽度 a_{wc} 与切削宽度 a_w 间的变化甚小(见图 1-19),可忽略不计。

设切削前后金属的体积不变,即

$$a_c \cdot a_w \cdot l = a_o \cdot a_{wc} \cdot l_c \tag{1-11}$$

切削后切屑在长度上产生收缩而在厚度上产生膨胀,据此可衡量切削时金属变形程度的大小,称为变形系数 ξ(苏联称为切屑收缩系数 k_1,英美则以其倒数称为切削比 r_c)。

$$\xi = \frac{l}{l_c} = \frac{a_o}{a_c} \tag{1-12}$$

变形系数 ξ 的最大优点是比较直观,而且测量方便。只要用细铜丝测出切屑的长度 l_c,便可由已知的切削层长度 l 算出 ξ 值,如果结合现场条件,要在车床上测定变形系数 ξ 时,由于切削层长度并不一定;又如在切削塑性较低的金属得到挤裂切屑时,均可用重量法首先折算出 l。这时只要任取一段切屑,量其长(mm),称其重(g),然后按下式即可求出变形系数 ξ。

因切屑重量可写成

$$M_c = f \cdot a_p \cdot l \cdot \rho \cdot 10^{-6}(\mathrm{g}) \tag{1-13}$$

故

$$\xi = \frac{l}{l_c} = \frac{M_c \cdot 10^6}{l_c \cdot f \cdot a_p \cdot \rho} \tag{1-14}$$

式中:ρ—— 金属的密度,$\mathrm{kg/m^3}$,如碳素钢为 $7850\mathrm{kg/m^3}$。

3. 剪切面与剪切角

1) 剪切面与剪切角

由切屑形成过程可知,当切削层受塑性压缩达一定程度后,会以单元形式沿 OM 面剪切,现 OM 面称为剪切面,而 ϕ 称为剪切角(见图 1-20)。ϕ 角指出了切屑单元剪切的方向,是说明切削变形的重要参数之一。在一定的简化情况下，可从作用于切削层的力系来确定剪切角 ϕ 的大小(见图 1-20)。图中 F_n 为刀具作用于切削层的法向力，F_f 为切屑沿前刀面的摩擦力，因而作用在切削层的合力 F_r 也就是将切屑切下的作用力为

$$\boldsymbol{F}_r = \boldsymbol{F}_n + \boldsymbol{F}_f = \boldsymbol{F}_s + \boldsymbol{F}_{ns} \tag{1-15}$$

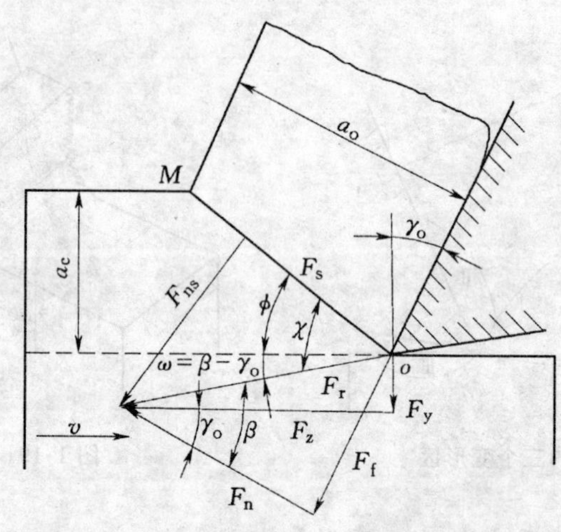

图 1-20 作用于切削层的力系与剪切角的关系

此处 F_s 与 F_{ns} 分别为作用于剪切面上的剪切力与法向力。由金属塑性变形理论可知，作用力与最大剪应力方向间的夹角 χ 约成 $\frac{\pi}{4}$。因此：

$$\phi + \beta + \gamma_o = \chi \approx \frac{\pi}{4}$$

故

$$\phi = \chi - (\beta + \gamma_o) \approx \frac{\pi}{4} - (\beta - \gamma_o) \tag{1-16}$$

式中，β 是 F_r 与 F_n 的夹角，称为摩擦角($\tan\beta = \mu$)；($\beta - \gamma_o$) 是作用力 F_r 与切削速度方向的夹角，它代表 F_r 作用于切削层的方向，称为作用角 ω。其大小直接影响着切削过程。

2) 剪切角与变系数的关系

由式1-16与图1-20、图1-21、图1-22可知：如工件材料一定，ϕ 值主要与刀具前角 γ_o，前刀面与切屑间的摩擦系数 μ 有关。γ_o 越大，切屑流出方向与原切削速度方向改变越小，从而

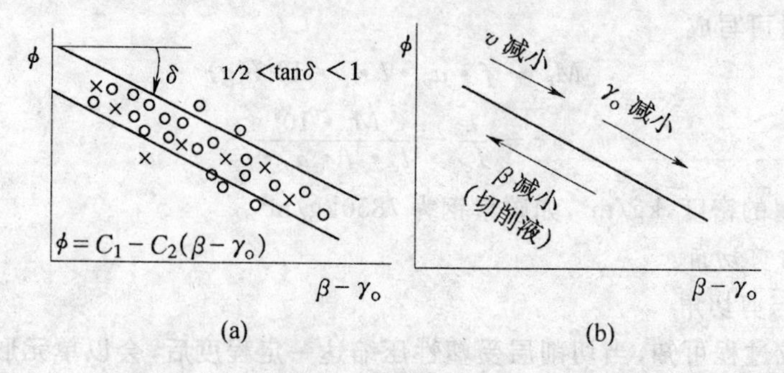

图 1-21 切削条件变化时($\beta - \gamma_o$) ～ ϕ 关系图

使剪切面 OM 减小，ϕ 角增大，故变形较小；反之，变形增大。一般切削钢时 $\phi\approx 20°\sim 35°$，这时 ϕ 越大，变形越小。可见，增大前角可减小变形，有利于改善切削过程。此外，当前刀面与切屑间的摩擦系数 μ 越大时，摩擦角 β 越大，ϕ 越小，剪切面 OM 增大。可见，提高刀具的刃磨质量以及采用切削液等措施，均可减小摩擦系数，有利于改善切削过程，使变形减小。其他如在一定条件下增大切削速度，也会使摩擦角 β 减小而剪切角 ϕ 增大，有利于切削变形。

由上可知，剪切角 ϕ 的大小可用来衡量切削过程中变形程度的大小。要直接测出 ϕ 的大小，必须采用快速落刀装置取得切屑根部，制成金相磨片。但是，如果先测出变形系数 ξ，按下式即可方便地求出剪切角 ϕ。

由图 1-23 可写出

$$\xi=\frac{a_o}{a_c}=\frac{\overline{OM}\cdot\sin(90°-\phi+\gamma_o)}{\overline{OM}\cdot\sin\phi}=\frac{\cos(\phi-\gamma_o)}{\phi} \tag{1-17}$$

$$\phi=\tan^{-1}\frac{\cos\gamma_o}{\xi-\sin\gamma_o} \tag{1-18}$$

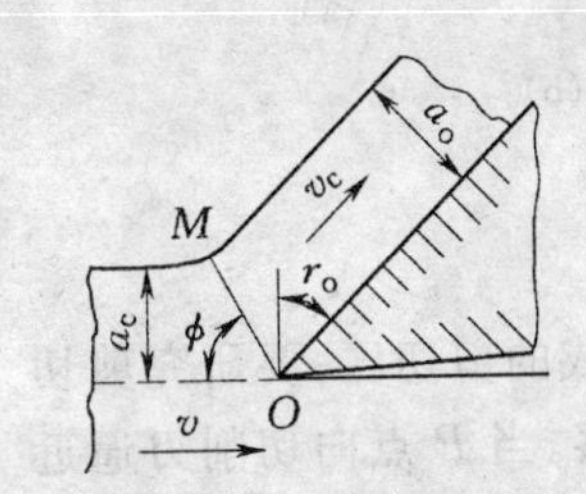

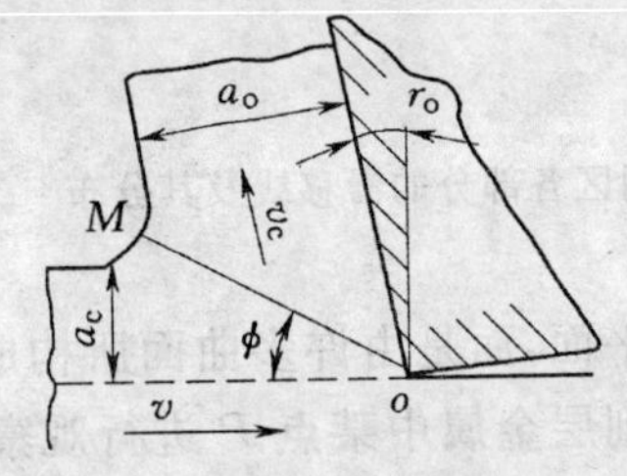

图1-22　自由 20Cr 钢，作用角 $\omega=0$ 时前角对剪切角的影响

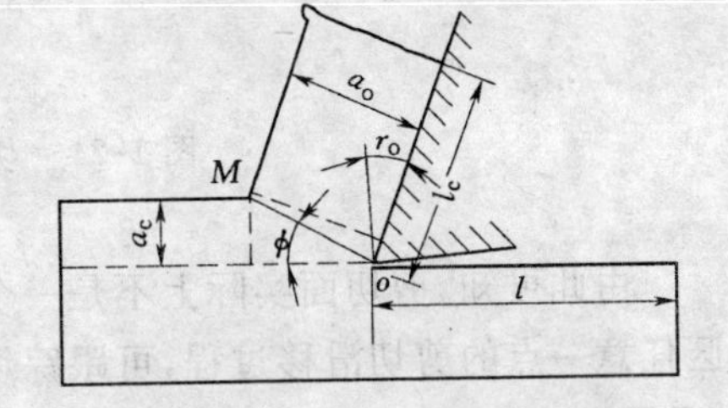

图 1-23　变形系数 ξ 的确定

4. 剪切区的变形

1) 剪切区形成机理

前述已知，刀具作用于切削层金属，使切屑单元通过塑性压缩，以剪切滑移方式为主发生变形。现在将进一步阐明剪切区变形的情况。

当切削层金属未达到剪切区之前，基本上只产生弹性变形。在刀具切削刃与前、后刀面的挤压作用下，在刃前区某一范围内所产生的剪应力超过材料的屈服强度时，($\tau_{max}\geqslant\tau_s$)，便开始以剪切滑移为主的方式变形。因此将分别在 M_1OM_2 与 M_3OM_4 范围内产生两组相互正交，呈直线形的滑移线（即最大剪应力线），它们分别与前后刀面相交成 45° 角（见图 1-24(a)）。由于前刀面与切屑间、后刀面与已加工表面间均存在着摩擦，在摩擦力作用下，M_1OM_2 与 M_3OM_4 范围内的剪切滑移线，已分别向逆时针方向与顺时针方向偏转一个摩擦角。同样，切削刃前 M_2OM_3 范围内的金属中也有两组相互正交的剪切滑移线，它们分别是通过 O 点的许多辐射线以及与之正交的同心圆弧。切削层经过塑性变形转变为切屑的自由边界，过渡曲线 AM 上每点的法线与主应力之一的方向重合，也存在两组相互正交，呈曲线形的剪切滑移线，它们与过渡曲线相交并与法线方向成 45° 角。

将上述几组剪切滑移线连接起来，被切削金属将沿着这些线剪切滑移（见图 1-24(b)）。图中每条曲线代表主应力之差等于常数，也就是剪应力相等的曲面；但不同线上剪应力的大小不同。OA 上的剪应力值等于被切削金属的屈服强度，称为始剪切面（或始滑移面）；OB，OC，OD 线上的剪应力则由于变形强化而依次升高。也就是说，随着刀具相对于工件的连续运动,原处于始剪切线上的金属不断向刀具靠拢,应力和应变也逐渐增大,当到达 OM 线时,剪应力和剪应变达到最大,基本变形到此结束。OM 即称为终剪切面(或终滑移面)。在 OA 到 OM 之间整个剪切区内,变形的主要特征就是沿剪切面的剪切滑移变形,并伴生有加工硬化现象。当最大剪应力 τ_{max} 达到金属的破裂强度时形成挤裂切屑,因而出现明显的裂口;当 τ_{max} 未达到破裂强度时形成带状切屑,因而切屑顶面较平整而呈微小的锯齿形。

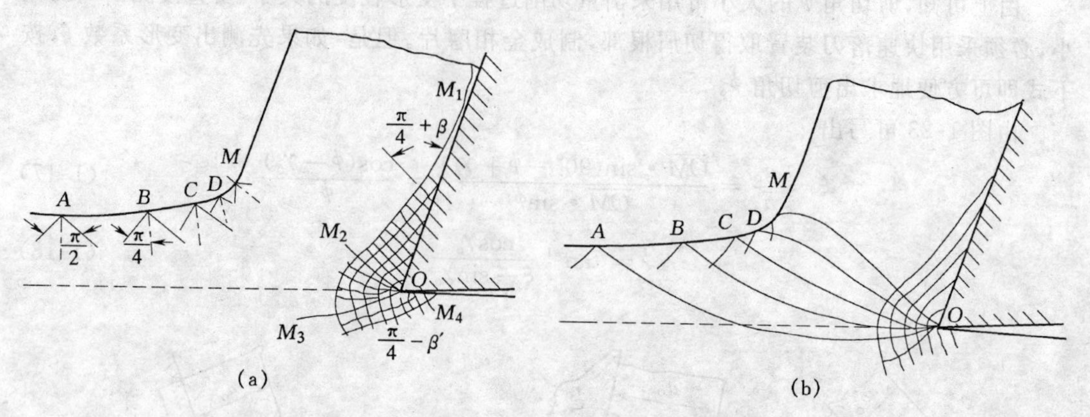

图 1-24 切削区各部分的滑移线及其分布

由此可知,剪切面实际上不是一个平面,而是由许多曲面所构成的剪切区。要研究剪切区任意一点的剪切滑移过程,可跟踪切削层金属中某点 P 进行观察。当 P 点向切削刃逼近(见图 1-25),到达点 1 位置时,若通过点 1 的等剪应力曲线 OA,其剪应力达到材料的屈服强度 τ_s,则点 1 在向前移动的同时,也沿 OA 面剪切滑移,其合成运动将使点 1 流动到点 2。2′—2 就是其滑移量或剪切距离。随着剪切滑移线的产生,剪应力将逐渐增加,直到点 4 位置,其流动方向与前刀面平行,不再进行剪切滑移。同理,从切削层至切屑的外边界上也可看出切削层金属是通过剪切区后逐渐转变而成为切屑的。剪切区的形状与范围的大小与工件材料的塑性、切削速度、切削厚度、前角、前刀面摩擦条件等有关。当工件材料很软(如纯铁、铜或铝),切削厚度较大,前角较小,前刀面摩擦较大,切削速度较低,则剪切区延伸范围较大。

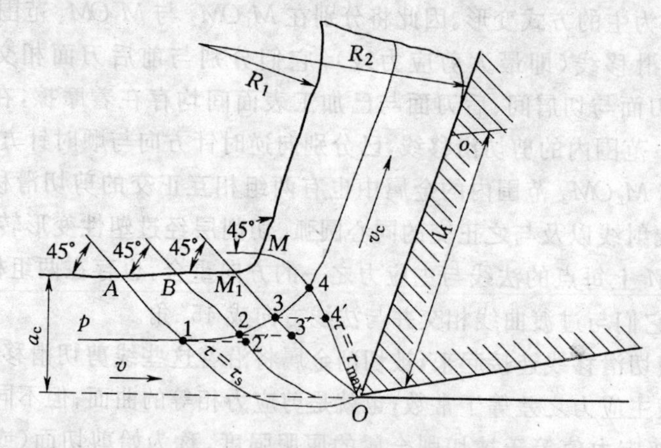

图 1-25 剪切区金属剪切滑移情况

2) 剪切区的应力与应变

(1) 剪切面上的应力。

切削时,刀具作用于切削层(见图 1-20),使其产生应力与应变,随着切削层金属向刀具逼近,剪应力 τ 不断增大,至终剪切面时达最大值。

通常情况下剪切面近似为一平面,剪切面面积

$$A_s = \frac{A_o}{\sin\phi} = \frac{a_c \cdot a_w}{\sin\phi} \tag{1-19}$$

则剪切面上的平均正应力

$$\sigma_\phi = \frac{F_{rs}}{A_s} = \frac{F_r \cdot \sin(\phi + \beta - \gamma_o)}{(a_c/\sin\phi) \cdot a_w} = \frac{F_r \cdot \sin(\phi + \beta - \gamma_o)\sin\phi}{a_c \cdot a_w}$$
$$= \frac{(F_z \sin\phi - F_y \cos\phi)\sin\phi}{a_c \cdot a_w} \tag{1-20}$$

剪切面上的平均剪应力

$$\tau_\phi = \frac{F_s}{A_s} = \frac{F_r \cdot \cos(\phi + \beta - \gamma_o)}{(a_c/\sin\phi) \cdot a_w} = \frac{F_r \cos(\phi + \beta - \gamma_o)\sin\phi}{a_c \cdot a_w}$$
$$= \frac{(F_z \cos\phi - F_y \sin\phi)\sin\phi}{a_c \cdot a_w} \tag{1-21}$$

实际上,剪切面的应力分布并不均匀,其大小及方向沿剪切面而变化(可参看图 1-20)

(2) 剪切速度。

由于切削时在长度方向上产生收缩现象,使切屑沿前刀面流出时的速度 v_c 低于原来的切削速度 v。切削层以速度 v 被切除,以速度 v_s 沿剪切面剪切滑移。v 和 v_s 合成后形成切屑,以 v_c 流出。v、v_c 与 v_s 三个向量组成一封闭三角形(见图 1-26),即

$$\boldsymbol{v} + \boldsymbol{v}_s = \boldsymbol{v}_c \tag{1-22}$$

根据正弦定律

$$\frac{v}{\sin(90^\circ - \phi + \gamma_o)} = \frac{v_c}{\sin\phi} = \frac{v_s}{\sin(90^\circ - \gamma_o)} \tag{1-23}$$

故

$$v_c = \frac{v \cdot \sin\phi}{\cos(\phi - \gamma_o)} = \frac{v}{\xi} \tag{1-24}$$

$$v_s = \frac{v \cdot \cos\gamma_o}{\cos(\phi - \gamma_o)} \tag{1-25}$$

可见只要知道刀具前角 γ_o、切削速度 v 与剪切角 ϕ(或变形系数 ξ),就可求出切屑速度 v_c 与剪切速度 v_s。

(3) 剪应变。

前面已讲过,切削过程中金属变形的主要形式是剪切滑移。因此,通常采用剪应变 ε 作为衡量塑性变形程度的指标。切削时可近似地将剪应变看成是发生在剪切面上。由图 1-17(b) 可知,当刀具向前移动时,切削层单元 $OMma$ 被剪切到 OMm_1a_1 位置。图 1-26 中的 $\triangle AOM$ 与图 1-17(b) 中的 $\triangle Mmm_1$ 相似,再参看式(1-25),即可写出剪应变的公式

$$\varepsilon = \frac{\Delta S}{\Delta y} = \frac{\overline{OM}}{\overline{AB}} \frac{v_s}{v \cdot \sin\phi} = \frac{\dfrac{v \cdot \cos\gamma_o}{\cos(\phi - \gamma_o)}}{v \cdot \sin\phi} = \frac{\cos\gamma_o}{\sin\phi \cdot \cos(\phi - \gamma_o)} \tag{1-26}$$

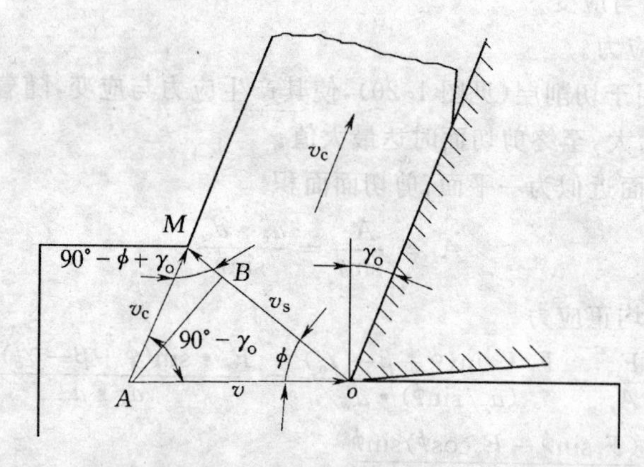

图 1-26 切削速度、切屑流出速度与剪切速度间的关系

由此可知,剪切角 ϕ 可以反映剪切应变的大小,在通常的 ϕ 与 γ_o 范围内($\phi = 5° \sim 30°$, $\gamma_o = -10° \sim 30°$),ϕ 改变引起 $\sin\phi$ 的变化比 $\cos(\phi - \gamma_o)$ 的变化要大。因此 ϕ 越大,ε 越小。此外,增大前角 γ_o 也可减小剪应变 ε(见图 1-27)。

由式(1-25) 与式(1-26) 又可将剪切速度 v_s 写成

$$v = v \cdot \varepsilon \cdot \sin\phi \tag{1-27}$$

5. 变形系数与剪应变的关系

由式(1-17) 与式(1-26) 可知,变形系数 ξ 与剪应变 ε 均与剪切角 ϕ 有关。如将式(1-17) 代入式(1-26),可写直角自由切削时的剪应变

$$\varepsilon = \frac{\xi^2 - 2\xi \cdot \sin\gamma_o + 1}{\xi \cdot \cos\gamma_o} \tag{1-28}$$

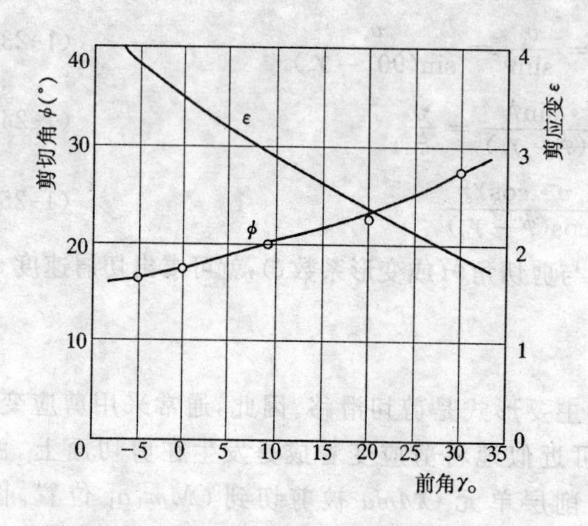

图 1-27 剪切角 ϕ、剪应变 ε 与前角 γ_o 的关系

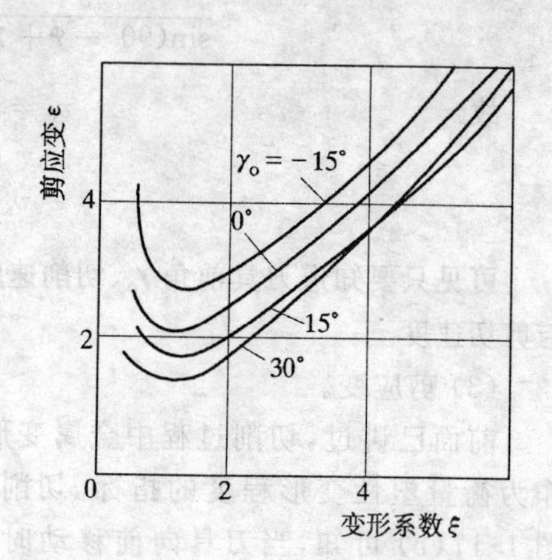

图 1-28 不同前角时变形系数与剪应变的关系

碳素钢(0.14%C);硬质合金刀具 YT14;切削宽度 $a_w = 2.0$mm

切削厚度 $a_c = 0.26$mm;切削速度 $v = 2.5$m/s;干切削

将式(1-28)计算结果绘成图1-28,由式(1-28)及图1-28可知:

(1) 当$\xi \geqslant 1.5$时,ξ越大,ε也越大。当$\gamma_o = 0° \sim 30°$之间,ξ的值与ε还比较接近,这时采用变形系数ξ表示切削层金属的平均变形程度基本上接近实际情况,在一定程度上可表示剪应变的大小。

(2) 当$\xi < 1.5$时,特别是ξ接近于1时,当前角甚大或为负值时,ε与ξ相差很大,因而不能用ξ表示变形程度。例如$\gamma_o = -15°$时,$\xi = 1$但$\varepsilon = 2.61$,说明从切屑的外形尺寸来看,变形很小,甚至没有变形,但实际上切屑内部的应力、应变与晶粒的变形仍然很大。又以切削钛合金为例,在高温条件下钛合金强烈地从周围大气中吸收氢、氧和氮等元素,使塑性降低而脆化,形成伸长了的挤裂切屑,这时就可能使变形系数$\xi = 1$,甚至小于1,产生负收缩现象。

切屑收缩与变形系数是建立在将金属切削看成是纯挤压的观点上的。由图1-29可知,当切削层通过剪切面转变成切屑的瞬间,垂直于剪切面流出的切屑,始终受到法向力F_{ns}的压缩作用以及前刀面的摩擦作用,因而使切屑的长度缩短,厚度膨胀。但实际上切削过程中金属变形的主要形式是剪切滑移,压缩变形在金属切削总变形中所占比重不大。因此变形系数ξ只能在一定条件下粗略地反映切削层金属的变形程度。要求较高时,采用剪应变ε作为衡量变形程度的指标比较合理。但即使是剪应变,由于是建立在纯剪切的观点上,对既有剪切滑移,还挤压作用的切削过程来说,也只能说是比较合理的近似计算。

根据最新的研究认为:切屑形成过程的本质是剪切滑移与弯曲的联合作用。这是根据在极低速直角自由切削时得到的滑移线场,考虑了强化的因素,采用图像-塑性法计算出沿剪切滑移线的应力分布情况而得。由图1-30可知,剪切面上的应力分布在工件自由表面处为压应力。向切削刃方向逐渐减小,到接近切削刃附近变为拉应力。最后由于受刃口的挤压又变为压应力。研究还证实了前刀面上的切削合力与剪切面上的抵抗合力并不共线。从而使切屑产生卷曲并认为切屑形成过程的本质除了剪切滑移外,同时还有弯曲作用。

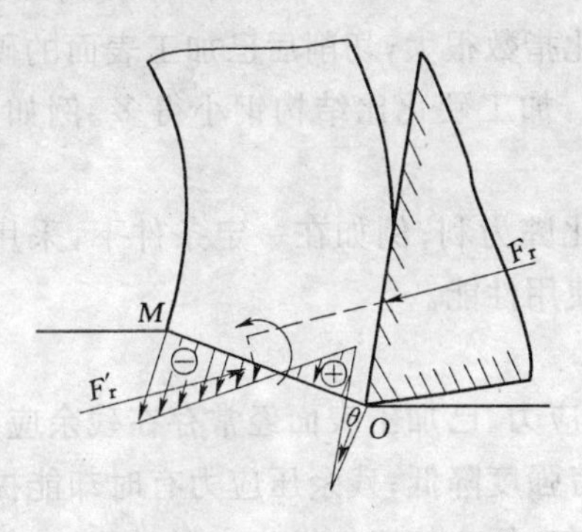

图1-29　剪切面上的应力分布情况

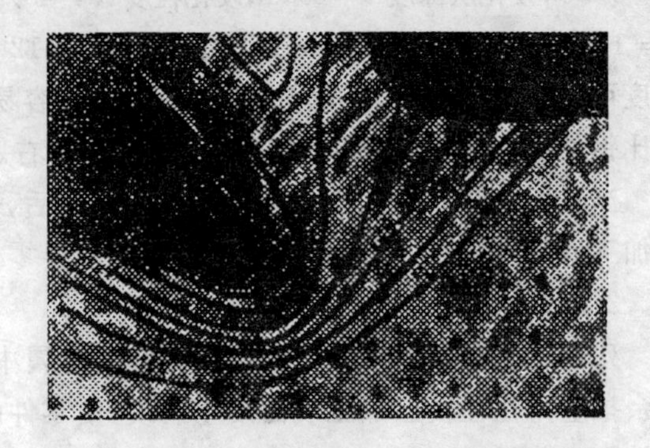

图1-30　塑性变形区加工硬化情况

1.2.3　切削的加工硬化与残余应力

1. 加工硬化

经过切削加工,会使工件表层的硬度提高,这一现象称为加工硬化。变形程度越大,则已加工表面的硬化程度越高,硬化层的深度也越大。工件表面的加工硬化将给后继工序的切削加工增加困难,如增大切削力,加速刀具的磨损。更重要的是影响了零件的加工表面质量。加硬化在提高工件耐磨性的同时也增大了表面层的脆性,往往会降低零件的抗冲击能力。

产生加工硬化的原因是在已加工表面形成过程中表层因经受复杂的塑性变形,使金属的晶格发生拉长、扭曲与破碎,阻碍了进一步的塑性变形而使金属强化;另一方面切削温度(低于 A_{c1} 点时)使金属弱化;更高的温度将引起相变。已加工表面的硬化就是这种强化、弱化和相变作用的综合结果。

加工硬化通常以硬化程度 N 及硬化层深度 h 表示。硬化程度 N 是已加工表面的显微硬度增加值对原始显微硬度的百分数。

$$N=\frac{H-H_{o}}{H_{o}}\times 100\% \tag{1-29}$$

硬化深度层 h 是已加工表面与金属基本未硬化处的垂直距离。表面层硬化程度往往可达成 180%~200%。硬化层尝试可达几十至几百微米厚。图 1-30 表示切削变形区加工硬化情况的典型实例。由图可见,根据变形程度的不同,切削区各分部的硬化程度也不同。其中以积屑瘤区的硬度为最高,切屑中的硬度次之,其次是已加工表面。而切屑底层的硬度又高于上层。

工件材料的塑性越大,强化指数越大,则硬化越严重。碳钢中含碳量越大,则强度越高,硬化越小,切削速度对硬化现象的影响是双重的:v 的增高使切削温度升高,从而加速了恢复(软化)的过程;但同时 v 增高后变形时间缩短,又使恢复过程进行不充分。一般来说,v 增大时,由于变形传播的时间较短,使硬化层深度减小,但硬化程度则随工件材料的性能而不同。当进给量增大时,切削厚度增大,硬化程度及硬化层深度均有所增大。但 α_c 太小时(如铰削),硬化现象反而会随 α_c 的减小而上升。减小前角,增大刀具的钝圆半径 r_n 与刀具磨损时,均会使硬化程度及硬化层深度增大。

例如,用 YT15 车刀车削 10 号钢,$a_p=0.5\text{mm}$,$f=0.21\text{mm/r}$,$v=6.5\text{m/s}(390\text{m/min})$,$\theta=890℃$,硬化层深度 $h=55\mu\text{m}$,硬化程度 $N=40\%$;车削 T12A 时,$v=2.12\text{m/s}(127\text{m/min})$,$\theta=1000℃$,$h=32\mu\text{m}$,$N=15\%$。高锰钢 Mn12 的强化指数很大,切削后已加工表面的硬化程度可达 200% 以上。有色金属的熔点较低,容易软化,加工硬化比结构钢小得多。例如,铜件比钢件要小 30%,铝件比钢件要小 75% 左右。

当我们认识了加工表面硬化现象的规律后,也可化弊为利;例如在一定条件下,采用滚压加工,即可利用这一现象在一定程度上改善零件的使用性能。

2. 残余应力

残余应力是不需外力平衡而能存在于金属中的内应力。已加工表面经常存在残余应力。残余拉应力往往使已加工表面发生裂纹,使零件的疲劳强度降低;残余压应力有时却能提高零件的疲劳强度。例如,加工表面的残余应力分布不均匀,便会使工件发生变形,影响工件的形状和尺寸精度。

1) 切削力和塑性变形的作用

由前所述,已加工表面在形成过程中由于切削力的作用而受到拉伸、挤压与强烈的摩擦使表层金属产生拉应力。切削时,一方面表层金属处于塑性变形状态,里层金属却处于弹性变形状态。已加工表面形成后,切削力突然消失,弹性变形趋向复原,但受到表层金属的牵制，在表层与里层造成应力状态。另一方面，表层金属经受塑性变形后由于晶内遭受破坏而使空位缺陷增加，因而使比容增大，但同时却受到连成一体的里层金属的阻碍，因而表层产生压应力(－σ) 里层产生拉应力(＋σ)。

2) 切削热的作用

刀 - 工接触区经强烈的变形而使表层温度很高，而已加工表面的形成又是在极短的瞬间完成，因此表层金属受到热冲击作用，受热温度较低。由于表层温度较高，里层(基体) 温度较低，因此，表层体积膨胀，但受到里层金属的牵制，使表层产生压应力，里层则产生拉应力。切削后，表层金属因散热快而收缩，但同时却受到里层金属的牵制，因而最后使表层产生拉应力，里层产生压应力。

3) 相变作用

切削时，在高温作用下表层组织可能发生相变，由于各种金相组织的体积不同而产生残余应力。例如，高速切削碳钢时，刀 - 工接触区温度可达 600 ～ 800℃，而碳钢相变温度为 720℃ 而形成奥氏体，冷却后转变为马氏体，比容增大。因而使表层金属膨胀，但受到里层金属的牵制，从而表面产生压应力，里层则产生拉应力。

加工过程中，已加工表面层内呈现的残余应力，是上述诸因素综合作用的结果，最终可能存在残余拉应力或残余压应力，加工大部分塑性金属时，一般形成切向(切削速度方向) 残余应力，表面层深度内的残余应力可分为三个区(见图 1-31)：Ⅰ 区，在 0.001 ～ 0.004mm 的极薄表面层内作用着残余应力。Ⅱ 区，根据切削用量与刀具前角，其范围比 Ⅰ 区要大 10 倍以上。此层内作用着残余拉应力。实际上，Ⅱ 区内应力的性质与大小对表面层的状态起决定性的作用。Ⅲ 区，此区作用着残余压应力，与 Ⅰ、Ⅱ 区的应力相均衡。由此图还可看出加工后表面层内硬度变化的情况。一般情况下，表层是拉应力，最大可达 882 ～ 980N/mm^2(90 ～ 100kgf/mm^2)，因此表面往往出现一些裂缝，对工件的耐磨性与疲劳强度都不利。

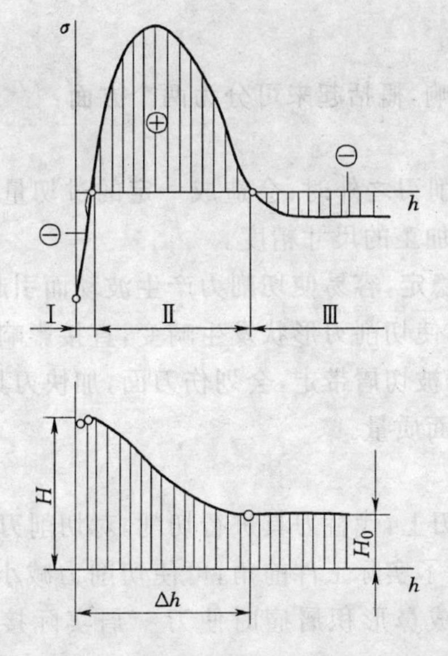

图 1-31　已加工表面层内残余应力的变化

1.2.4 积屑瘤和鳞刺

1. 积屑瘤

1) 现象

在一定的切削速度范围内切削钢、铝合金与球墨铸铁等塑性金属时，由于前刀面上挤压和摩擦的作用，使切屑底层中的一部分材料停滞和堆积在刃口附近，形成积屑瘤(见图1-32)。经变形强化，积屑瘤的硬度很高，可达工件材料硬度的 2 ～ 3.5 倍，可代替切削刃切削。

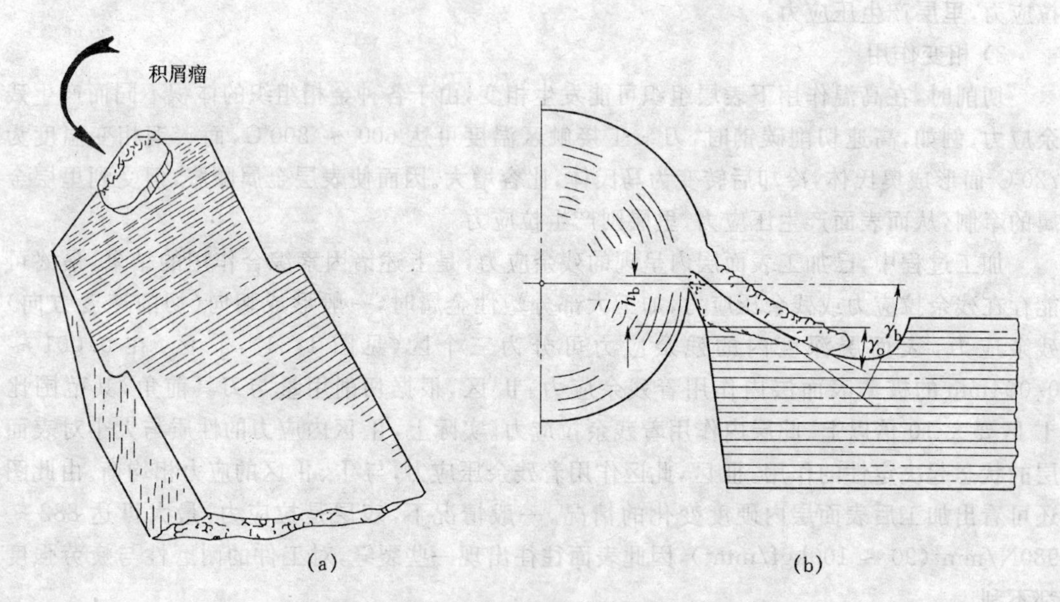

图 1-32 刀具上的积屑瘤及其使前角增大的情况

2) 作用

积屑瘤对切削加工的影响，概括起来可分为两个方面：

不利的方面有：

(1) 当积屑瘤突出于切削刃之外时，会造成一定的过切量，从而使切削力增大，在工件表面划出沟纹并影响到零件加工的尺寸精度。

(2) 由于积屑瘤局部不稳定，容易使切削力产生波动而引起振动。

(3) 积屑瘤形状不规则，使切削刃形状发生畸变，直接影响加工精度。

(4) 积屑瘤被撕裂后，若被切屑带走，会划伤刀面，加快刀具的磨损；若留在已加工表面上，会形成毛刺，影响工件表面质量。

有利的方面有：

(1) 积屑瘤包覆在切削刃上，代替刀具进行切削，对切削刃起到一定的保护作用。

(2) 形成积屑瘤时，增大了实际工件前角，可使切削力减小(见图 1-33)。其中形成楔形积屑瘤时前角增大较多，形成鼻形积屑瘤时使刀 - 屑实际接触长度减小，也可使切削力减小。

由上可知，积屑瘤对切削加工弊多利少。精加工时一定要设法避免，即使粗加工，采用硬质合金刀具时一般也并不希望产生积屑瘤，但是只要掌握其形成及变化的规律，仍可化弊为利，有益于切削加工，如有名的银白屑切削法就是一例。负倒棱给形成积屑瘤创造了基础，积屑瘤起着实际切削作用，切削时排出副屑，有助于散热。且可选取较大前角以减小切削力。

3）成因

在刀-屑接触长度l_f内l_{f1}接触区间（见图1-34），由于粘结作用，使得切屑底层流动速度变得很慢而产生“滞流”，切屑底层的晶粒纤维化程度很高，几乎和前刀平行。滞流层（即流变层）金属因经受强烈的剪切滑移作用而产生加工硬化，其抗剪强度也随之提高。如图1-34所示，滞流层中最大剪应力为$\tau_{max}=\dfrac{\sigma_1-\sigma_2}{2}$，式中$\sigma_2$是由摩擦力所产生的主应力。当$\sigma_2$甚大时，最大剪应力就可能小于滞流层金属的剪切强度$\tau_s$，滞流层与前刀面接触处的金属屑不会发生剪切滑移而停留在前刀面上，沿滞流层内部某一表面做相对移动，这样越积越大，便形成了积屑瘤。

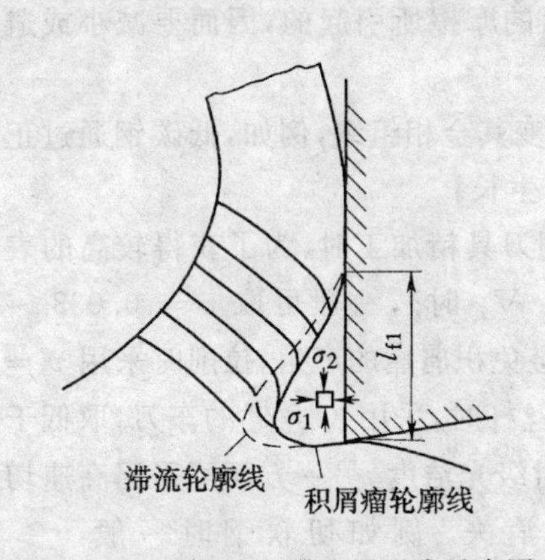

图1-33　积屑瘤与滞流层形成示意图

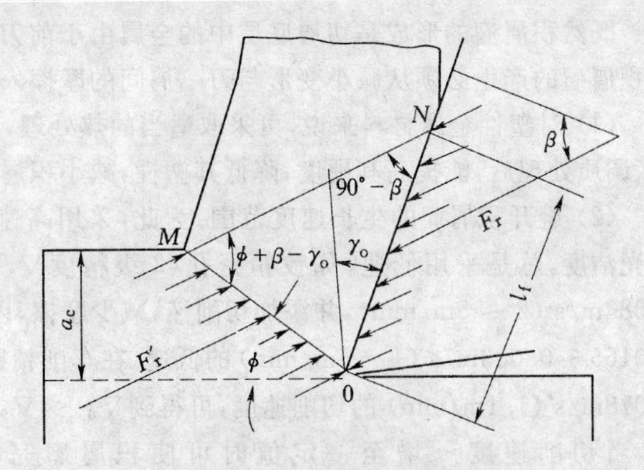

图1-34　刀-屑接触长度

4）影响因素

影响积屑瘤的主要因素是工件材料，刀具前角γ_o。切削速度v，进给量f以及切削液等。

工件材料硬度低，塑性大时，切削时金属变形大，易产生积屑瘤（见图1-35(a)）。刀具材料与工件材料之间的粘结性好，也易产生积屑瘤。

切削速度v主要通过切削温度影响积屑瘤。温度适当时，（如切削中碳钢时为300～380℃），刀-屑间的摩擦系数μ最大，容易产生积屑瘤，因而在某一适中的切削速度范围内积屑瘤长得最大。很低速切削时温度低，切屑底层塑性状态变化不大，刀-屑间呈点接触，以滑动摩擦为主，可能不产生积屑瘤；或在刀刃处产生很小的积屑瘤。高速时，一般当切削温度大于500～600℃时，由于材料的剪切屈服强度τ_s降低，切屑底层金属因温度高而软化，甚至呈滞流状态，所以也不会产生积屑瘤。

由于进给量f与刀具前角γ_o影响切削温度与刀-屑接触长度，因而也影响积屑瘤。f增大时，切削厚度a_c与刀-屑接触长度l_f随之增大，产生积屑瘤的切削速度区域向低速方向移动，所生积屑瘤的最大高度增大（见图1-35(b)）。

前角γ_o增大时，前刀面上的法向力减小，切削温度降低，切削变形减小，使积屑瘤的高度减小,提高了产生积屑瘤的临界切削速度(见图 1-35(c))。采用润滑性能优良的切削液可减小甚至消除积屑瘤。

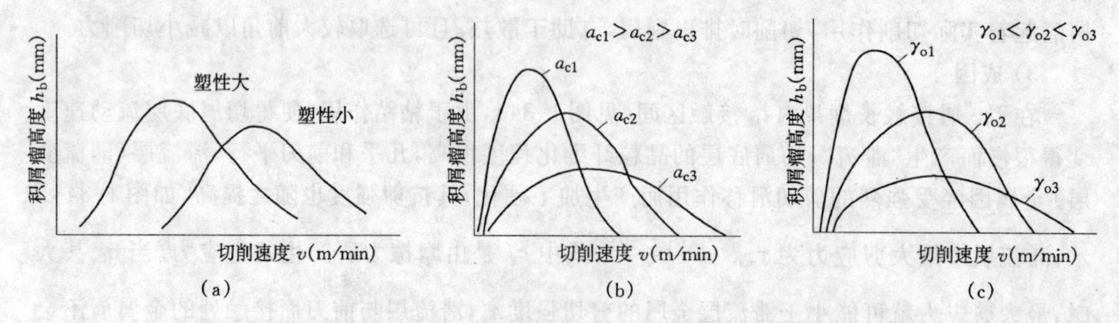

图 1-35 切削速度变化时,工件材料塑性,切削厚度前角对积屑瘤高度的影响

5) 控制措施

既然积屑瘤的形成是切屑底层中的金属由于前刀面的摩擦所引起的,因而要减小或避免积屑瘤的产生必须从减小变形与刀 - 屑间的摩擦入手。

(1) 对塑性金属材料来说,可采取适当的热处理,改变其金相组织,例如,低碳钢通过正火、调质处理后,能提高其硬度,降低其塑性,减小积屑瘤生长。

(2) 避开积屑瘤的生长速度范围。为此,采用高速钢刀具精加工时,为了获得较高的表面光洁度,总是采用低速。如铰精密孔(2 级精度 $\nabla_6 \sim \nabla_7$ 时),一般可取 $v = 0.033 \sim 0.083$m/s (2 ~ 5m/min),并添加切削液,减少摩擦,以避免积屑瘤的产生。拉削时采用 $v = 0.0165 \sim 0.083$m/s (1 ~ 5m/min) 的低速。在车削精密丝杆时,采用 $\gamma_o = 0°$ 的车刀,取低于 0.018m/s (1.1m/min) 的切削速度,可得到 $\nabla_8 \sim \nabla_9$ 时级光洁度。另一方面可采用高速切削,当切削速度 v 增至一定值时可使积屑瘤完全消失。例如切软钢时一般 $v >$ 1.67m/s(100m/min) 相当于已超过形成积屑瘤上限的温度(约 560℃),积屑瘤的变形强化能力消失,也不会产生积屑瘤。

(3) 采用润滑性能好的切削液可以抑制积屑瘤。

(4) 增大前角也可抑制积屑瘤,当 $\gamma_o > 35°$ 时,一般即不再产生积屑瘤。

(5) 其他如减小切削厚度,采用人工加热切削区等措施,也可以减小甚至消除积屑瘤。

2. 鳞刺

1) 现象与作用

在较低的切削速度下,用高速钢、硬质合金刀具切削低、中碳钢,铬钢(20Cr,40Cr),不锈钢,铝合金及紫铜等塑性金属时,在工件的已加工表面常会出现一种鳞片状的毛刺称为鳞刺。拉削、插齿、滚齿与螺纹切削时经常会产生鳞刺。它严重地影响了加工表面光洁度,往往使光洁度降低 2 ~ 4 级。为此,我们必须认识鳞刺产生的原因和规律,以便对它进行主动的控制。

2) 成因

国内的研究认为,鳞刺形成的原因是在较低的切削速度下形成挤裂切屑或单元切屑时,刀 - 屑间的摩擦力发生周期性的变化,促使切屑在前刀面上周期性地停留,代替刀具推挤切削层，造成金属的积聚，已加工表面出现拉应力而发生导裂，并使切削厚度向切削线以下增大，生成鳞刺。

由图 1-36 可知，鳞刺的形成过程是：当切屑从前刀面流出时，逐渐把摩擦面上有润滑作用的吸附膜擦拭干净，使摩擦系数逐渐增大，刀－屑实际接触面积增大，在刀－屑间巨大压力的作用下，使切屑单元在瞬间内粘结在前刀面上，暂时不沿前刀面流出。这时，切屑以圆钝的外形代替前刀面进行挤压，使切削刃前下方，屑－工之间产生裂口（称为导裂）。继续切削时，使受到挤压的金属不断地层积在切屑单元下面，一起参加切削，使裂口扩大，切削厚度与切削力随之增大。当层积到某一高度后，增大了切削力 F_y 克服了刀－屑间的粘结和摩擦，推动切屑单元重新沿前刀面滑动，这时切削刃过去便形成一个鳞刺。接着又开始另一个新鳞刺的形成过程。如此周而复始，在已加工表面上不断生成一系列的鳞刺。

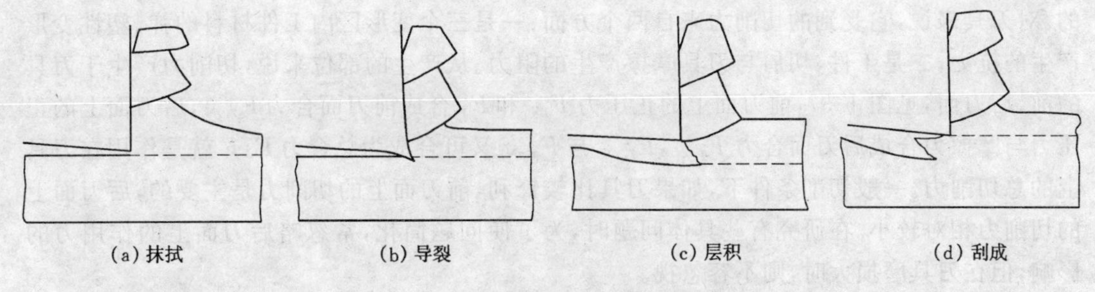

图 1-36　鳞刺形成的四个阶段

鳞刺因塑性变形而硬化，由于它是因切屑滞流或停留，导致切削应力的变化，引起工件材料的撕裂和剪切，故它的表面微观特征是鳞片状的凹凸不平，且接近于沿整个切削刃宽度并垂直于切削速度方向，它不同于粘附在前刀面上的积屑瘤，由于积屑瘤是随机的局部破碎，故它的表面特征是不规则的纵向犁沟。

鳞刺的形成除了与切削速度、切削厚度等因素有关外，还决定于被加工材料的性能和它的金相组织，材料的变形强化越大以及它与刀具间的摩擦越大，越易形成鳞刺。国外一些学者认为，鳞刺就是积屑瘤的碎片。国内的研究指出，鳞刺是切削过程中的一个独特现象，其生成可以不依赖于积屑瘤，根据我们试验所作鳞刺纵剖面显微照片上可看出鳞刺和工件的晶粒相互交错，鳞刺与工件母体间没有分界线，与嵌入已加工表面的积屑瘤碎片不同。也有研究认为积屑瘤和鳞刺现象有密切联系，认为切屑底层金属发生严重停滞是形成鳞刺的先决条件。积屑瘤是切屑底层最严重的停滞，此时鳞刺也最显著。要避免鳞刺就要消除积屑瘤。由此可见，关于鳞刺的成因及其与积屑瘤的关系等问题还值得进一步研究与探讨。

3）控制措施

认识了鳞刺形成过程的规律性后，我们就可以采取有效的措施来控制鳞刺的产生。因为鳞刺是切削过程中变形与摩擦的产物，是一种重要的物理现象，它产生于刀－工接触区，但与刀－屑接触区的摩擦密切有关。为此便可从减小刀－屑，刀－工间的摩擦入手，使挤裂切屑转化为带状切屑。具体地说，如适当地提高工件材料的硬度，增大刀具的后角，减小切削厚度，采用润滑性能较好的切削液，采用人工加热切削；在较低切削速度下适当增大前角，在较高切削速度下适当减小前角等，均有利于抑制鳞刺的产生，提高加工表面的光洁度。

1.2.5 切削力与切削功率

1. 切削力及研究切削力的意义

切削力是指由于刀具切削工件(试件)而产生的工件和刀具之间的相互作用力。

切削力是切削过程中产生的重要物理现象,对切削过程有着多方面的重要影响:它直接影响切削时消耗的功率和产生的热量,并造成工艺系统的变形和振动。切削力过大时,还会造成刀具、夹具或机床的损坏。切削过程中消耗功所转化成的切削热则会使刀具磨损加快,工艺系统产生热变形并恶化已加工表面质量。所以,掌握切削力的变化规律,计算切削力的数值,不仅是设计机床、刀具、夹具的重要依据,而且对分析、解决切削加工生产中的实际问题有重要的指导意义。

刀具切削工件时,之所以会产生切削力,根本原因是切削过程中产生的变形和摩擦引起的。对刀具来说,它受到的切削力来自两个方面:一是三个变形区内工件材料的弹、塑性变形产生的抗力;二是工件、切屑与刀具摩擦产生的阻力。从产生的部位来说,切削力产生于刀具的前、后刀面,见图 1-37,前刀面上的正压力 $F_{\gamma N}$ 和 F_{γ} 合成前刀面合力 $F_{\gamma,\gamma N}$,后刀面上的正压力与摩擦力合成后刀面合力 $F_{\alpha,\alpha N}$,$F_{\gamma,\gamma N}$ 与 $F_{\alpha,\alpha N}$ 又可合成为总合力 F,F 就是作用在刀具上的总切削力。一般切削条件下,如果刀具比较锋利,前刀面上的切削力是主要的,后刀面上的切削力相对较小。在研究有些具体问题时,为了使问题简化,常忽略后刀面上的作用力的影响,但在刀具磨损大时,则不容忽视。

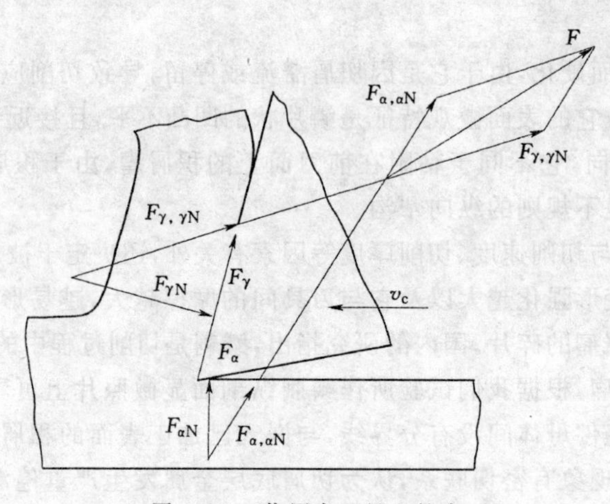

图 1-37 作用在刀具上的力

2. 切削合力、分力和切削功率

1) 切削合力和切削分力

图 1-38 中刀具(或工件)上作用的切削力的总合力 F 称为切削合力,由于切削合力的大小和方向是随切削条件而变化的一个空间力,不便于计算与测量,在研究和分析实际问题难以直接应用,为适应解决问题的需要,又便于测量与计算,常将 F 分解为某几个方向上的分力,称为切削分力。车削中常将 F 分解为以下三个分力。

• 主切削力 F_z—— 沿切削速度方向上的分力,又称为切向力。

• 进给抗力 F_x——F 在进给运动方向上的分力，外圆车削中又叫轴向力。

• 切深抗力 F_y——F 在切深方向上的分力，外圆车削中，又叫径向力。

上述三个分力相互垂直，其数值可用测力仪量得，也可根据切削条件用有关经验公式计算。

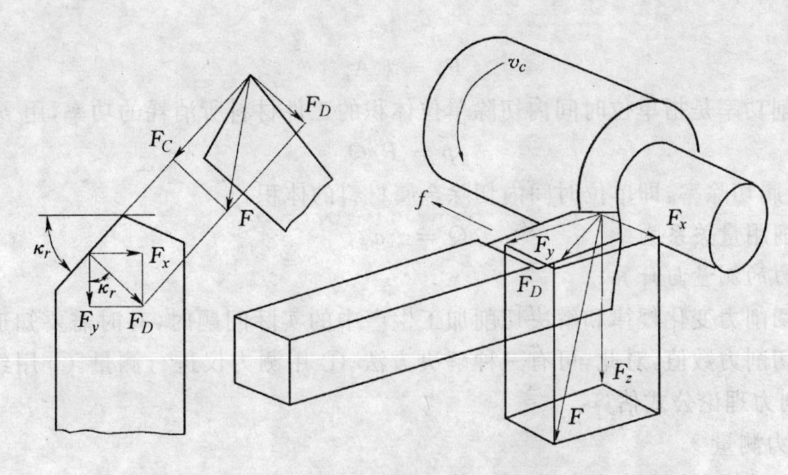

图 1-38 外圆车削时的切削合力与分力

三个分力中，主切削力 F_z 最大，消耗功率也最多，约占总功率的 95%。它是决定机床主电机功率、设计与校验主传动系统各零件以及夹具、刀具强度、刚度的重要依据。

F_x 作用在进给运动方向上，是设计与校验机床进给系统各零、部件强度的依据，也消耗一定的功率。

F_y 同时垂直于主运动和进给运动方向，不消耗功率。但在车削轴类零件时，易引起工艺系统的变形和振动，对加工精度和表面质量有较大影响。

通过情况下，F_x 和 F_y 都小于 F_z，随着刀具几何参数、刀具磨损情况、切削用量的不同，F_x、F_y 相对于 F_z 的比值在很大范围内变化，三者之间的比例大致为：$F_x : F_y : F_z = (0.1 \sim 0.6) : (0.15 \sim 0.7) : 1$。

三个分力与合力之间的关系如下：

$$F = \sqrt{F_z^2 + F_D^2} = \sqrt{F_z^2 + F_x^2 + F_y^2} \tag{1-30}$$

$$F_y = F_D \cos\kappa_\gamma ; F_x = F_D \sin\kappa_\gamma \tag{1-31}$$

2) 切削功率

切削过程中消耗的总功率为各分力所消耗功率的总和，称为切削功率，用 P_c 表示。车削中，切深抗力 F_y 不消耗功率，F_f 远小于 F_z，v_x 远小于 v_z，故计算切削功率时常忽略 F_x 所消耗的功率，故有

$$P_z = F_z v \tag{1-32}$$

式中：F_z—— 主切削力；

v—— 切削速度。

由此，可计算出机床主电机所需功率 P_E。

$$P_E \geqslant P_z / \eta \tag{1-33}$$

式中：η—— 机床传动效率，一般 η 为 0.75 ～ 0.85。

3）单位切削力和单位切削功率

单位切削面积上作用的主切削力称为单位切削力，用 k_z 表示。即

$$k_z = F_z / A_c \tag{1-34}$$

单位切削力可通过切削实验求得。若已知单位切削力 k_z 和切削面积 A_c，方便地计算出主切力 F_z。

$$F_z = k_z A_c \tag{1-35}$$

单位切削功率是指单位时间内切除单位体积的工件材料所消耗的功率，用 p 表示。

$$p = P/Q \tag{1-36}$$

式中，Q 为金属切除率，即单位时间内切除金属材料的体积。

Q 与切削用量关系为 $\qquad Q = v_c a_p f \qquad$ (1-37)

3. 切削力的测量与计算

在研究切削力变化规律和解决切削加工生产中的实际问题时，有时需要知道在一定切削条件下的切削力数值，对此，可有三种解决方法。① 用测力仪进行测量。② 用经验公式计算。③ 用切削力理论公式估算。

1）切削力测量

为获得在某特定切削条件下切削力的数值，可用一种专门用于测量切削力的装置 —— 测力仪进行测量。测力仪的种类很多，按工作原理的不同，可分为机械式、电阻式、电感式、压电式等，目前使用较为普遍的是电阻应变式测力仪。压电式测力仪精度高，但价格昂贵，应用也在不断增加。下面介绍电阻应变式测力仪的工作原理及其测力方法。

电阻应变式测力仪由传感器、电桥电路、应变仪和记录仪组成。传感器是一个可将切削力的变化转换为电量变化的弹性元件，其结构有多种形式，目前使用较多的是八角环式，其结构形状如图 1-39 所示。中部八角环形部分为弹性元件，分为上环和下环，前端有安装车刀用的方孔，后部的圆孔用于在车床刀架上安装紧固。

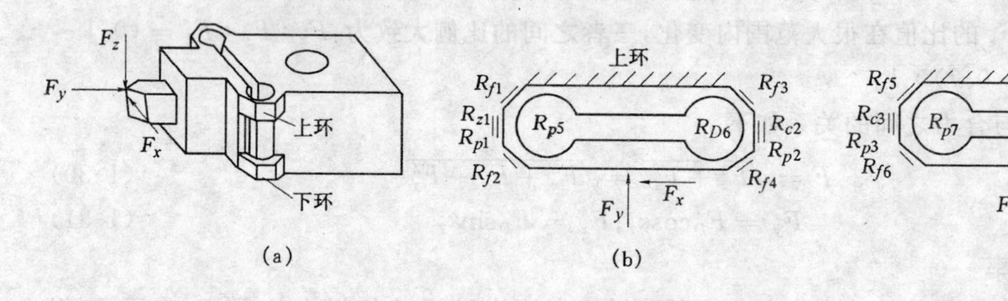

图 1-39 八角环测力传感器

利用这种传感器可同时测量 F_z、F_y 和 F_x，也可单测某一分力。测量时，要在弹性元件部分的适当部位，粘贴若干片电阻值可随弹性元件变形而变化的电阻应变片（见图 1-40），并把它们联入电桥电路，以便于将电阻值的变化转换成可读的电信号（电流或电压）后输出。

测力时，当紧固在传感器刀孔内的车刀受到切削力作用时，应变片中电阻丝的直径和长度将随弹性元件的变形而发生变化，因而其阻值将发生微小变化，受拉伸时阻值增大，受压缩时阻值减小，其变化量随变形量的大小而变化。为便于测量，通常采用电桥电路将其转化

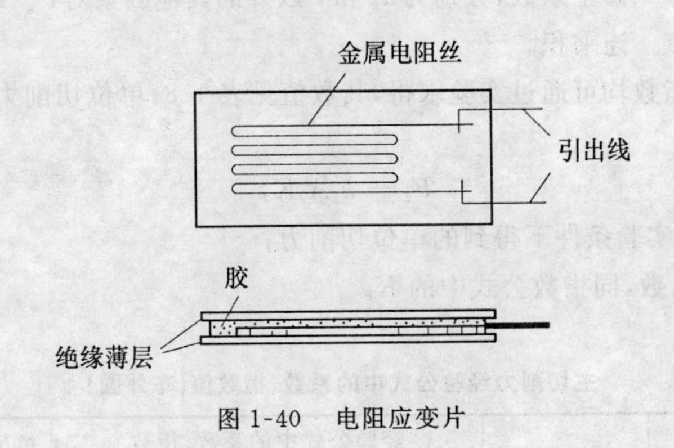

图 1-40　电阻应变片

为电压(或电流)信号,再由应变仪放大后,由记录仪输出。在传感器元件允许的范围内,输出电信号与切削力的大小成正比,通过标定可得到切削力与电信号之间的关系曲线(标定曲线),进行实际切削时,通过测量得到的电信号便可在曲线上找到其对应的切削力数值。

2) 车削力经验公式及切削分力计算

(1) 经验公式及建立方法简介。切削力经验公式是在通过切削实验取得大量数据的基础上,经适当的数据处理后得到的关于切削力与可变因素(切削条件)之间的定量关系式。由于建立这种关系的依据是经验数据,故称为经验公式。目前,在计算一定切削条件下的切削力数值时,多采用经验公式。

建立经验公式时,为便于进行数据处理并保证经验公式的可靠性,通常采用单因素实验法或正交实验法,而在处理数据时采用图解法或线性回归法。

下面将单因素实验法建立车削力经验公式的主要过程作一简要介绍。

在影响车削力的因素中,影响最大,也最直接的是切削深度 a_p 和进给量 f。其他因素则主要通过对切屑变形和摩擦的影响而影响切削力。因此,目前,普遍使用的车削力经验公式的基本形式均采用各切削分力与 a_p、f 之关系的形式,对其他因素的影响,再通过修正系数加以考虑。

建立 F_c 与 a_p、f 之关系的主要步骤如下:

首先建立 F_z 与 a_p、f 之单元关系。为此,实验时,固定 a_p 以外的所有其他切削条件,选取若干个 a_p 进行切削实验,用测力仪量取不同 a_p 时的切削力 F_z,得到若干组 F_c 与 a_p 的对应数据,经数据处理,得到 F_z 与 a_p 之间的单元关系式。然后,用同样方法得到 F_c 与 f 的单元定量关系式。最后,将两单元关系式加以综合,便可得到 F_z 与 a_p、f 之间的多元定量关系式。

(2) 车削力经验公式及切削分力计算。车削力经验公式有两种形式:一种是指数形式,一种是单位切削力形式。指数形式的车削力经验公式如下:

$$\left.\begin{aligned} F_z &= C_{F_z} a_p^{xF_z} f^{yF_z} K_{F_z} \\ F_x &= C_{F_x} a_p^{xF_x} f^{yF_x} K_{F_x} \\ F_y &= C_{F_y} a_p^{xF_y} f^{yF_y} K_{F_y} \end{aligned}\right\} \tag{1-38}$$

式中:C_{Fz}、C_{Fx}、C_{Fy}—— 与工件材料和其他切削条件有关的系数;

xF_z、xF_x、xF_y、yF_z、yF_x、yF_y—— 这反映 a_p 和 f 对切削力影响程度的指数;

K_{Fz}、K_{Fx}、K_{Fy}——修正系数，分别为a_p和f以外的其他因素对F_z、F_x、F_y的修正系数的连乘积。

上述各系数和指数均可通过实验求得，其数值见表1-8，单位切削力形式的主切削力经验公式如下：

$$F_z = k_z A_c K_{F_z} \tag{1-39}$$

式中：k_z—— 在一定实验条件下得到的单位切削力；

K_{F_z}—— 修正系数，同指数公式中的K_{F_z}。

表1-8 **主切削力经验公式中的系数、指数值(车外圆)**

工件材料	硬度 /HBS	经验公式中的系数、指数			单位切削力 kc/N·mm^{-2} ($f = 0.3$mm·r^{-1})
		C_{F_z}/N	x_{F_z}	y_{F_z}	
碳素结构钢 45 合金结构钢 40Cr 40MnB,18CrMnTi (正火)	187～227	1640	1	0.84	200
工具钢 T10A, 9CrSi,W18Cr4V (退火)	189～240	1720	1	0.84	2100
灰铸铁 HT200 (退火)	170	930	1	0.84	1140
铅黄铜 HPb59-1 (铸造)	78	650	1	0.84	750
锡黄铜 ZCuSn5Zn5Pb5 (铸造)	74	580	1	0.85	700
铸铝合金 ZL104 (铸造)	45	660	1	0.85	800
硬铝合金 LY12 (淬火及时效)	107				

注：切削条件 切钢用YT15刀片，切铸铁、铜铝合金用YG6刀片；

$v_c \approx 1.67\text{m}\cdot\text{s}^{-1}(100\text{m}\cdot\text{min}^{-1})$；$VB = 0$

$\gamma_0 = 15°$，$\kappa_r = 75°$，$\lambda_s = 0°$，$b_{\gamma 1} = 0$，$r_\varepsilon = 0.2 \sim 0.25\text{mm}$

用指数公式计算切削分力时，可根据已知的条件在有关资料中查得公式中的系数和指数，将已知条件代入相应公式，便可计算出切削分力的数值。

4. 切削力理论公式

为了从理论上解决切削力的计算问题，国内外许多学者进行了大量的研究工作也得出了若干种形式的计算公式。但由于切削过程十分复杂，影响因素太多，迄今为止，还不能说已经得出了与实验结果足够吻合的切削力理论公式。我国科学工作者在前人研究工作的基础上，从切屑的受力分析入手，根据力的平衡原理和材料的应力应变规律推导出了形式较为简单、有一定应用价值的理论公式,(推导从略)形式如下。

$$F_z = \tau_s h_D b_D (1.4\Lambda_h + C) \tag{1-40}$$

式中:τ_s —— 工件材料的剪切屈服极限;

h_D —— 切削厚度;

b_D —— 切削宽度;

Λ_h —— 变形系数;

C —— 常数,随前角不同而不同,其数值可查切削手册。

1.2.6　切削热、切削温度及切削液

1. 切削热及切削温度

1) 切削热及其对切削过程的影响

用刀具切削工件而产生的热称为切削热。切削热也是切削过程中产生的重要物理现象,对切削过程有多方面的影响。切削热传散到工件上,会引起工件的热变形,因而降低加工精度,工件表面上的局部高温则会恶化已加工表面质量。传散到刀具上的切削热是引起刀具磨损和破损的重要原因。切削热还通过使刀具磨损对切削加工生产率和成本发生影响。总之,切削热对切削加工的质量、生产率和成本都有直接、间接的影响,研究和掌握切削热产生和变化的一般规律,把切削热的不利影响限制在允许的范围之内,对切削加工生产是有重要意义的。

2) 切削热的产生与传出

(1) 切削热的产生。

切削热产生于三个变形区,切削过程中,三个变形区内的金属变形与摩擦产生切削热的根本原因,切削过程中变形与摩擦所消耗的功,绝大部分转化为切削热。图 1-41 为切削热产生的部位及传散情况示意图。

切削热产生的多少及三个变形区产生热量的比例随切削条件不同而不同。加工塑性金属材料时,当后刀面磨损量不大,而切削厚度又较大时,第一变形区内产生的热量最多;当刀具磨损量较大,而切削厚度较小时,第三变形区生热的比例将增大。图 1-42 为用硬质合金刀具加工镍、铬、钼、钒、钢时,三个变形区产生热量的比例与切削厚度有关系。加工铸铁等脆性材料时由于形成崩碎切屑,刀 - 屑接触长度小,前刀面上的摩擦小,第一、第二变形区生热比

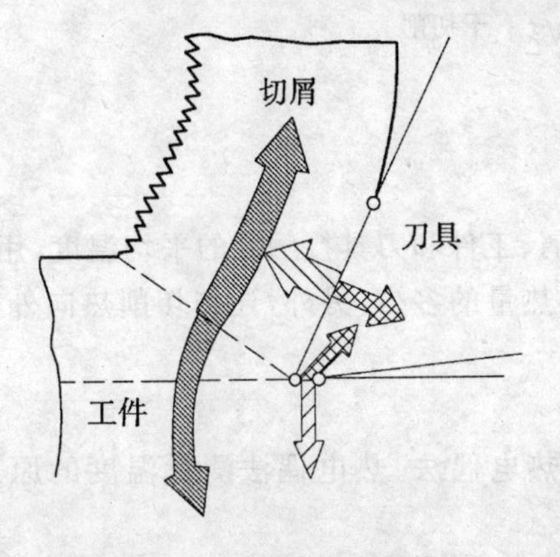

图 1-41　切削热的产生与传出

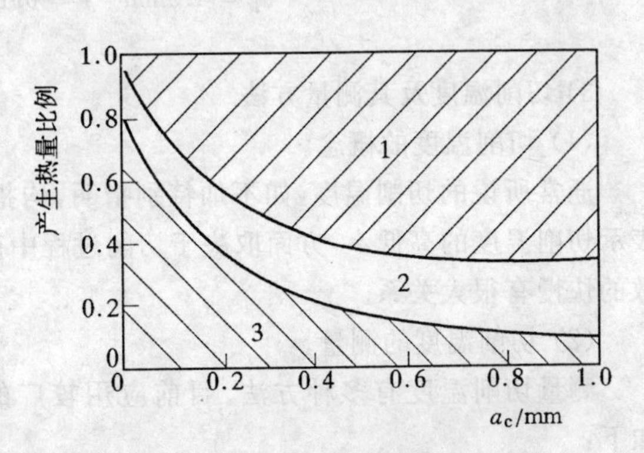

图 1-42　三个变形区产生热量的比例

1— 第一变形区　2— 第二变形区　3— 第三变形区

例下降,第三变形区产生切削热的比重会相对增加。

切削过程中产生的总热量可通过各切削分力所消耗的功计算,一般切削条件下,F_f 远小于 F_z,v_f 又远小于 v_c,如果忽略进给运动所消耗的功,并假定主运动消耗的功全部转化为热,单位时间内产生的切削热可由下式算出:

$$Q = F_z V \tag{1-41}$$

式中:Q —— 单位时间内产生的切削热,$J \cdot s^{-1}$;

F_z —— 主切削力,N;

V —— 切削速度,m/s。

(2) 切削热的传出。

切削过程中产生的切削热,将通过切屑、工件、刀具和周围介质向切削区外传散。各途径传散热量的比例与切削形式、刀具、工件材料及周围介质有关。车削加工中 50% ~ 86% 的热量由切屑带走,40% ~ 10% 传入车刀,9% ~ 3% 传入工件,1% 左右传入空气。钻孔时,28% 的热由切屑带走,14.5% 传入刀具,52.5% 传入工件,5% 左右传入周围介质。

另外,切削速度 v 对各途径传热比例也有一定的影响。切削速度 v 越高,切屑带走的热量越少,图 1-43 示出了 v 对热量传散情况的影响规律。

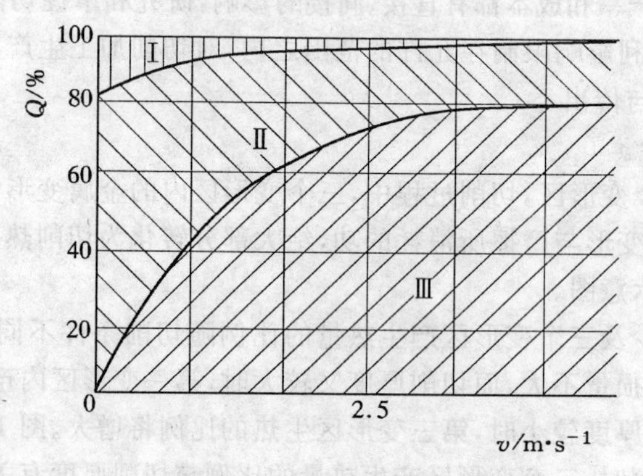

图 1-43 v 对切削热传散的影响

Ⅰ— 刀具 Ⅱ— 工件 Ⅲ— 切屑

工件材料:40Cr 刀具材料:硬质合金

$a_p = 1.5$mm $f = 0.12$mm/r 干切削

3) 切削温度及其测量方法

(1) 切削温度的概念。

通常所说的切削温度,如不加特别指明,均指切屑、工件和刀具接触区的平均温度,用 θ 表示切削温度的高低,一方面取决于切削过程中产生热量的多少,另外,还与切削热向外传散的快慢有很大关系。

(2) 切削温度的测量。

测量切削温度有多种方法。目前应用较广的是热电偶法。热电偶法测量温度的原理如下:

把两种化学成分不同的导体的一端连接在一起,使它们的另一端处于室温状态(称为冷端)，那么，当连在一起的一端受热时(称为热端) 在冷热端之间就会产生一定的电动势，称为电势，把毫伏表或电位差计接在两导体冷端之间便可测量出热电势的值。实验研究表明，热电势值的大小取决于两种导体材料的化学成分及冷热端之间的温度差。当组成热电偶的两种材料一定时，经过标定可得到热电势的值与冷热端温度差之间的关系。

① 自然热电偶法测切削区平均温度。自然热电偶法测切削温度方法如图 1-44 所示，刀具与工件是化学成分不同的两种导体材料，自然地组成一个热电偶。切削时，切削区的高温使刀具与工件的接触端成为热端，处于室温状态的刀具、工件的另一端则成为冷端，用导线将刀具和工件的冷端连接到毫伏表或电位差计上，即可将切削时产生的热电势值测量出来。

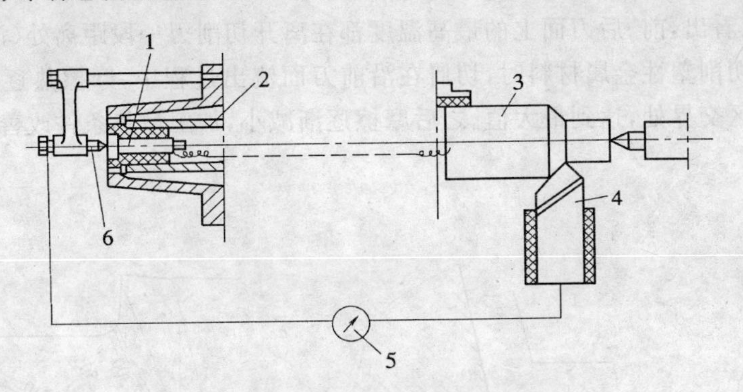

图 1-44　自然热电偶法测切削温度

1— 铜销　2— 车床主轴尾部　3— 工件

4— 刀具　5— 毫伏表　6— 铜顶尖(与支架绝缘)

自然热电偶法测切削温度时，须事先对刀具和工件两种材料组成的热电偶进行标定，求得热端温度与毫伏表读数值之间关系的标定曲线，见图 1-45，这样在测量实际切削温度时，便可根据毫伏表上的读数从标定的曲线上查出其对应的温度值。

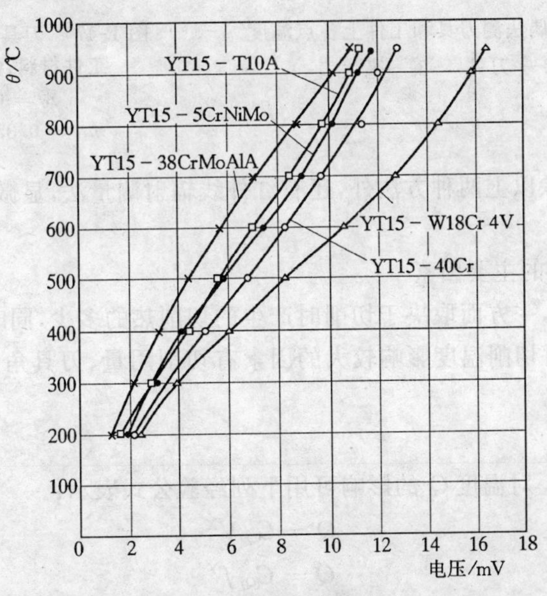

图 1-45　热电偶标定曲线

② 人工热电偶法测工件或刀具上各点的温度。在研究工件、刀具、刀屑上各点温度分布规律时，往往需要了解切削区内各点的切削温度。为此，可采用人工热电偶法进行测量。

人工热电偶法是利用事先标定的两种不同材料的金属丝组成的热电偶来测量工件、刀具上某些点的温度。图 1-46 为用人工热电偶测工件和刀具上各点温度的示意图。

测量时，将热端通过工件(或刀具) 上的小孔固定在被测点上，冷端用导线串接在毫伏表上，由于两金属丝组成的人工热电偶已事先经过标定，所以在实际测温时，根据毫伏表中的数值便可从标定曲线上查得其对应的温度值，即工件或刀具上被测点的温度值。改变测量小的位置并利用传热学原理进行推算，可得出刀具或工件上温度分布的情况，如图 1-47 所示。从图中可以看出，前、后刀面上的最高温度都在离开切削刃一段距离处(该处称为温度中心)。这是由于切削塑性金属材料时，切屑在沿前刀面流出过程中，摩擦热逐渐增加积累，至粘结区和滑动区交界处，达到最大值。之后摩擦逐渐减小，加工散热条件改善，切削温度又逐渐降低。

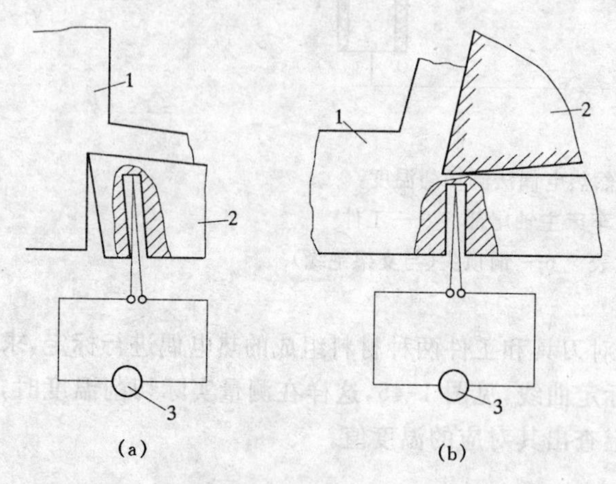

图 1-46　人工热电偶法测刀具和工件上各点温度

1— 工件　2— 刀具　3— 毫伏表

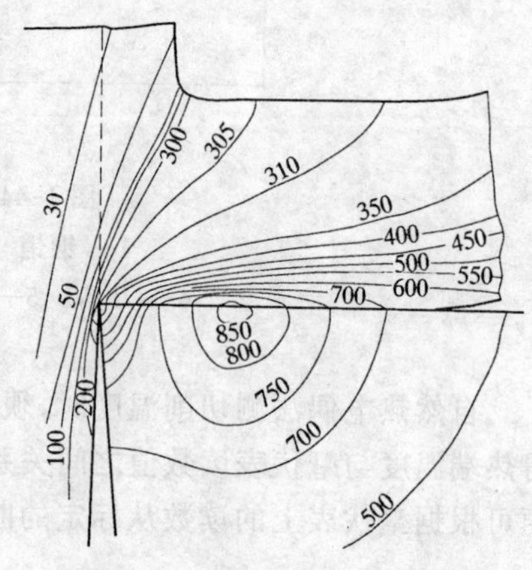

图 1-47　刀具、切屑和工件上温度分布

工件材料：GCr15　刀具：YT14

$\gamma_0 = 0°, b_D = 5.8\text{mm}$

$h_D = 0.35\text{mm}, v_c = 1.33\text{m/s}$

测量切削温度，除以上两种方法外，还有红外线辐射测量法，显微硬度分析法，金相结构分析法等。

4) 影响切削温度的主要因素

切削温度的高低，一方面取决于切削时产生的切削热的多少，同时也取决于切削热传散的快慢。切削条件中对切削温度影响较大的因素有切削用量、刀具角度、工件材料和冷却条件等。

(1) 切削用量。

切削用量 V, f, a_p 对温度 Q 的影响可用下列经验公式表示：

$$Q = C_{Qv} V^X \tag{1-42}$$

$$Q = C_{Qf} f^Y \tag{1-43}$$

$$Q = C_{Qap} a_p^Z \tag{1-44}$$

式中：C_{Qv}、C_{Qf}、C_{Qap} 为试验常数，X、Y、Z 为试验指数，各常数和指数均大于零。

图 1-48 为切削 45 钢时的试验曲线，结果看出，V 对温度影响最大，f 影响次之，a_p 影响最小。

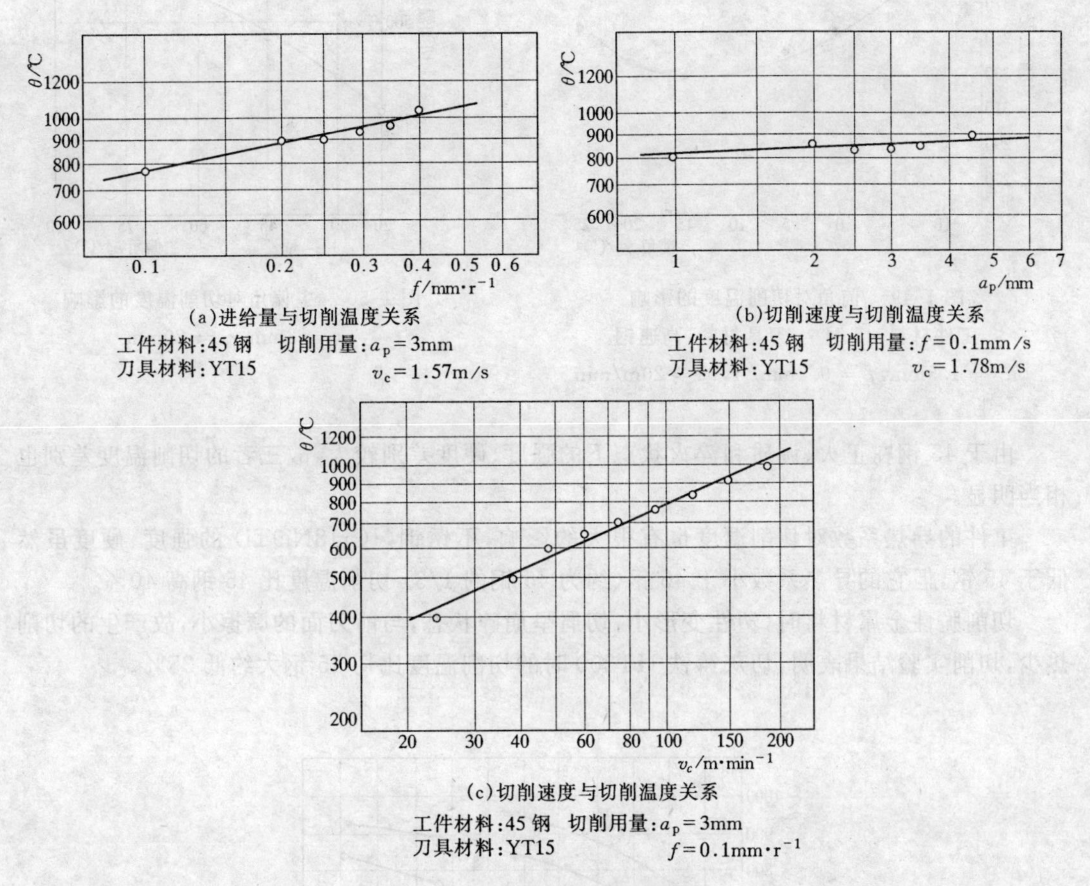

图 1-48　切削量对温度的影响

(2) 刀具角度。

① 前角。前角 γ_o 增大，切削力减小，消耗的功率及产生的切削热相应减少，故前角在一定范围内增大时，切削温度随前角增大而降低，但当前角增大到一定程度后，则会因刀尖契角减小使散热条件变差的作用变得突出，继续增大刀具反而会使切削温度升高。图 1-49 示出了 θ 随 γ_o 增加而变化的规律。

② 主偏角。在切削深度 a_p 不变时，减小主偏角 κ_r，将使刀刃工作长度增加，散热条件得到改善，但同时，切屑会变得薄而宽，使切屑平均变形增大面是导致生热增加。由于散热作用更大，故 θ 还是随 κ_r 的减小而降低。图 1-50 示出了主偏角对 θ 的影响规律。

(3) 工件材料。

工件材料的强度、硬度、塑性及热导率对切削温度有较大的影响。

工件强度大、硬度高，切削时的切削力大，消耗功率大，产生的切削热多，故切削温度高。图 1-51 为切削热处理状态不同的 45 钢工件时，切削温度的变化情况。

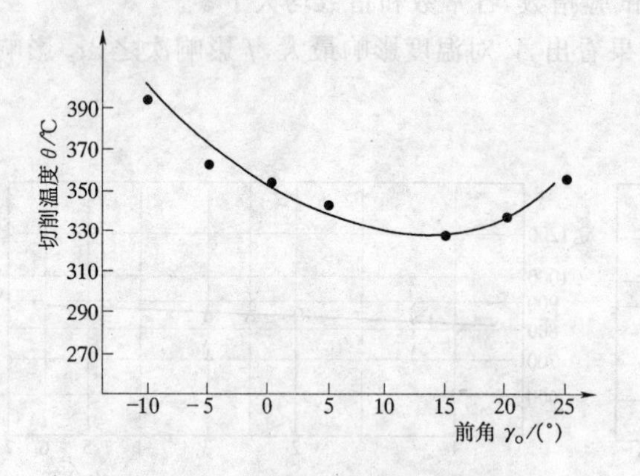

图 1-49　前角对切削温度的影响

工件材料:45 钢　　刀具材料:高速钢

$a_p = 1.5\text{mm}, f = 0.2\text{mm/r}, v_c = 20\text{m/min}$

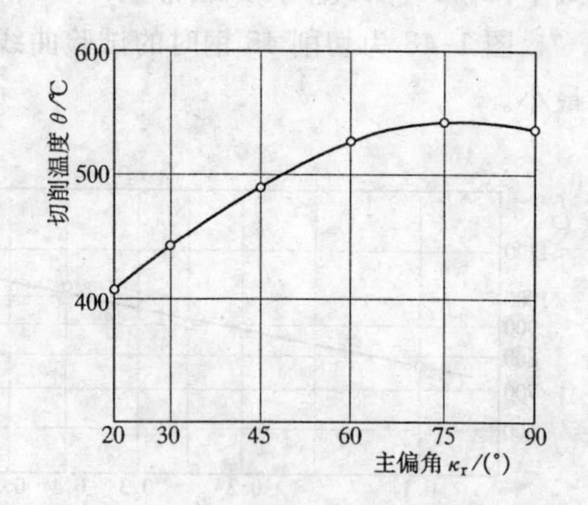

图 1-50　主偏角对切削温度的影响

$a_p = 2\text{mm}, r_\varepsilon = 20\text{mm}$

由于 45 钢在正火、调质和淬火状态下的强度、硬度差别较大,故三者的切削温度差别也相当明显。

工件的导热系数对切削温度也有很大的影响,不锈钢(1Cr18Ni9Ti)的强度、硬度虽然低于 45 钢,但它的导热系数小于 45 钢(约为 45 钢的 1/3)切削温度比 45 钢高 40%。

切削脆性金属材料时,塑性变形小,切屑呈崩碎状态,与前刀面的摩擦小,故产生的切削热少,切削实验结果表明,切灰铸铁 HT200 时的切削温度比切 45 钢大约低 25%。

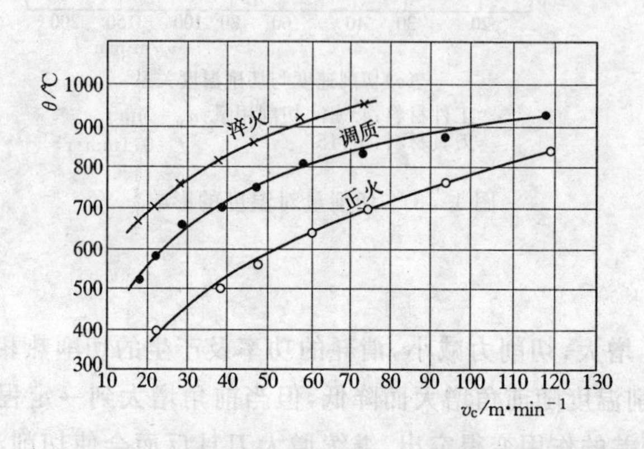

图 1-51　45 钢不同热处理状态下对切削温度的影响

刀具:YT15　$\gamma_o = 15°$

$a_p = 3\text{mm}, f = 0.1\text{mm/r}$

2. 切削液

在金属切削过程中合理选用切削液,可以改善刀具与切屑和刀具与工件界面的摩擦情况,改善散热条件,从而降低切削力、切削温度和刀具磨损。切削液还可以减少刀具与切屑的粘结,抑制积屑瘤和鳞刺的生长,提高已加工表面质量,可以减少工件热变形,保证加工精度。

1) 切削液的作用

通常要求切削液具有以下四方面作用。

(1) 冷却作用。

由第 5 章可知金属切削过程中，三个变形区就是三个热源区，虽然切削液不能阻止热量的产生，也不能直接进入热源区，但是它能从它所能达到的最靠近热源的刀具、切屑和工件表面上带走热量，使刀具最高温度区体积缩小。它的冷却作用，早已被人们所认识，在 19 世纪末，人们发现用普通的苏打水作为金属切削的冷却液，平均可以提高切削速度30％～40％。

切削液的冷却主要靠热传导，要求它有较高的导热系数和比热。切削液本身的温度也影响它的冷却性能，使用时，要求他有一定的流量和流速。由于切削温度很高，切削液将汽化而大量吸热，因此也要求有较高的汽化热。水的导热系数为油的 3～5 倍，比热约大 1 倍，汽化热要大 6～12 倍，故其冷却性能最好，油类最差，乳化液则介乎二者之间而接近于水。

(2) 润滑作用。

金属切削过程中，通常在粘结条件下，切削液是很难进入切屑工件与刀具的界面起润滑作用的。但在粘结面积的周围，总有一个具有部分和断续接触的滑动摩擦区，见图 1-52 中 *CD* 部分。这里的压应力较低，切削液可以迅速渗透，流入切削区，在金属表面上展开和粘附，形成一层牢固的、有一定强度的润滑膜。不仅使金属表面与刀具的粘结局限于小的面积内，减小积屑瘤、抑制鳞刺，提高加工表面光洁度，而且可避免或减小金属和刀具直接接触，起到润滑作用减小切削力。

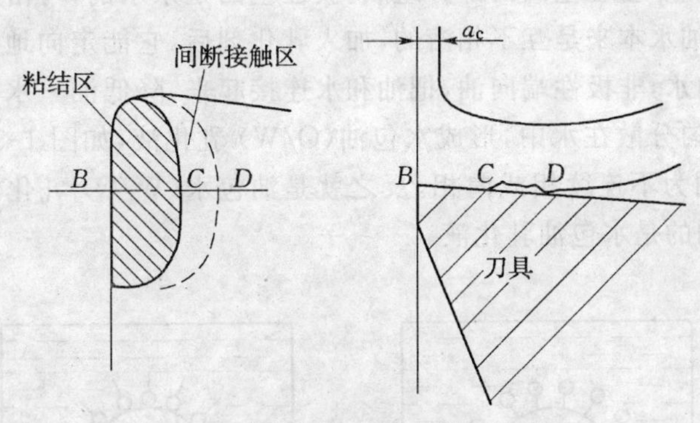

图 1-52　切削界面上的粘结和边缘区

(3) 清洗作用。

金属切削过程中，有时产生一些细小的切屑，如切屑铸铁或磨削。为了防止碎屑或磨粉划伤工件已加工表面和机床导轨面，防止磨屑嵌在砂轮空隙中降低磨削性能，要求切削液具有良好的清洗作用。清洗性能的好坏与切削液的渗透性、流动性和使用压力有关。提高乳化液中表面活性剂的含量，然后再以大稀释比制成半透明的乳化液可提高清洗能力。高速磨削与强力磨削时，可用高压提高冲刷能力，及时冲走磨粉。

(4) 防锈作用。

为了防止工件、机床、刀具受周围介质腐蚀，要求切削液具有良好的防锈作用。防锈作用取决于切削液本身性能，加入防锈添加剂，可在金属表面吸附或化合，形成保护膜，防止与腐蚀介质接触而起到防锈作用。

除上述作用外,还要求切削液价廉、配制方便、稳定性好、不污染环境和不影响人体健康。以上要求对一种切削液很难全面满足。因此,要根据具体切削条件和使用要求,合理选用。

2) 切削液中的添加剂

为了改善切削液的性能而加入的化学物质称为添加剂。常见的有油性、极压添加剂,乳化剂(表面活性剂),防锈添加剂等。

(1) 油性、极压添加剂。

油性添加剂主要起渗透和润滑作用。它降低油与金属的界面张力,使切削油很快渗透到切削区,在一定的切削温度下形成物理吸附膜,减小切屑、工件和刀具界面的摩擦。它主要用于一般金属低速精加工时温度和压力较低的边界润滑状态,高温高压时将被破坏。常用的油性添加剂为动、植物油及油酸、胺类、醇类及酯类等。

在极压润滑状态下,切削液中必须添加极压添加剂来维持润滑膜的强度。它与金属表面起化学反应,形成化学吸附膜,熔点高得多,可防止极压状态下金属摩擦面直接接触,减小摩擦。多数难切削金属的加工,属于极压润滑状态,需加极压添加剂,制成极压切削油应用。常用的极压添加剂为含硫、磷、氯等有机化合物,与金属生成氯化铁、硫化铁、磷酸铁等化学吸附膜,能在高温下保持润滑作用。

(2) 乳化剂。

乳化剂是使用矿物油和水乳化,形成稳定乳化液的添加剂。它是一种表面活性剂,它的分子是由极性基团和非极性基团两部分组成。极性基团是亲水的,可溶于水,非极性基团是亲油的,可溶于油,油水本来是互不相溶的,加入乳化剂后,它能定向地排列,吸附在油水两相界面上,极性端向水,非极性端向油,把油和水连接起来,降低油-水界面张力,使油以微小的颗粒稳定地均匀分散在水中,形成水包油(O/W)乳化液,如图 1-53(a) 所示。这时,水为连续相或外相,油为不连续相或内相。反之就是油包水(W/O)乳化液,如图 1-53(b) 所示。金属切削中应用的是水包油乳化液。

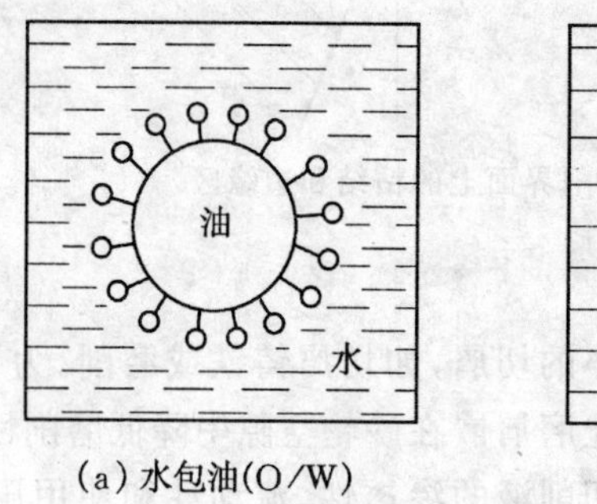

(a) 水包油(O/W)

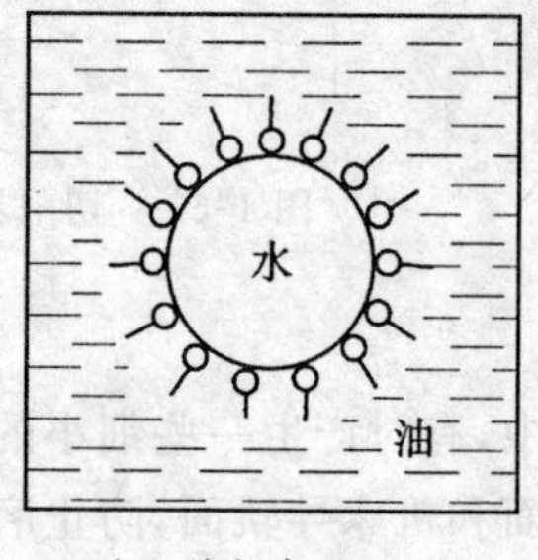

(b) 油包水(W/O)

图 1-53 乳化液示意图

表面活性剂在乳化液中,除了起乳化作用外,还能吸附在金属表面上,形成润滑膜,起油性添加剂的作用。

表面活性剂种类很多,配制乳化液时,应用最广的是阴离子型和非离子型。

有时乳化液中还加适量乳化稳定剂如乙醇、乙二醇等,以改善与提高乳化液的稳定性。

(3) 防锈添加剂。

它是一种极性很强的化合物,与金属表面有很强的附着力,吸附在金属表面形成保护膜,或与金属表面化合形成钝化膜,起防锈作用。

常用的防锈添加剂有水溶性类和油溶性类。前者以碳酸钠、三乙醇胺等,后者如石油磺酸钠、石油磺酸钡等,应用较广。

除上述添加剂外,有时还可添加抗泡沫剂,防止表面活性剂加入切削液时增多空气混入形成泡沫机会,降低切削效果,有时也可添加防霉添加剂,防止乳化液使用久后变质发臭。

生产中根据具体切削条件和使用要求,综合添加几种添加剂,以得到效果较好的切削液。

3) 切削液的种类和选用

(1) 切削液的种类。

金属切削加工中常用的切削液可分三大类:水溶液、乳化液、切削油。

① 水溶液。水溶液主要成分是水,最简单的是在水中加入一定防锈添加剂,为了具有一定的润滑性能,可加入一定量表面活性物质和油性添加剂。这样就使水溶液既有良好冷却性,又有一定润滑性,同时又透明,操作者便于观察,某些情况下可代替乳化液,多用于磨削,也可用于切削。

② 乳化液。乳化液是乳化油用水稀释而成。乳化油是由矿物油、乳化剂及添加剂配成,用95%～98%水稀释成乳白色的或半透明的乳化液。它有良好的冷却作用,但润滑、防锈性能较差,可再加入一定量的油性、极压添加剂和防锈添加剂,配成极压乳化液和防锈乳化液。前者适用于极压边界摩擦,可代替植物油,后者适用于防锈性能要求较高的加工。

③ 切削油。主要成分是矿物油。常用的有5#、7#、10#、20#、30#机械油和轻柴油、煤油等,但不适用于边界润滑,边界润滑需要加入油性、极压添加剂。

也有少数采用动植物油,如豆油、菜油、棉籽油、蓖麻油、猪油等。

复合油是将植物油或动物油脂与矿物油混合制成。它们在边界润滑状态下具有良好的润滑作用,适用于低速精加工。但它们是食用油,又容易变质,故最好不用或少用,由含硫、氯等极压添加剂的矿物油代用。

常用的切削液配方可参考《机械工程手册》第46篇。

此外,也有采用固体润滑剂的,如二硫化钼,其摩擦系数很小,有很高的抗压能力和附着能力,不与酸碱起作用,温度稳定性好,40℃左右才开始分解。将二硫化钼与硬脂酸及石蜡做成蜡笔,涂于刀具表面,或混合在水中或油中,涂抹在刀具表面,可提高刀具耐用度和加工表面光洁度。如对钢件30CrMnSiA攻丝,效果显著。

(2) 切削液的合理选用。

切削液应根据工件材料、刀具材料、加工方法和加工要求的具体情况选用,否则不能取得应有的效果。

高速钢刀具耐热性差,故应采用切削液。粗加工时,金属切除量多,产生热量大,刀具容易磨损。使用切削液的主要目的为降低切削温度,可选用以冷却为主的切削液,如3%～5%乳化液或水溶液。精加工时主要改善加工表面质量,应选用润滑性好的极压切削油或高浓度极压乳化液。

硬质合金刀具由于耐热性好,一般不用切削液,必要时也可采用低浓度乳化液或水溶液,但必须连续,充分地供应,否则高温下刀片冷热不匀,容易产生很大内应力而导致裂纹。

从加工材料考虑，切削钢料等塑性材料，需用切削液。切削铸铁等脆性材料，则一般可不用切削液，因为作用不如切钢时明显，且容易搞脏工作地。对于高强度钢、高温合金等难加工材料，对切削液的冷却、润滑等方面，均有较高要求。这类材料的切削加工均处于极压润滑摩擦状态，故应选用极压切削油或极压乳化液，有时还需专门配制特殊的切削液以适应其切削要求。对于铜、铝及铝合金，为了得到较高表面质量和精度，可采用 10% ～ 20% 乳化液、煤油或煤油与矿物油的混合。但要注意硫会腐蚀铜，故切铜时不用含硫的切削液。铝的强度低，如果极压添加剂与金属形成的化合物强度超过金属本身，这种切削液将带来相反效果，故切铝时也不宜用硫化切削油。

再从加工方法考虑，钻孔、攻丝、铰孔和位削等，其排屑方式为半封闭状态，导向部分或校正部分与已加工表面的摩擦也严重，对硬度高、强度大、韧性大、冷硬严重的难切削材料尤为突出，宜用乳化液、极压乳化液和极压切削油。成形刀具、螺纹和齿轮刀具要求保持形状、尺寸精度，且其加工成本高，刃磨复杂，要求较高耐用度，也应采用润滑性较好的极压切削油或高浓度极压切削液。磨削加工温度很高，且细小磨屑会破坏工件表面质量，要求切削液具有较好冷却性能和清洗性能，常用半透明或透明的水溶液和普通乳化液。磨削不锈钢、高温合金则宜用润滑性能较好的水溶液和极压乳化液。

常用的切削液选用参考表 1-9。

表 1-9　　切削液选用推荐表

工件材料			碳钢、合金钢		不锈钢		高温合金		铸铁		铜及其合金		铝及其合金	
刀具材料			高速钢	硬质合金	高速钢	硬质合金	高速钢	硬质合金	高速钢	硬质合金	高速钢	硬质合金	高速钢	硬质合金
加工方法	车	粗加工	3,1,7	0,3,1	4,2,7	0,4,2	2,4,7	0,2,4	0,3,1	0,3,1	3	0,3	0,3	0,3
		精加工	3,7	0,3,2	4,2,8,7	0,4,2	2,8,4	0,2,4,8	0,6	0,6	3	0,3	0,3	0,3
	铣	粗加工	3,1,7	0,3	4,2,7	0,4,2	2,4,7	0,2,4	0,3,1	0,3,1	3	0,3	0,3	0,3
		精加工	4,2,7	0,4	4,2,8,7	0,4,2	2,8,4	0,2,4,8	0,6	0,6	3	0,3	0,3	0,3
	钻孔		3,1	3,1	8,7	8,7,	2,8,4	2,4,8	0,3,1	0,3,1	3	0,3	0,3	0,3
	铰孔		7,8,4	7,8,4	8,7,4	8,7,4	8,7	8,7	0,6	0,6	5,7	0,5,7	0,5,7	0,5,7
	攻丝		7,8,4	—	8,7,4	—	8,7	—	0,6	—	5,7	—	0,5,7	—
	拉削		7,8,4	—	8,7,4	—	8,7	—	0,3	—	3,7	—	0,3,5	—
	滚齿，插齿		7,8	—	8,7	—	8,7	—	0,3	—	5,7	—	0,5,7	—
工件材料			碳钢、合金钢		不锈钢		高温合金		铸铁		铜及其合金		铝及其合金	
刀具材料			普通砂轮		普通砂轮		普通砂轮		普通砂轮		普通砂轮		普通砂轮	
加工方法	外圆磨	粗磨	1,3		4,2		4,2		1,3		1		1	
	平面磨	精磨	1,3		4,2		4,2		1,3		1		1	

* 本表中数字的意义如下：

0— 干切削；　　5— 普通矿物油；

1— 润滑性不强的水溶液；　　6— 煤油；

2— 润滑性较好的水溶液；　　7— 含硫、含氯的极压切削油，或动植物油与矿物油的复合油；

3— 普通乳化液；　　8— 含硫氯、氯磷或氯磷的极压切削油。

4— 极压乳化液；

4) 切削液的使用方法

常见的切削液使用方法有浇注法、高压冷却法和喷雾冷却法：

(1) 浇注法(见图 1-54)。

浇注法使用方便，应用广泛，但流量慢、压力低，较难直接进入刀刃最高温度处，故效果较差。使用时应使切削液尽量接近切削区。E. M. Trent 等的试验表明：切削液喷注于副后刀面能有效地降低刀具中受到过热严重影响的体积的温度。筱崎的试验表明：切削液从刀 - 屑接触界面的侧面供给，能提高加工表面质量。M. C. Shaw 认为切削液从侧面浸入是依靠毛细管现象和刀屑间相对振动所产生的泵吸作用。

另外当用不同刀具切削时，最好能根据刀具的形状和切削刃的数目，相应地改变浇注口的形式和数目。浇注切削液的流量在车、铣时约为 0.17 ～ 0.33 L/s(10 ～ 20 L/min)。

(2) 高压冷却法。

深孔加工时，利用高压的切削液，可以直接接近切削区起冷却、润滑作用，并将碎断的切屑随液流带出孔外。工作压力约为 0.891 ～ 9.81MPa(10 ～ 100kgf/cm^2)，流量约为 0.83 ～ 2.5L/s(50 ～ 150L/min)。

高压冷却法还可用于高速钢车刀进行难切削材料的车削，可显著提高刀具耐用度。一般以 1.47 ～ 1.96MPa(15 ～ 20kgf/cm^2) 的高压从 0.5 ～ 0.7mm 直径的喷嘴将切削液从后刀面喷射到与工件间的接触区。切削液可用一般乳化液也可用切削油，流量为 0.013 ～ 0.017L/s(0.75 ～ 1L/min) 由于切削液的高速流动，改善了渗透性，易于达到切削区，提高了冷却效果。缺点是飞溅严重，需加护罩。

(3) 喷雾冷却法。

喷雾冷却法是以压力为 0.29 ～ 0.59MPa(3 ～ 6kgf/cm^2) 的压缩空气，借助喷雾器使切削液雾化，经直径 1.5 ～ 3mm 的喷嘴，高速喷射到切削区，见图 1-55。高速气流带着雾化成细小液滴的切削液能渗透到切削区接触面间。遇到灼热的表面时，很快汽化，吸收大量热量。

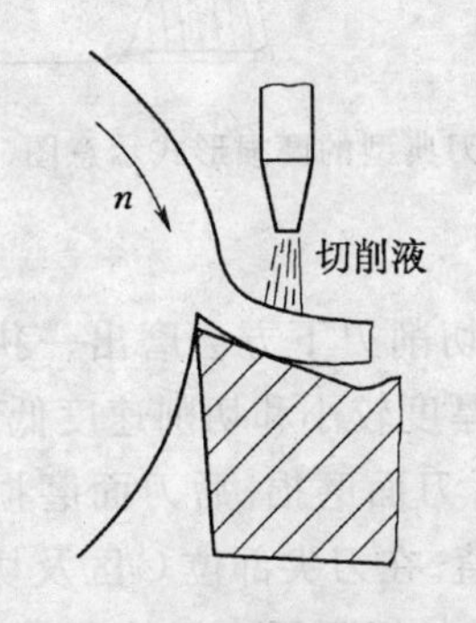

图 1-54　浇注法冷却示意图

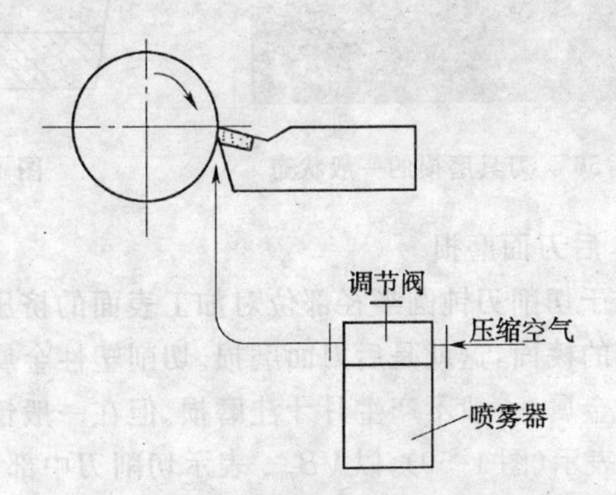

图 1-55　喷雾冷却示意图

1.3 刀具磨损与耐用度

1.3.1 刀具磨损形式及过程

1. 刀具磨损形式

刀具磨钝后往往会产生一些直觉的变化，例如，已加工表面光洁面恶化或在工件上出现挤亮的表面；切屑的形状和颜色发生变化；切削的声音发生变化，产生一种沉重的感觉，甚至出现振动，等等。在刀具上，切削刃钝圆半径增大，后刀面上出现磨损带，前刀面上可能出现月牙状的凹坑。刀具磨损的一般形态如图 1-56 所示。

刀具的磨损形式有下面三种：

1) 前刀面磨损(月牙洼磨损)

加工塑性金属时，如果切削速度较快和切削厚度较大，切屑会逐渐在前刀面上磨出一个月牙状的小凹坑(见图 1-57)。随着切削时间的增加，月牙洼的深度逐渐增大，而宽度的变化较小。在前刀面磨损部位的中间处垂直切削刃作一法剖面，在这剖面内月牙洼在不同切削时间的变化如图 1-56 所示。月牙洼的表示方法如图 1-57 中的 $A—A$ 剖面所示。

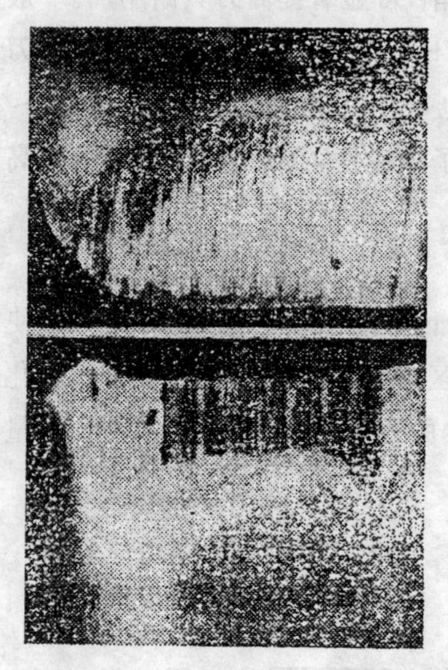

图 1-56　刀具磨损的一般状态

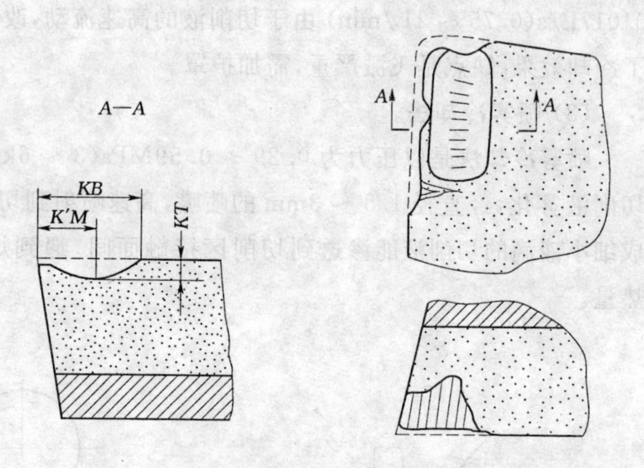

图 1-57　外圆车刀典型的磨损形式示意图

2) 后刀面磨损

由于切削刃钝圆半径部位对加工表面的挤压与摩擦，在切削刃下方会磨出一狭条后角等于零的棱面，这就是后刀面磨损。切削塑性金属，如果切削厚度较小和切削速度低；或者切削脆性金属，一般不产生月牙洼磨损。但在一般情况下都有后刀面磨损。后刀面磨损平均值以 VB 表示(图 1-59)，以 VB_{max} 表示切削刃中部的最大磨损值。在刀尖部位 C 区及切削刃靠近工件外表面的 N 区，由于和周围介质(空气或切削液) 接触与切削刃中间的 B 区不同，氧化或与切削液中活泼元素的化学反应比较严重，以及其他原因，往往使后刀面的磨损量大于 VB 或 VB_{max}，分别以 VC 及 VN 表示。

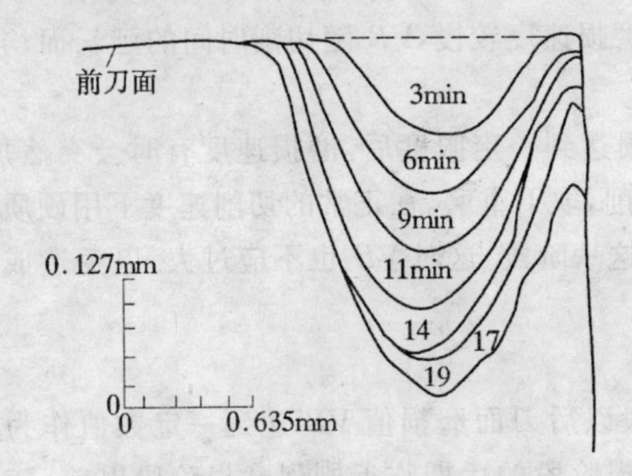

图 1-58　前刀面月牙洼的磨损过程

刀具材料：硬质合金；工件材料：含硫易切钢

(0.08%C，0.25%S) 切削用量：$v = 305\text{m/min}$

$f = 0.117\text{mm/rev}, a_p = 2.54\text{mm}$

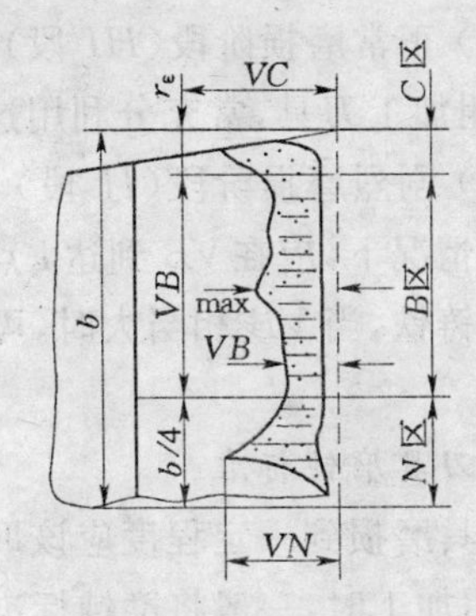

图 1-59　后刀面磨损

由于在各类刀具上都有后刀面磨损，而且容易测量，故通常以它表示磨损的大小。但当前刀面磨损较后刀面严重时，应以月牙磨损量表示磨损的大小。

3) 前刀面和后刀面同时磨损

这是一种兼有前两种磨损的形式。切削塑性金属时，经常会发生这种磨损。

2. 刀具磨损过程

随着切削时间的延长，刀具的磨损也逐渐增大。磨损的速度主要取决于刀具材料、工件材料与切削速度。图 1-60 中曲线 a 是切削性能较好的刀具材料加工容易切削的工件材料，或者切削速度不太高、刀具磨损很缓慢时的磨损曲线。图中曲线 c 是耐热性较差的刀具材料(如高速钢)以较高的切削速度切削黑色金属，或者切削速度很高刀具很快磨损的磨损曲线。如果刀具材料是高速钢，而切削区的平均温度超过了高速钢的允许温度(一般在 600 ～ 700℃ 左右)，则刀具切削区的硬度很快下降，使刀具在短时间内就已磨损。

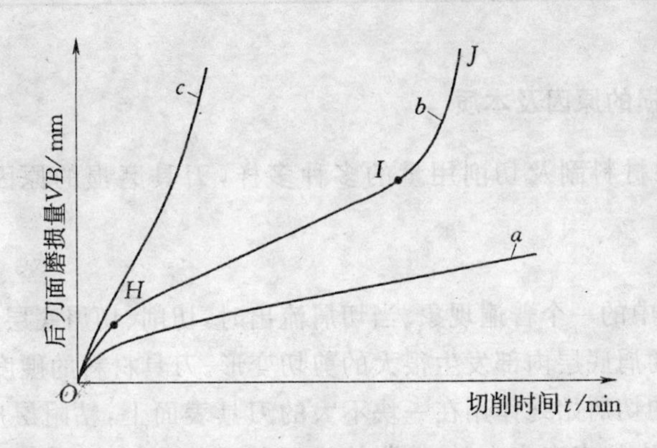

图 1-60　几种类型的磨损曲线

图中曲线 b 是典型的磨损曲线，常见于一般切削情况中。这条曲线可划分为三个阶段：

(1) 初期磨损阶段(OH 段)　这一阶段磨损速度较快，达到不大的值(通常 $VB = 0.05 \sim 0.1\text{mm}$) 后即稳定下来。

(2) 正常磨损阶段(HI 段)　这一阶段磨损速度较慢,VB 随切削时间的延长而均匀增加。对粗加工刀具,常充分利用这一阶段。

(3) 剧烈磨损阶段(IJ 段)　当正常磨损达到一定限度后,磨损速度有时会突然加快。在这种情况下,应在 VB 到达 I 点前就终止切削,取下重磨。在正常的切削速度下用硬质合金切削灰铸铁,当 VB 相当大时,可能也不出现这一阶段。这时 VB 也不应过大,以免造成重磨困难。

3. *刀具磨钝标准*

刀具磨损到一定程度应该取下重磨,一般以后刀面磨损值 VB 达到一定数值作为磨钝标准。粗加工时,一般将磨钝标准定在正常磨损阶段的后期临近剧烈磨损阶段以前。随着后刀面磨损值的加大,切削力将增大,尤以走刀抗力 F_x 与吃刀抗力 F_y 增大得更为显著(见切削力一章),所以当机床 - 刀具 - 工件系统刚度差时,刀具磨钝标准应适当减小。

刀具磨损后将恶化加工零件的表层质量,降低尺寸精度,故半精加工与精加工的磨钝标准一般低于粗加工的,并且应根据零件表层质量及精度的要求确定。对表层质量要求严格(特别是防止出现过大的残余拉应力或避免在表层出现微裂纹等缺陷)的重要零件,对后刀面的磨损量应该严格控制。表 1-10 是硬质合金车刀的磨钝标准参考值。

表 1-10　**硬质合金车刀的磨钝标准**

车刀类型	工件材料	加工性质	后刀面磨损限度(mm)
外圆车刀 端面车刀	碳钢、低合金钢	粗车	0.6～0.8
		精车	0.4～0.6
	铸铁	粗车	0.8～1.2
		半精车	0.6～0.8
	耐热钢、不锈钢、钛合金	粗车	0.5～0.7
		半精车	0.3～0.5
	淬火钢	精车	0.5

1.3.2　刀具磨损的原因及本质

由于刀具 - 工件材料副及切削用量的多种多样,刀具磨损的原因也有好几种,分述如下:

1. *粘结磨损*

粘附是金属切削中的一个普遍现象。当切屑流出时,切削、切屑底层粘附在前刀面上,迫使较软的一方 —— 切屑底层内部发生很大的剪切变形。刀具材料的硬度总是超过切屑的硬度。但连续不断流出的切屑始终作用在一块不大的刀具表面上,粘附层周期性地局部破坏,导致了刀具表层材料内的交变应力,使粘附的刀具表层内也会发生塑性变形。

当塑性变形进一步加大,粘结点处刀具材料会产生破裂,使刀具前刀面上出现凹坑。图 1-61 为 YG8 产生粘结磨损时的凹坑。

粘结磨损速度与下列因素有关;

1) 刀具材料与工件材料粘结的牢固程度,粘结越牢越易磨损。

2）刀具材料表层的微观强度，如微裂纹、空隙、杂质、残余应力等等。显然，随着表层缺陷的增多，粘结磨损也随之增加。

3）刀具材料与工件材料的硬度比。假如刀具材料与工件材料都不变化，仅改变切削速度，则刀具材料与工件材料的硬度都随之变化。假如切削速度的变化使工件材料的硬度下降而硬质合金的硬度基本没有下降，则粘结磨损会减少。

图 1-61　硬质合金 YG8 在磨损的 WC 晶

2. 扩散磨损

扩散磨损是在更高温度下产生的一种现象。

当温度足够高时，相互间有亲和作用的元素原子从浓度高处向浓度低处迁移，这种现象称为扩散。例如高速切削时，硬质合金中的 C、W、Co 向钢中扩散而钢中的 Fe 向硬质合金中扩散。图 1-62 是 YT15 硬质合金刀具切削 40 钢时前刀面接触区斜切面的照片，在硬质合金与切屑之间可以看到一层黑色的富碳层，还可以看到一些刀具的碳化物晶粒已嵌在富碳层中间。

图 1-62　WC-TiC-Co 硬质合金车刀切削 40 钢时前刀面接触区的斜切面

切削用量：$v = 260\text{m/min}$，$f = 2.17\text{mm/r}$　$a_p = 1\text{mm}$：与前入面倾斜 5 ～ 6℃；放大倍数：1140

刀具的扩散磨损除了刀具材料的组成元素在高温作用下直接扩散到工件材料中去以外，还会由于相互扩散使刀具表层的强度下降，使碳化物晶粒从刀具基体中被切屑带走，从而加剧了粘结磨损。因此扩散磨损往往同粘结磨损一起发生。

扩散磨损的速度与下列因素有关：

(1) 刀具与工件两种材料之间是否容易起化学反应。不同材料之间有不同的化学亲和性，有的材料之间在相当高的温度下会发生激烈的化学反应，如 WC 与碳钢之间。在相同的条件下，有的则不发生反应，如 Al_2O_3 与碳钢之间。有的则发生轻微反应，如 TiC 与碳钢之间。这个静态时所做的试验与切削时刀具的磨损规律基本上是一致的。也就是：切削碳钢时在相同的条件下，WC-Co 硬质合金刀具的磨损最快，Al_2O_3 陶瓷刀具磨损最慢，而 WC-TiC-Co 硬质合金刀具介于二者之间。

(2) 接触面的温度。由扩散定律可知，单位时间内通过横截面扩散量与温度之间成 $e^{-\frac{c}{\theta}}$ 的关系，其中 θ—— 绝对温度，c— 随材料而异的常数。这表明对一定材料，随着温度的上升，扩散量先是较缓慢地增大，而后则越来越迅猛地增大。

3. 磨料磨损

工件材料中含有一些氧化物(SiO_2，Al_2O_3，TiO 等)，碳化物(Fe_3C，$Cr_{23}C_6$，Fe_3W_3C，Fe_3MO_3C，VC，TiC，$Fe_3(C,B)$ 等)及氮化物(Si_2N_4，Cr_2N，TiN，VN，BN，AlN)等硬质点。这些合金元素有些是杂质，有些是在炼钢时作为还原剂加进去的，有些是为改善钢的性能有意识添加进去的。这些硬质点的硬度如果超过了刀具材料基体的硬度，当进入刀 - 屑接触面时，就会像磨料一样在刀具表面上划出一条条沟槽，称为磨粒磨损。图 1-63 表示奥氏体不锈钢中的 Ti(C、N) 硬质点从左向右移动时，在高速钢前刀面上划出了沟槽。

图 1-63　切削 Ti 奥氏体不锈钢时高速钢前刀面的磨粒磨损

4. 其他类型的磨损

1) 塑性变形

高速钢刀具只能耐 600 ～ 700℃ 的高温，温度再高，高速钢的金相组织发生变化，硬度下降，就会产生塑性变形而形成磨损。换言之，在切削的重负荷与高温作用下，刀具切削部分的局部形状发生了变化，这种磨损称为由塑性变形造成的磨损。

2) 周围介质化学作用引起的磨损

周围介质指切削液或不加切削液时空气中的氧。由于周围介质的化学作用，在刀具表面形成一层硬度较低的化合物，容易被擦去，加剧了磨损。这就是由于周围介质化学作用引起的磨损。

一般情况下，周围介质不容易进入后刀面与加工表面接触区的中央部分，但是容易与接触区的边缘部分起化学反应，故介质化学磨损容易表现为边缘部分的沟槽磨损。

3) 热电磨损

在切削区高温作用下刀具与工件这两种不同材料之间会产生一种热电势，在1 ～ 20mV之间。这个数值根据不同的刀具 - 工件材料副及不同的切削温度而异。如果机床与工件之间或机床与刀具之间没有绝缘，则在机床 — 工件 — 刀具 — 机床回路中会产生一个微弱的电流。这个电流的大小除与热电势有关外，还与这一回路中的电阻(称为机床电阻) 有关。静态的机床电阻都很小，一般小于 1Ω。切削时，机床电阻与转速有关，不同机床的变化规律并不相同。试验表明，热电势产生的电流在几十毫安以内，这个热电流会加速刀具的磨损。这种磨损就是热电化学磨损。

5. 磨损原因综述

磨损的原因很多，但是，不同的刀具材料切削不同的工件材料，在不同的切削条件下，某几种原因会显得更加重要，因其他原因仅仅起次要作用。此外，各种磨损原因相互间也有影响，例如由于扩散磨损使刀具表层的硬度下降，则粘结磨损、塑性变形与磨粒磨损也会加剧。图 1-64 是硬质合金刀具切削钢及其合金时五种磨损原因在总的相对磨损(即单位切削路程的刀具磨损量) 中所占比例的示意图。低速时，硬质合金容易碎裂，形成不正常磨损，在图中未画出；高速时，主要磨损原因是粘结磨损与扩散磨损。在高速区域，扩散磨损增加很快，粘结磨损仍占有相当比例，总的相对磨损随切削速度或温度的增加而增加；在中速区域，当扩散磨损还没有急剧增加以前，假如工件材料的硬度下降而硬质合金的硬度基本没有下降，则粘结磨损会相应减少，于是在总的相对磨损曲线上出现一个最低点，关于这一点在切削用量选择一章中还会讲到。

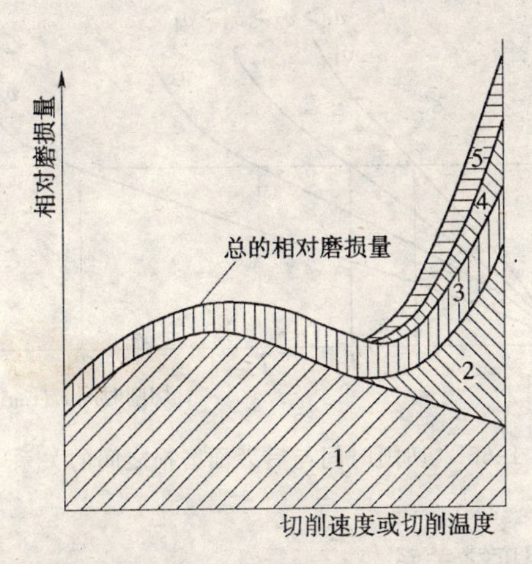

图 1-64　不同切削速度时硬质合金刀具磨损原因在总的相对磨损中所占比例的示意图

1— 粘结磨损　2— 扩散磨损　3— 磨粒磨损　4— 塑性变形　5— 氧化磨损

此外,关于各种磨损原因还可归纳成下列几点:

(1) 高速钢刀具的耐热性及硬度比硬质合金低,故塑性变形(当切削温度超过高速钢的回火温度后,金相组织变化,硬度下降,塑性变形增大,也可称为相变磨损)、粘结磨损及磨粒磨损占的比例大,而扩散磨损占的比例不大。当用高速钢切削高温合金等难切削材料时,应选用提高耐热性与提高硬度的高性能高速钢。

(2) 刀具与工件材料粘结强烈,则粘结磨损占的比例增大。

(3) 工件中硬质点数增加,则磨粒磨损占的比例增大。

(4) 周围介质化学作用容易引起切削刃边缘部位的沟槽磨损。

(5) 切削一些难加工材料时热电磨损占有一定比例。

从各种磨损原因中还可以看到,多数原因都是随着切削温度的升高而加剧磨损,例如扩散磨损、塑性变形、热电磨损及磨粒磨损等。所以切削温度是确定磨损快慢的一个重要指标。当达到一定温度后,温度越高,磨损越快。

1.3.3 切削用量与耐用度的关系

1. 刀具耐用度

刀具由刃磨后开始切削一直到磨损量达到磨钝标准的总切削时间为刀具耐用度(用 T 表示)。一般地,磨钝标准为后刀面磨损高度 VB。

2. 切削用量与耐用度之间的关系

1) 切削速度 v 与刀具耐用度 T 的关系

一般情况下,切削速度越高,刀具耐用度越低。它们之间的关系可由实验方法求得,其形式为

$$vT^m = A \tag{1-45}$$

式中,m 和 A 为试验常数。

图 1-65,图 1-66 为切削速度 v 和耐用度 T 的试验曲线。显然:$m = \tan\phi$。

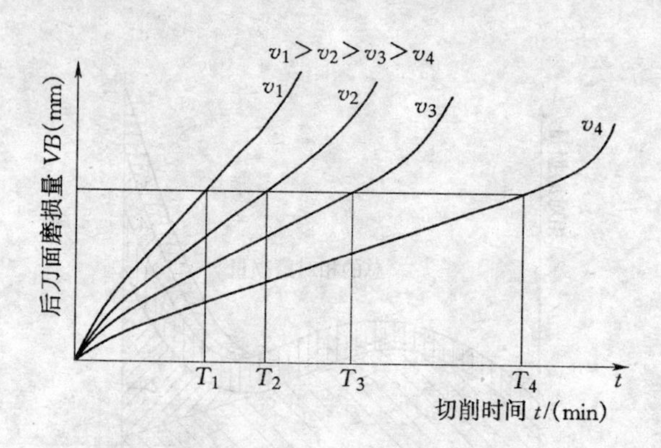

图 1-65 切削时间与后刀面磨损之间的关系

2) 切削用量和刀具耐用度之关系

v-T 关系是在固定 a_c 与 a_w 的条件下求得的。如果固定 v 与 a_w,则用同样方法可求得

$$a_c T^n = B \tag{1-46}$$

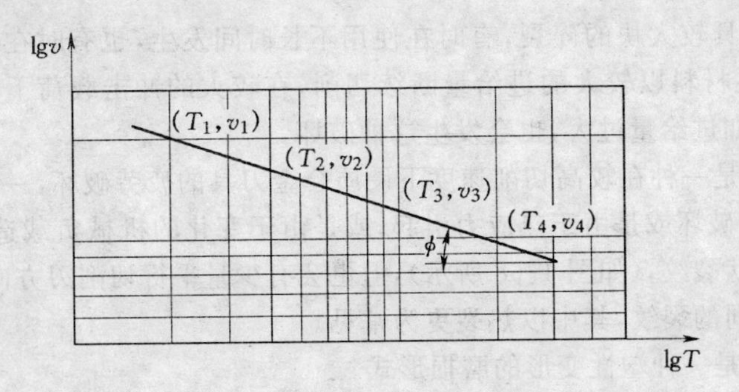

图 1-66　双对数坐标中刀具耐用度与切削速度的关系

固定 v 与 a_c，可求得

$$a_w T^p = C \tag{1-47}$$

综合式(1-61)、(1-62)、(1-63)，得

$$T = \frac{C_T}{v^{\frac{1}{m}} a_c^{\frac{1}{n}} a_w^{\frac{1}{p}}} \tag{1-48}$$

式中，$m < n < p$。这表示在切削用量中，切削速度对刀具耐用度的影响最大，其次是切削厚度，切削宽度的影响最小。例如用硬质合金车刀车削 $\sigma = 0.637\text{GPa}$ 的碳钢时，若以 f 代 a_c，以 a_p 代 a_w，则得

$$T = \frac{64136}{v^5 f^{1.75} a_p^{0.75}} \text{ s。} \tag{1-49}$$

式中，v 的单位为 m/s；f 单位为 mm/r；a_p 单位为 mm。

比较切削用量 v、a_c、a_w 对耐用度 T 及对切削 θ 的影响可知，都是 v 的影响最大，a_w 的影响最小，即影响程度的次序是相同的。这是很自然的。因为如前所述，当达到某一温度界限以后，温度对刀具磨损有直接而显著的影响。

在做 T-v 关系的切削试验或切削一批相同的零件时，由于使用的刀具材料及工件材料不可能完全一样，而它们性能上的一些差异对刀具耐用度的影响又很显著，再加上其他一些不能完全严格控制的因素，如刃磨质量等等，所以即使在相同条件下，刀具耐用度往往有相当大的波动。换言之，刀具耐用度有随机变动的性质。所以在已知 T-v 关系的基础上，若要估计与某一个切削速度相应的耐用度数值，应该用数理统计方法估计它的置信区间。

1.3.4　刀具破损

上面叙述的刀具磨损是逐渐增加的。但生产中常常会出现刀具的突然损坏，俗称崩刃或打刀，可统称为破损。破损较多在硬质合金、陶瓷刀等脆性材料中发生，特别在铣削等断续切削的场合，当工件材料是硬度较高的钢件时更为常见。破损的刀具修磨困难，甚至不可能修复。对破损的研究在生产中有很大意义。

1. 刀具破损形成

(1) 崩刃。这是指刀片表面较薄的一层材料剥离基体，或者沿前刀面，或者沿后刀面(见图 1-67)。一般是早期破损，即刚刃磨过的刀具切削不久就会发生。硬质合金刀具低速断续切削时容易发生这种破坏形式，特别是切屑粘在刀齿上再切入时更易发生。

(2) 碎裂。刀具较大块的碎裂，有时在使用不长时间发生，也有时在使用了长时间后突然发生，属于脆性材料以较大的进给量断续切削，在较大的冲击载荷下容易发生的破坏形式。连续切削时，如进给量过大，也会发生这种破坏。

(3) 裂纹。这是一种在较高切削速度下硬质合金刀具的疲劳破坏，一般在断续切削相当时间后出现。疲劳破坏或是由于热应力引起，或是由于变化的机械负载造成。前者主要产生垂直切削刃的梳状裂纹，(如图 1-68 所示)，但也会有少量平行切削刃方向的裂纹；后者主要是平行切削刃方向的裂纹，其中以热裂更为常见。

(4) 塌陷。这是一种塑性变形的磨损形式。

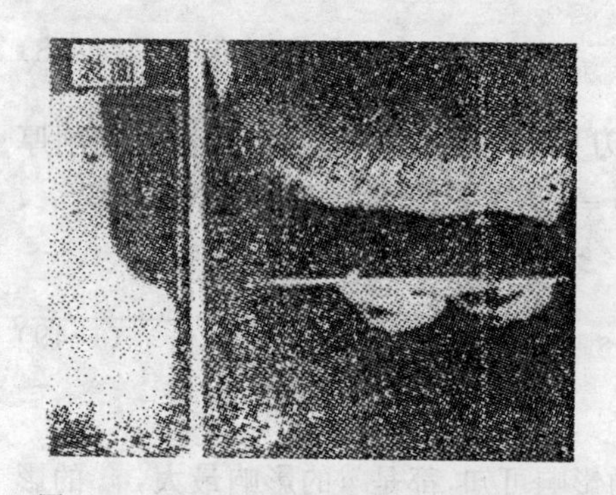

图1-67 硬质合金铣刀铣钢时沿后刀面的崩刃

刀具材料：YT15；工件材料：1%C 碳钢

铣削用量：$v = 56\text{m/min}, a_f = 0.21\text{mm/Z}$

铣削深度 $a_p = 2\text{mm}$；铣刀直径：$\phi 177\text{mm}$

工件宽度：82；切削次数：50 次

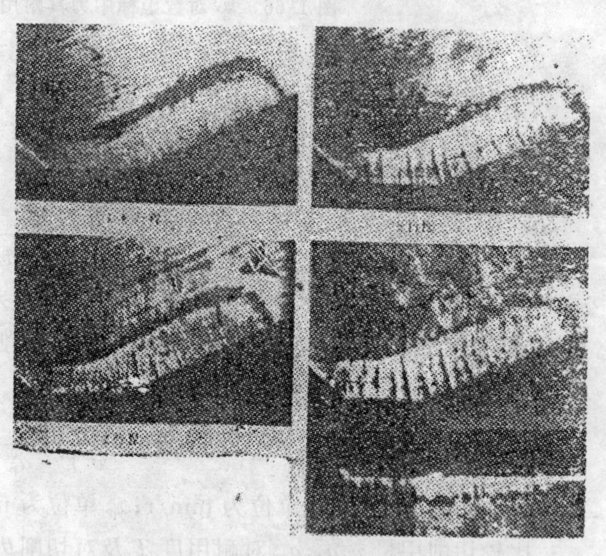

图 1-68 TiC 基硬质合金铣灰铸铁时的热裂

工件材料：灰铸铁 HB184；工件宽：40mm

铣削用量：$v = 420\text{m/min},\ a_f = 0.4\text{mm/Z}$

铣削深度 a_p/2mm；铣刀：单齿端铣刀

直径 $\phi 150\text{mm}$，进给平面前角(径向前角)$\gamma_f = 5$

切深平面前角(轴向前角)$\gamma_p = 5°$；铣削方式：对称铣

2. 刀具破损的原因

1) 机械破损

刀具切削的受力过程是一个动载过程，当刀具内的最大应力超过了强度极限，就会产生裂纹而引起破损。

2) 热应力引起的裂纹

在断续切削的情况下，刚切入时，前刀面接触区的温度在几毫秒至几十毫秒的瞬间内升高到稳态时的切削温度；但离前刀面稍深处的温度还是切入前的温度，因此存在很大的温度梯度，使前刀面不能自由膨胀，这时前刀面受压应力。切出后前刀面很快冷却，到第二次切入前已经冷却到相当低的温度；但这时稍离前刀面下层的温度却没有表层冷得这样快，故前刀面不能自由收缩，这时前刀面受拉应力。当切削速度很高时，切削温度很高，热应力达到相当高的数值。每一切入切出过程，应力就变化一次。频繁变化的应力如果超过了疲劳极限，就会产生热裂纹。

1.4　金属切削效益分析

1.4.1　零件的加工表面质量

加工表面质量(简称表面质量)主要包括:工件表面光洁度的高低;表层残余应力的性质、大小和分布情况;表面冷硬程度、冷硬层深度。

机器零件表面质量的高低,直接影响机器使用的性能。目前,随着生产和科研的发展,对表面质量提出了更高的要求。

1. 表面质量对零件使用性能影响

1) 表面质量对零件耐磨性能的影响

表面质量的高低,对零件的耐磨性能和装配质量影响很大,切削加工后的零件表面,在微观上是由许多峰谷构成的。两个零件表面相接触,实际上是凸峰最先磨损。在动配合中,由于相互的摩擦作用,表面凸峰先被磨掉,因而逐步失去原有的尺寸精度和形状,使配合间隙加大,改变了原有的配合性质;在静配合中,表面受到挤压后,凸峰便产生弹性变形和塑性变形,凸峰被磨掉,减少了实际过盈量,改变了原有的配合性质。一般来说,光洁度低的零件,装配后接触刚度低、运动平稳性差,机器噪音大、使用寿命低。零件光洁度太差,甚至会使机器达不到预期的性能。但是,光洁度不一定越高越好(如机床导轨以$\nabla_6 \sim \nabla_7$较为合理),太高的光洁度反而不利于润滑油的贮存,加快机器磨损。另外,零件表面的硬度越高,耐磨性能越好。如果表面过度强化甚至出现裂纹,磨损反而急剧增加,引起断裂。

2) 表面质量对疲劳强度的影响

工件表面微观不平度在承受交变载荷的作用下,对疲劳强度影响很大。表面的凹陷越深,底部的半径越小,应力集中现象越强烈,也就越容易在表面凹陷底部开始金属晶体破坏,产生细微的裂纹并逐步扩大加深,直至最后断裂。金属表面光洁度越低,冷硬现象和残余拉应力越大,疲劳强度就越低。表面光洁度越高,因材料的疲劳而引起的表面裂纹机会越少(如研磨、超精加工等),疲劳强度越高。残余应力集中的敏感性以钢材为最强,铸铁和有色金属较弱,所以表面微观不平度对后者的疲劳强度影响不大。

冷硬现象(表面硬化)对疲劳强度的影响很大,它能阻碍表面层疲劳裂纹的出现,从而提高零件疲劳强度。但冷硬程度过大时,反而会产生裂纹,降低零件抵抗疲劳强度的能力,所以冷硬程度和深度要控制在一定的范围内。

残余应力对疲劳强度有极大的影响。表面内有残余压应力,可以部分的抵消交变载荷下所产生的拉应力作用,阻碍裂纹的产生与扩张,疲劳强度提高 50% 左右。当表面有残余应力时,残余拉应力越大,疲劳强度越低,但降低值与压应力不相对应,仅为 30% 左右。

3) 表面质量对抗腐蚀性的影响

提高表面质量是增加抗腐蚀能力的有效措施,大气里所含的气体和液体金属表面相接触,便凝结在金属表面上,对表面有腐蚀作用。腐蚀的物质沉淀在不平度的凹部,逐渐向表面内侵蚀。当侵蚀的裂缝相交时,凸峰被腐蚀脱落,形成新的凹凸面,这种腐蚀作用是不断重复进行的。表面不平度的形状,对腐蚀作用有很大影响,表面凹陷底部处曲率半径越大,抗腐蚀能力越强。残余应力对表面腐蚀性有一定影响,当零件表面存在残余压应力时,能使表层的显微裂纹合拢,阻碍侵蚀作用的扩张,比存在残余拉应力的表面抗腐蚀性能强。

2.提高表面质量的途径

1) 影响表面粗糙度的因素

提高表面质量,首先要分析金属已加工表面的形成过程。在切削过程中,刀具通过刀刃除去毛坯余量,前刀面推挤切屑,后刀面在第三变形区挤压工件,产生变形及硬化,并形成已加工表面。已加工表面的弹性恢复高度越大,后刀面的摩擦面积也就越大,容易擦伤表面。摩擦力增大会使残余应力增加,降低表面质量。已加工表面残留面积高度(刀花深度)越大,表面光洁度也就越低。

切削过程中产生的积屑瘤、鳞刺和振动,会降低表面光洁度。刀具刃磨质量的高低以及切削方式等(如铣削中的对称端铣和不对称端铣等),都影响已加工表面光洁度。

2) 提高表面质量的途径

表面质量是一个涉及面非常广泛的问题,因为凡是参与切削因素,都在不同程度上影响着表面质量。归纳起来,提高表面质量的途径,主要有以下五个方面:

(1) 刀具方面。

合理选择刀具几何角度,提高刀具刃磨质量,减小金属变形,是提高表面质量的有效措施。

① 加大前角,使刀具锋利,能降低切削力,减小金属塑性变形。

② 适当减小主偏角、副偏角,增加过渡刃和修光刃,能有效地降低理论残留高度 H,提高表面质量。图 1-69 为车削残留面积高度示意图,因此 κ'_r 越小则 H 越小。

对

$$H=\frac{f}{\cot\kappa_r+\cot\kappa'_r} \tag{1-50}$$

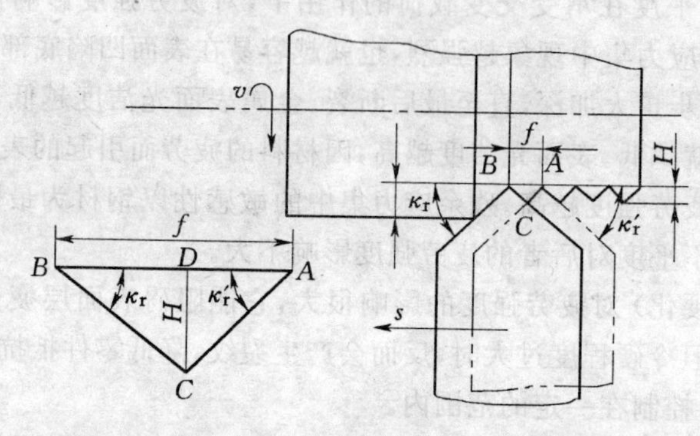

图 1-69 尖刀车削的残留高度

③ 采用斜角(刃倾角)切削。由于斜角增大了实际前角,减小了刃口的实际圆弧半径,从而降低了表面残余应力和冷硬程度。大斜度还改变了切削流出的方向,使切屑不与加工表面相碰,避免划伤表面。

④ 刀具角度确定后,提高刃磨质量、控制刀具磨损量,是提高表面质量的关键。精加工的刀具刃磨后,最好再经过研磨,以提高前、后刀面的表面光洁度。这样能减小摩擦力、切削力和切削温度,抑制积屑瘤和鳞刺的生成。“好刀要看刃”,刀刃磨得越光整,已加工表面质量也就越高。

⑤ 合理选择刀具材料。在切削过程中，由于刀具材料的耐热性、耐磨性及抗粘结性等，对金属塑性变形、切削热、刀具磨损及刀刃形状的保持都有影响，因此要针对工件材料的性能和加工条件，合理选择刀具材料，这对提高表面质量是有重要意义的。

(2) 工件材料方面。

改善工件材料的切削加工性能和力学物理性能，有利于提高表面质量。

① 提高坯件质量。铸、锻毛坯的表面要尽量规整，以避免由余量不均或连续冲击而引起的振动。注意坯件的硬度及组织的均匀性，以减少切削力的波动和刀具磨损，提高表面质量。

② 通过热处理方法，改善加工性。例如，提高塑性大的工件材料硬度，能减少塑性变形；减小残余应力和冷硬程度，还能抑制积屑瘤、鳞刺的产生，从而提高表面质量。

③ 切削用量方面。提高切削速度，可以减小金属变形，降低积屑瘤和鳞刺的高度，甚至使其消失。例如，车削端面，从外圆到中心部的切削速度是连续变化的，端面上的光洁度也随着切削速度的高低而变化。因此，要合理地选择切削深度和走刀量。在半精加工和精加工中，采用较小的切削深度和走刀量，能减小理论残留高度和表面实际不平度，提高表面质量。

④ 冷却润滑液方面。使用冷却润滑液，能够降低切削温度和塑性变形，减少摩擦抑制积屑瘤和鳞刺的产生，降低理论残留高度 H。要根据工件材料及所用刀具材料，正确选用冷却润滑液，还要与适当的冷却润滑方式相配合。采用较高的压力强制排屑，能减少擦伤，提高表面质量。

⑤ 其他方面。提高机床 — 夹具 — 刀具 — 工件的系统刚性及运动精度。如果刚性好，运动精度高，能减少切削力的波动，避免振动，从而保证切削加工的平稳性，以提高表面质量。

1.4.2　材料的切削加工性

1. 衡量材料可切削加工性指标

常用切削加工性能指标有以下几个：

(1) 一定刀具耐用度 T_1 的切削速度 v_T，即刀具耐用度为 T(min) 时切削某种材料的所允许切削速度。v_T 越高，材料的切削加工性越好。若取 $T = 60\text{min}$ 则 v_T 可写作 v_{60}。

(2) 相对加工性 κ'_r，即各种材料的 v_{60} 与 $45^{\#}$ 钢（正火）的 v_{60} 比值。由于把后者的 v_{60} 作为比较的基准，故写作 $(v_{60})j$，于是 $\kappa_r = v_{60}/(v_{60})j$。若 $\kappa_r > 1$，其切削加工性比 $45^{\#}$ 钢好；反之则切削加工性比 $45^{\#}$ 钢差。

(3) 已加工表面质量。凡较容易获得好的表面质量的材料，其切削加工性较好；反之则较差。精加工时，常以此为衡量指标。

(4) 切屑控制或断屑的难易。凡切屑较容易控制或易于断屑的材料，其切削加工性较好；反之较差。在自动机床或自动线上加工时，常以此为衡量指标。

(5) 切削力。在相同的切削条件下，凡切削力较小的材料，其切削加工性较好；反之较差。在粗加工中，当机床刚性或动力不足时，常以此为衡量指标。

v_r 和 κ_r 是最常用的切削加工性指标，对于不同的加工条件都能适用。

2. 影响材料可切削加工性因素

1) 材料的化学成分

(1) 碳对切削加工性的影响。碳素钢的强度、硬度随含碳量的增加而提高，而塑性、韧性则随含碳量的增加而降低。低碳钢的塑性、韧性较高，高碳钢的硬度及强度较高，这都给切削加工带来一定的困难。中碳钢的硬度、强度、塑性及韧性居于高碳钢与低碳钢之间，所以切削加工比较容易。

(2) 其他合金元素对切削加工性的影响。在金属中加入合金元素，一般将提高材料的力学性能，并改变材料的物理性能，从而提高了金属的反切削能力。故一般降低切削加工性的硅、铬、镍、钒、钼、钨、镉等合金元素的加入均会降低材料的可切削加工性。硫、硒、铅等合金元素的加入可改善材料的可切削加工性。

2) 金相组织的影响

一般情况下，塑性、韧性高或硬度、强度高的组织构成的材料，则可切削加工性差。反之则好。

低碳钢铁素体含量较高，所以强度硬度低，延伸率高，易产生塑性变形。奥氏体不锈钢因为高温硬度、强度比低碳钢高，而塑性也高，切削时而容易产生冷硬现象，所以比较难加工。淬火钢的组织以马氏体为主，所以硬度、强度均高，不易加工。中碳钢的金相组织是珠光体加铁素体，具有中等的硬度、强度和塑性，因此容易加工。灰铸铁中游离石墨比冷硬铸铁多，所以加工性好。

3) 材料的机械性能对切削加工性之影响

(1) 硬度。

硬度是指材料抵制物体压入自己表面的能力，广义地讲，是指材料抵抗塑性变形、划痕、磨损和切割的抗力。因此，硬度是影响工件材料切削加工性的重要因素。

一般说，工件材料的硬度越高，刀具磨损越快，允许的切削速度就相对降低，切削加工性也越差。冷硬铸铁比灰铸铁难加工就是这个原因。因为切削加工时，切削温度很高，所以工件材料的高温硬度对其加工性有着更显著的影响。耐热钢比一般碳素钢难加就是因为耐热钢的高温硬度比碳素钢高。

硬度越高则加工性越差，这是金属材料在切削加工中的一般规律。但也有特殊情况，如磨削时，硬度过低反而容易堵塞砂轮，并使已加工表面热应力增加。因此，要具体问题具体分析，要和工件材料的其他性能联系起来研究。当硬度过低或过高时，在条件允许的情况下，可用不同的热处理工艺改变金相组织，以改善切削加工性。

(2) 强度。

强度主要指材料的抗拉强度。工件材料强度越高，切削力越大，消耗的功率也就越多，切削温度越高。因此，一般情况下，加工性随工件材料强度的提高而降低。

工件材料的高温强度越高，加工性越差。

(3) 塑性。

塑性是指在外力作用下，产生塑性变形而不被破坏的能力。力学性能中的延伸率和面缩率是表示塑性高低的主要指标，符号各为 δ 和 ψ。

一般情况下，纯金属的塑性比合金高，钢的塑性随含碳量提高而降低。

工件材料的塑性高低，直接影响着被切金属的塑性变形程度，因而，也将影响切削力的大小、切削温度的高低以及积屑瘤生成的难易程度和切屑的形状，从而影响工件材料的切削加工性。在硬度和强度相近的条件下，塑性大的金属在切削过程中产生的切削力大，切削温度高，所以，刀具磨损要比塑性低的快。加工无氧铜时刀具的耐用度低，就是这个道理。另外，工件材料的塑性越大，在一定条件下会增加积屑瘤生成的可能性。同时，塑性高的金属断屑困难，因此，材料塑性越大，可加工性能越差。

(4) 韧性及弹性模量。

韧性在力学性能中以冲击值表示，符号为 a_k，单位为 kg/cm²(公斤·米/厘米²)，是反映工件材料在破断之前吸收的能量和进行塑性变形的能力。因此，材料的强度和塑性对其韧性都有影响。

工件材料的韧性越高，切削加工中切削力越大，切削温度越高，加工越困难，加工性越差。

弹性模量越小，在一定的应力作用下弹性变形越大。不同工件材料的弹性模量差别很大。在切削过程中，存在着弹性变形。弹性模量小的工件材料，在已加工表面形成过程中的弹性恢复大，引起后刀面和已加工表面之间的强烈摩擦，因此切削加工性差。

(5) 导热系数与线膨胀系数。

切削过程中产生的切削热，主要由切屑、工件及刀具等传导出去，而大部分热量是由切屑带走的。切屑带走的热量越多，切削温度就越低，对提高刀具的耐用度及减小工件的热变形都有好处。切屑带走热量的多少，和工件材料的导热系数有关。导热系数高，切屑带走的热量多，因此切削加工性好。

一般线膨胀系数的材料尺寸变化范围较大，加工质量难以保证故切削加工性差。

改善工件材料的切削加工性通常可通过以下三个途径：

① 选择加工性好的存在状态。低碳钢以冷拔及热轧状态最好加工；中碳钢以部分球化的珠光体组织最好加工；高碳钢则以完全球化的退火状态加工性最好。

② 通过热处理改善加工性。例如工具钢，一般经退火处理可降低硬度、强度、提高加工性。白口铸铁可以加热到 950～1100℃，通过保温、退火来提高加工性。

有的工件材料通过调质处理，提高硬度、强度，降低塑性来改善加工性。例如车制不锈钢 2Cr13 螺纹时，由于硬度太低，塑性较大，光洁度不易提高，当经调质处理后，硬度提高到 HRC28 时，塑性下降，光洁度可以改善，生产效率也相应提高。

还有一些工件材料，例如氮化钢，为了减小工件已加工表面的残余应力，可采取去应力退火。

时效处理也是改善加工性的方法。例如加工 Cr20Ni80Ti3 之前，先加热到 1000℃ 保持 2～4h，然后在 900～950℃ 温度下时效处理 16h，再在空气中冷却，这样处理可以提高切削加工性。

用热处理的方法改善加工性，要在工艺允许范围内进行，而且具体采用那一种热处理规范，要根据工厂的条件而定。

③ 在工艺要求许可的范围内，选用加工性好的工件材料。例如机床用的某些丝杠，可以选用易切钢。自动机、自动线生产中使用易切材料，对提高刀具耐用度及保证稳定生产有重要作用。这是由于易切钢中的金属夹杂物(如 MnS) 具有润滑与脆化的作用，可以降低切削力，克服粘刀现象，并使切屑容易折断。

我国常用的易切钢是硫易切钢，其力学性能及切削加工性分级列于表 1-11。

表 1-11　　易切钢力学、物理性能及切削加工性分级表

钢　号	交货状态	抗拉强度 σ_b(kg/mm²)			延伸率 δ(%)	硬度(HB)	切削加工性分级 HB·σ_b·δ·c_κ·λ
		元钢直径 /(mm)					
		＜20	20～30	＞30			
Y12	热轧	42～57	42～57	42～57	≥22	≤160	3·1/2·3·×·×
	冷拔	60～68	55～75	52～70	＞7	167～217	3·2·0·×·× 4·3·0·×·×
Y20	热轧	46～61	46～61	46～61	≥20	≤168	3·2/3·2/3·×·×
	冷拔	62～80	57～76	54～73	＞7	167～217	3·2·0·×·× 4·3·0·×·×
Y30	热轧	52～67	52～67	52～67	≥15	≤185	3·2·1/2·×·× 3·3·1/2·×·×
	冷拔	64～84	60～80	55～77	＞6	174～223	3·2·0·×·× 4·4·0·×·×
Y40Mn	热轧	60～75	60～75	60～75	≥14	≤207	4·3·1·×·×
	高温回火	60～80	60～80	60～80	＞17	179～229	3/4·3·2·×·×

随着切削加工技术和刀具材料的发展,工件材料的加工性也会发生变化。例如电加工的出现,使一些原来认为难加工的材料,变得不难加工;"群钻"的发展,使碳素结构钢和合金结构钢钻孔的加工性差距缩小了。

1.4.3　刀具几何参数的合理选择

在切削加工过程中,作为刀具必须具备一定的切削性能,才能顺利地切除多余的金属,形成已加工表面。刀具的切削性能主要决定于制造刀具的材料、刀具的结构、刀具切削部分的几何参数。其中,刀具材料固然是最重要的因素,但当刀具材料和刀具结构选定之后,刀具切削部分的几何参数对切削性能的影响就成为十分重要的因素。切削过程中,切削力的大小,切削温度的高低,切屑的连续与碎断,刀具耐用度的高低,加工质量的好坏,生产效率和生产成本的高低,都与刀具几何参数的选择有很大关系。刀具几何参数选得合理,就能充分发挥刀具材料的性能,有效地进行切削加工;反之,如果刀具几何参数选得不合理,即使刀具材料很好,也不能充分发挥它的效能。

合理选择刀具几何参数的出发点,应该是力求达到既能保证加工质量好,刀具耐用度高,又能提高生产效率,降低生产成本的目标。其中,究竟哪项要求是主要的,还要根据具体的加工情况,进行具体的分析。一般来说:粗加工或半精加工时,应着重考虑提高生产效率和刀具耐用度,来合理选择刀具的几何参数;而精加工时,就要着重考虑保证加工质量的要求。

选择刀具几何参数时,还必须指出,刀具切削部分的几何参数是一个统一的整体,各个参数之间是互相联系的,应该根据具体情况综合考虑。因为每一个几何参数的变更,都对刀具的切削性能有直接的影响,但影响往往是两方面的 —— 有利的一面和不利的一面。而各个几何参数所起的作用和影响又往往各不相同。因此,应该根据具体的情况,综合考虑它们的作用与影响,合理地选择它们的具体数值。不仅考虑每一参数的作用,还要考虑各参数之间的相互影响。这样,才能充分发挥它们的有利作用,克服不利的影响,从而更充分地发挥刀具的切削性能。下面分别介绍各个几何参数的选择原则。

1.前角的功用及选择

1) 前角对切削过程之影响

前角是刀具上最重要的几何参数之一,它的主要功用为:

(1) 增大前角能减小切屑的变形,减少切削力,降低切削温度和动力消耗。

(2) 增大前角能改善切屑对前刀面的摩擦,减少刀具磨损,提高刀具耐用度。

(3) 增大前角能改善加工表面质量,抑制积屑瘤与鳞刺的产生,减少切削振动。

(4) 前角过大,将削弱刃口强度,减少散热体积,影响刀片受力情况,容易造成崩刀。

2) 前角的合理选择

根据前角对切削过程的影响可知,前角既不能太大,也不宜过小,应有一个合理的数值。一般地,前角的合理值取决于工件材料、刀具材料及加工性质。

工件材料的塑性越大,前角合理的数值越大;塑性越小,前角的合理数值就越小。这是因为切削塑性大的材料时,增大前角能显著减少切屑的变形,减少切削力与切削热,同时切削塑性材料时常得到带状切屑,切屑与前刀面的接触面积较大,刃口受力与散热条件较好,因而应取较大的前角。加工脆性材料时,一般得到崩碎切屑,切屑的变形很小,增大前角意义不大,切削力和切削热集中在刃口附近,受力及散热情况较差,为避免崩刃,应取较小的前角。工件材料的强度、硬度越大,合理的前角数值越小;反之则前角的合理数值就越大。这是因为工件材料强度、硬度越大,产生的切削力越大,切削热越多,为了使切削刃具有足够的强度和散热体积,以防崩刃和迅速磨损,因此应取较小的前角。对于抗弯强度及抗冲击韧性比较好的刀具材料,可选较大前角。粗加工时,切削深度、进给量比较大,为了减少切屑的变形,提高刀具耐用度,希望选取较大的前角,但考虑到毛坯形状不规则,可能有表层硬皮,加工余量不均匀,为保证切削刃有足够的强度,前角就要选得小些。精加工时,进给量小,为使刃口锋利,以提高加工表面质量,应取较大的前角。

另外,机床、工件、刀具的系统刚度也对选取前角有一定的影响,刚度差时,一般应选取较大的前角。表1-12为硬质合金车刀合理前角参考值。

表1-12　**硬质合金车刀合理前角参考值**

工件材料	合理前角	
	粗　车	精　车
低碳钢	20°～25°	25°～30°
中碳钢	10°～15°	15°～20°
合金钢	10°～15°	15°～20°
淬火钢	−15°～5°	
不锈钢(奥氏体)	15°～20°	20°～25°
灰铸铁	10°～15°	5°～10°
铜及铜合金(脆)	10°～15°	5°～10°
铝及铝合金	30°～35°	35°～40°
钛合金 $\sigma_b \leqslant 1.177GP_d$ (120kgf/mm²)	5°～10°	

注:1. 粗加工用的硬质合金车刀,通常都磨有负倒棱及负刃倾角。

2. 高速钢车刀的前角,一般可比上表数值大些。

2.后角对切削过程的影响及合理选择

1) 后角对切削过程的影响

(1) 增大后角能减少后刀面与工件加工表面之间的摩擦。从而减少刀具的磨损，提高加工表面质量和刀具耐用度。并可减少刃口钝圆半径 r_n(见图 1-70) 使刃口锋利，这样就使摩擦进一步减少，降低磨损，从而可提高刀具耐用度，改善加工表面质量。

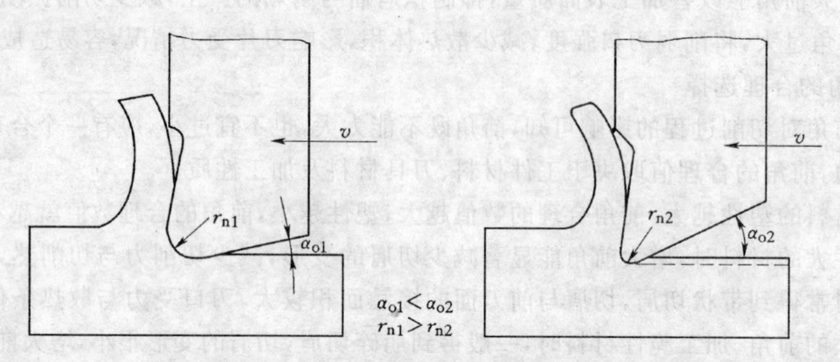

图 1-70　后角对刃口钝圆半径及接触情况的影响

(2) 增大后角，在同样的磨钝标准 *VB* 条件下，刀具由新刃磨用到磨钝，允许磨去的金属体积较大，(见图 1-71) 因而有利于提高刀具耐用度。但后角越大，在同样的磨钝标准条件下，刀具的径向磨损值 *NB* 增大，因此一些精加工刀具，当尺寸精度要求高时，就不宜按一般原则采用大的后角。

(3) 如后角 α 过大，楔角 β 减小，则将削弱刃口强度，减少散热体积，磨损反而加剧，导致刀具耐用度下降，且易发生颤振。

2) 后角的合理选择

从以上分析可以看出，后角增大虽可减少后刀面与加工表面之间的摩擦。减小刃口钝圆半径 r_n，减少磨损，提高刀具耐用度和加工表面质量，但后角过大则将削弱刃口强度，恶化散热条件，刀具耐用度反而降低。因此，后角 α 过大、过小，对切削过程和刀具耐用度都是不利的。在一定的切削条件下，它有一个合理的数值。通常合理的后角值是根据切削原理来选择的，图 1-72 为不同切削厚度时的合理后角值 α_{opt}。

由图 1-72 可看出，切削厚度越小，后角越大；切削厚度越大，则后角越小。这是因为切削厚度较小时，后刀面的磨损比较显著，而前刀面上的月牙洼磨损较轻微，增大后角可以减少后刀面磨损。相反，切削厚度较大时，前刀面月牙洼磨损较显著，而后刀面磨损相对下降，这时用较小的后角可以增大刀头散热体积，减少前刀面月牙洼磨损。粗加工时切削厚度较大，宜选用较小的后角；精加工时，切削厚度较小，则应选用较大的后角。合理选取刀具的后角，除在一定的条件下主要取决于切削厚度外，还同工件材料、刀具材料及加工条件有关。例如，工件材料硬度、强度较高时，为保证刃口强度，宜取较小的后角；工件材料较软、塑性较大时，为减少后刀面的摩擦磨损，应取较大的后角；加工脆性材料时，切削力集中在刃口附近，宜取较小后角。工艺系统刚度较差时，为适当增大刀具后刀面和加工表面之间的接触面积，以达到阻尼消振的目的，也应取较小的后角。对于尺寸精度要求高的精加工用刀具(如拉刀、铰刀等) 为了保证较高的尺寸耐用度，后角也应取得较小。

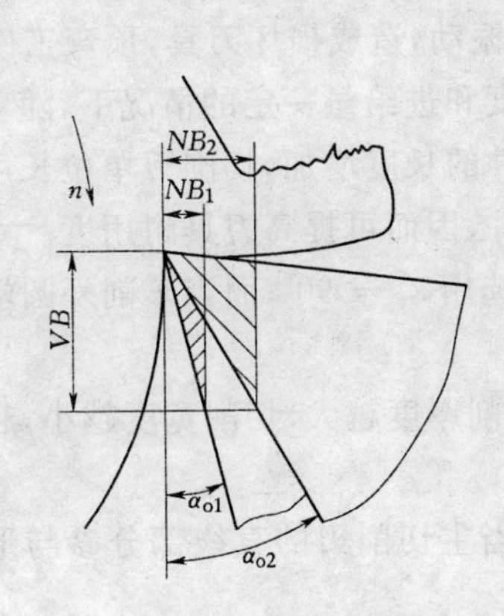

图 1-71　后角对磨损量的影响

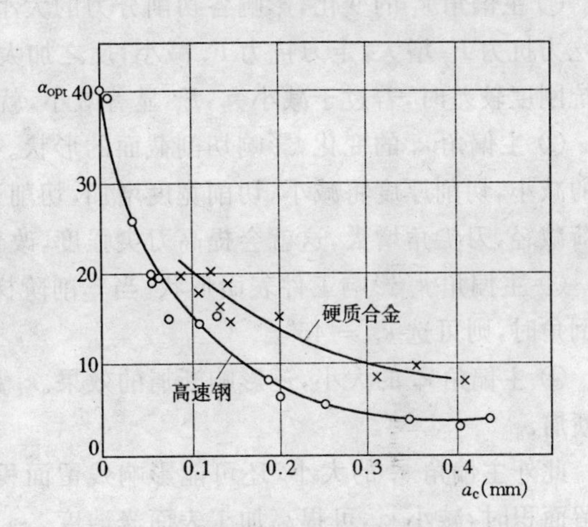

图 1-72　切削厚度对合理后角的影响

表 1-13 列出了硬质合金车刀常用后角的合理数值，供参考。

表 1-13　硬质合金车刀合理后角参考值

工件材料	合理后角	
	粗车	精车
低碳钢	8° ～ 10°	25° ～ 30°
中碳钢	5° ～ 7°	15° ～ 20°
合金钢	5° ～ 7°	15° ～ 20°
淬火钢	8° ～ 10°	
不锈钢(奥氏体)	6° ～ 8°	8° ～ 10°
灰铸铁	4° ～ 6°	6° ～ 8°
铜及铜合金(脆)	6° ～ 8°	6° ～ 8°
铝及铝合金	8° ～ 10°	10° ～ 12°
钛合金 $\sigma_b \leqslant 1.177GP_a$ (120kgf/mm²)	10° ～ 15°	

3) 副后角的作用

副后角 α'_o 的作用与后角 α_o 类似，副后角是用来减少副后刀面同已加工表面之间的摩擦。副后角对刀尖强度刀有一定的影响。一般对于车刀、端铣刀等的副后角磨成与后角 α_o 相等。但在某些特殊情况下，如切断刀，为了保证刀尖的强度或保持重磨后的精度等原因，α'_o 应选很小的值，通常 $\alpha'_o = 1° \sim 2°$。

3. 主偏角及副偏角对切削过程的影响和选用

1) 主偏角对切削过程的影响及选用

(1) 主偏角对切削过程的影响。

主偏角 κ_r 也是刀具切削部分的重要几何参数之一，对切削过程的主要影响是：

① 主偏角 κ_r 的变化,影响各切削分力的大小比值与产生振动的可能性。减小主偏角 κ_r,则吃力抗力 F_y 增大,走刀抗力 F_x 减小;反之加大主偏角 κ_r,则可使 F_y 减小,F_x 增大。当工艺系统刚度较差时,若过于减小 κ_r,F_y 显著减小,就可能引起振动,造成损坏刀具,顶弯工件。

② 主偏角 κ_r 的变化,影响切削截面的形状。在切削深度和进给量一定的情况下,随着 κ_r 角的减小,切削厚度将减小,切削宽度增加,切削刃参加工件的长度增加,切削刃单位长度的负荷减轻,刀尖角增大,这就会提高刀尖强度,改善散热条件,因而可提高刀具耐用度。

③ 主偏角 κ_r 影响工件表面形状。当车削阶梯轴时,应选用 $\kappa_r = 90°$;而当车削外圆端面及倒角时,则可选 $\kappa_r = 45°$。

④ 主偏角 κ_r 的大小,还影响断屑的效果。κ_r 越大时,切削厚度越大,切削宽度越小,越容易断屑。

此外主偏角 κ_r 的大小,还可能影响残留面积的高度,当主切削刃的直线部分参与形成残留面积时,减小 κ_r,可提高加工表面光洁度。

(2) 一般在机床工艺系统刚度允许的情况下,选用较小的主偏角,加工高强、高硬材料时,为减轻单位切削刃上的负荷,增强刀尖强度,改善散热条件,以提高刀具耐用度就要取较小的主偏角,$\kappa_r = 10° \sim 30°$。在高速强力切削时,为防止振动应选用较大的主偏角,一般$\kappa_r > 15°$。

2) 副偏角 κ'_r 对切削过程的影响及选择

副偏角 κ'_r 对切削过程的影响是:减小副偏角 κ'_r,则可以显著减少切削后的残留面积(见图 1-73),提高表面光洁度。且可增强刀尖强度。但 κ'_r 太小就会增加副后刀面同已加工表面之间的摩擦,从而可能引起振动。副偏角 κ'_r 的合理数值主要是根据工件加工表面光洁度和具体的加工情况而定的,一般取 κ'_r 为 $5° \sim 15°$。但当加工中间切入的工件时,取 κ'_r 为 $30° \sim 45°$;而切断刀、槽铣刀等,为了保证刀头强度和重磨后宽度变化较小,只能取很小的副偏角,$\kappa'_r = 1° \sim 2°$。

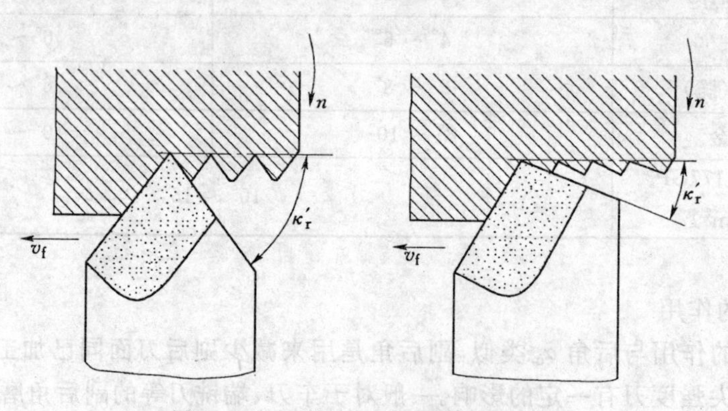

图 1-73 副偏角对残留面积的影响

4. 刃倾角 λ_s 对切削过程的影响及选择

1) 刃倾角 λ_s 对切削过程的影响

(1) 刃倾角 λ_s 正负的变化,直接控制切屑的卷曲和流出的方向。直接确定着流屑角 ψ_λ 的大小和正负。(见前所述)。图 1-74 所示为外圆车刀刃倾角 λ_s 对流屑方向的影响,当 λ_s 为负值时，切屑流向已加工表面，容易将已加工表面划伤；当 λ_s 为正值时，切屑则朝着待加工表面流出。

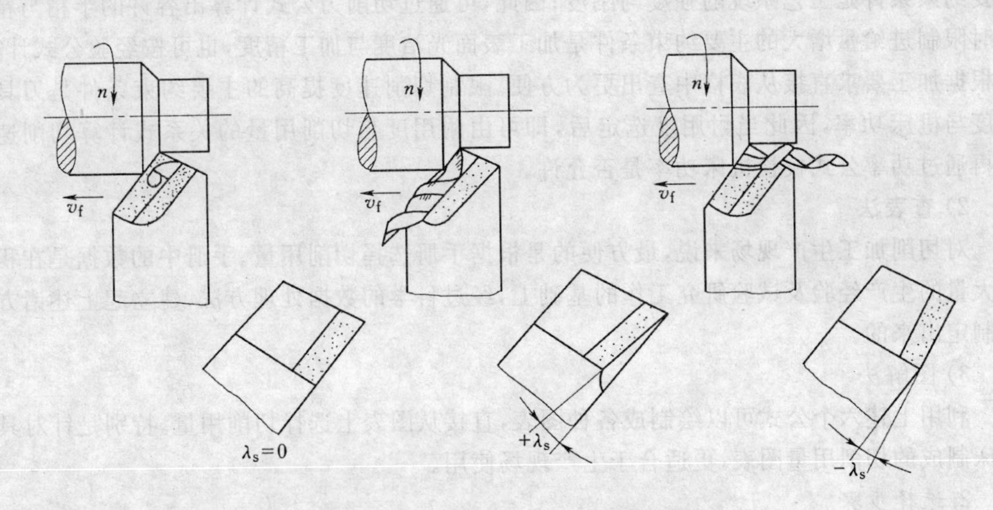

图 1-74　刃倾角对流屑方向的影响

(2) 刃倾角 λ_s 的正负影响刀尖强度，在非自由切削断续表面时，负的刃倾角使刀尖位于切削刃的最低点，切入工件时，首先是切削刃上离刀尖较远的部分先接触工件，这样就可以起到保护刀尖的作用，增强了刃口的强度，有利于承受冲击载荷。

(3) 刃倾角 λ_s 的大小影响切削过程的平稳性，在断续切削情况下，当刃倾角 $\lambda_s = 0°$ 时，整个切削刃上各点同时切入和切出，冲击大；当刃倾角 $\lambda_s \neq 0°$ 时，切削刃逐渐切入工件，冲击小，使切入切出平稳。且刃倾角 λ_s 越大，切削刃越长，切削过程越平稳。

(4) 刃倾角 λ_s 的正负和大小，影响各切削分力的比值。负值 λ_s 越大，吃刀抗力 F_y 越大，当工艺系统刚度较差时，容易引起振动。这是非自由切削刀具，限制选取过大 λ_s 的主要原因。

2) 刃倾角的合理选择及参考值

综合以上分析。刃倾角 λ_s 的合理数值及其正负，主要是根据工作条件来选取的。通常加工钢和铸铁，精车时，为了避免切屑划伤已加工表面，常取 $\lambda_s = 0° \sim +4°$；粗车时，为了提高刃口强度，常取 $\lambda_s = 0° \sim -4°$。当切削断续表面承受冲击载荷时，为保护刀尖，常取较大的负刃倾角 $\lambda_s = -5° \sim -15°$。车削淬硬钢时，取 $\lambda_s = -5° \sim -12°$。

合理选择刃倾角 λ_s 对改革刀具的作用很大，刃倾角在多刃刀具上的应用也越来越多，目前具有大刃倾角的刀具在生产中获得了日益广泛的应用，如大刃倾角外圆精车刀、大刃倾角精刨刀、大螺旋角圆柱铣刀、大螺旋角立铣刀、大螺旋角立铰刀及大螺旋角丝锥等。

1.4.4　切削用量的合理选择

1. 切削用量合理选择方法

1) 计算法

由切削力与切削用量关系式(式 1-38)，刀具耐用度与切削用量关系式(式 1-48)及切削功率与切削用量之关系式可知，根据已知条件，通过实验求出或表格中查到公式中的系数与指数后，即可大致计算出所需的切削用量。当切削深度选定后，粗加工时限制进给量增大的主要约束条件是工艺系统的强度与刚度；因此，可通过切削力公式计算出容许的半精与精加工时限制进给量增大的主要约束条件是加工表面光洁度与加工精度，也可按经验公式计算，但根据加工要求直接从表格中查出更为方便。限制切削速度提高的主要约束条件是刀具耐用度与机床功率，因此当耐用度选定后，即可由耐用度与切削用量的关系式计算切削速度 v，再通过功率公式校检机床功率是否允许。

2）查表法

对切削加工生产现场来说，最方便的是根据手册选择切削用量。手册中的数据是在积累了大量的生产经验及试验研究工作的基础上，经过科学的数据处理方法，建立起上述诸方程后制定出来的。

3）图解法

利用上述六个公式可以绘制成各种图表，直接从图表上选择切削用量。特别是针对具体机床制成的切削用量图表，更适合于生产现场使用。

2. 选择步骤

在选择切削用量时，首先应根据给定的条件，与前面各章推荐的表格与切削用量手册，确定刀具的类型、结构、刀具材料，刀杆与刀片的形状、尺寸，刀具切削部分的几何参数，断屑槽尺寸，刀具的磨损限度与刀具耐用度。

1）确定切削深度 a_p

一般根据加工性质与加工余量确定 a_p。在保留半精与精加工余量的前提下将粗加工余量一次切掉。采用硬质合金车刀车外圆时，一般粗车取 $a_p = 2 \sim 6$mm，半精加工时常取 $a_p = 0.3 \sim 2.0$mm。

2）确定进给量 f

进给量可由查表法初选。粗车时，根据工件材料、刀杆尺寸、工件直径与选定的切削深度进行选择，一般 $f = 0.3 \sim 0.6$mm/r；半精车与精车时，根据工件材料、加工光洁度要求，预先估计的切削速度与刀尖圆弧半径进行选择，常取 $f = 0.08 \sim 0.3$mm/r。此外，还需要考虑到所选的进给量能满足加工精度，甚至卷屑、断屑的要求。

3）确定切削速度 v 与机床主轴转数 n

a_p 与 f 选定后，即可按式(1-64)计算 v，根据工件尺寸计算工件转数 n，然后根据机床说明书取较低而相近的机床主轴转数 n，最后再计算一下实际切削速度。

切削用量选择完成后还需校检机床功率 P_E，主轴扭矩 M 及机动时间 t_m 是否满足要求。

3.举例

1）已知条件

工件材料：45 钢，锻件，正火，$\sigma_b = 0.637$GPa(65kgf/mm^2)。工件形状与尺寸：见图1-75。加工要求：粗车外圆。粗糙度为 12.6。机床：C620-3 型普通车床。

2）确定刀具

根据工件尺寸与表面光洁度的要求，采用粗车与半精车两道工序。为此，理应选取不同的刀具材料与不同的几何参数，但为了减少换刀时的辅助时间，决定采用同一把机夹硬质合金外圆车刀加工，刀杆尺寸 16mm × 25mm，刀片材料为 YT15，几何参数粗、半精加工兼顾，

取 $\gamma_o = 15°, \alpha_o = 6°, \kappa_r = 75°, \kappa'_r = 15°, \lambda_s = 0°, r_\varepsilon = 1.0\text{mm}, \gamma_{o1} = -10°, b_{r1} = 0.3\ \text{mm}$。

3) 确定粗车时的切削用量

(1) 确定切削深度 a_p。由图 1-75 知，单边总余量 $h = \dfrac{70-62}{2} = 4\text{m}$，留 1mm 作为半精车余量，粗车时取 $a_p = 3\text{mm}$。

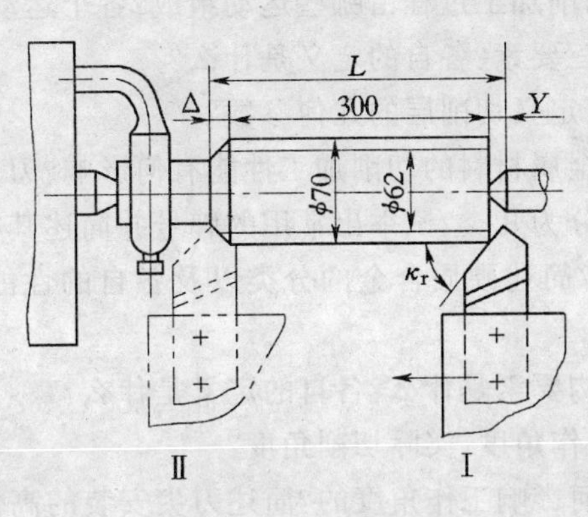

图 1-75　工件尺寸图

(2) 确定进给量 f。由切削手册查得 $f = 0.5 \sim 0.7\text{mm/r}$，根据机床说明书，初步选定 $f = 0.57\text{mm/r}$。

(3) 确定切削速度 v 与机床主轴转数 n_s。取车刀耐用度 $T = 36000\text{s}(60\text{min})$，根据耐用度公式大致计算出切削速度(详细计算时就考虑到每件变化时进行修正，修正系数 k_v 可由切削用量手册查得)：

$$v = \frac{242}{60^{(1-0.2)} \times 3600^{0.2} \times 3^{0.15} \times 0.57^{0.35}} = 1.837\text{m/s}(110.226/\text{min}),$$

由此可计算出工件转数：$n = \dfrac{1000 \times 1.837}{3.14 \times 70} = 8.358\text{r/s}(501.480\text{r/min})$

根据机床说明书，取 $n_s = 8.333\text{r/s}(500\text{r/min})$，因而实际的切削速度为

$$v = \frac{3.14 \times 70 \times 8.333}{1000} = 1.833\text{m/s} = 109.900\text{m/min}$$

(4) 校验机床功率 p_ε 与主轴扭矩 M_s，首先计算出主切削力 $F_z = 9.81 \times 60^{-0.15} \times 270 \times 3 \times 0.57^{0.75} \times 1.832^{-0.15} = 2574.696\text{N}(262.456\text{kgf})$(详细计算时应根据切削手册查出修正系数 k_{F_z}，乘入计算公式)。计算出切削功率 $p_m = 2574.696 \times 1.832 \times 10^{-3} = 4.717\text{kW}$。由机床说明书查得电动机功率 $p_E = 10\text{kW}$，当 $n_s = 500\text{r/min}$ 时 $\eta_m = 0.79$，$p_m/\eta_m = 5.971\text{kW} < p_E$，机床功率足够。切削扭矩 $M = \dfrac{2574.696 \times 70}{2000} = 90.114\text{N}\cdot\text{m} = 9.189\text{kgf}\cdot\text{m}$，由机床说明书查得 $n_s = 500\text{r/min}$ 时，$M_s = 151.022\text{N}\cdot\text{m}(15.4\text{kgf}\cdot\text{m})$，满足 $M < M_s$ 的要求。

(5) 计算机动时间 t_m。由切削用量手册查得 $y + \Delta = 2.8\text{mm}$，故 $t_m = \dfrac{300+2.8}{8.333 \times 0.57} = 63.747\text{s}(1.062\text{min})$。

机动时间可由下式计算

$$t_m = \frac{L_w + y + \Delta}{n \cdot f} \tag{1-51}$$

式中,n 为转速,r/s;f 为进给量,mm/r;

L_w 为加工长度,mm;y 为入切量,mm;Δ 为超切量,mm。

思考题 1

1. 什么是切削运动?切削加工过程由哪些运动组成?各个运动的作用如何?
2. 什么是切削用量的三要素?各自的定义是什么?
3. 什么是切削层?如何定义切削层的几何参数?
4. 刀具材料的选择对金属材料的切削加工性能有何影响?刀具材料应具备哪些性能?
5. 常用的刀具材料共分为几类?试举出常用的牌号并简述其在加工生产中如何应用。
6. 硬质合金有何特点?简述硬质合金的分类以及各自的性能特征。实际操作中该如何选用?
7. 刀具切削部分的结构要素是什么?各自的定义是什么?
8. 什么是切削角度、工作角度、实际切削角度?
9. 试述进给运动是如何影响工作角度的?简述刀尖安装的高低对工作角度有何影响。
10. 切屑共分为几大类?各有什么特点?
11. 简述切屑的形成机理;试述三个切削变形区各有什么特点以及它们之间的关联。
12. 切削力是如何产生的?简述剪切角与变形系数的关系。
13. 简述剪切区的形成机理?简述变形系数与剪应变的关系。
14. 什么是加工硬化?什么是硬化程度?什么是硬化层深度?简述硬化程度与硬化层深度之间的关系。
15. 什么是残余应力?切削加工后表面层内产生残余应力的原因有哪些?各有什么特点?
16. 什么是积屑瘤?积屑瘤是怎样形成的?积屑瘤对切削加工有什么样的影响?控制积屑瘤的主要措施有哪些?
17. 什么是鳞刺?鳞刺是怎样形成的?控制鳞刺的主要措施有哪些?
18. 什么是切削力?切削力是怎样产生的?试述切削力对切削过程的影响。
19. 为什么要把切削力分解成三个相互垂直的分力?
20. 什么是切削力经验公式?什么是切削力理论公式?
21. 什么是切削热?试述切削热对切削过程有什么影响?切削热是怎样产生和传出的?
22. 什么是切削温度?试述影响切削温度的因素有哪些。
23. 在切削加工中为什么要选择切削液?作为切削液应具备哪些性能?
24. 什么是添加剂?试述油性添加剂与极压添加剂各有什么特点。
25. 切削液共分为几类?试述在生产加工中应该如何合理地选用切削液。
26. 切削液的使用方法分为几类?各有什么特点?
27. 刀具的磨损形式有几种?简述刀具的磨损过程。
28. 什么是刀具的磨钝标准?试述刀具磨损的原因分为几类、各有什么特点?如何提高刀具抗磨损的能力?
29. 什么是刀具的耐用度?简述切削用量与耐用度之间的关系。
30. 什么是刀具的破损?简述刀具的破损是怎样形成的。简述产生刀具破损的原因。

31. 加工表面质量包括哪几个方面？简述表面质量对零件使用性能的影响。提高表面质量的途径有哪些？

32. 常用切削加工性能指标有哪些？各有什么特点？简述影响材料可切削加工性的因素有哪些。

33. 试述合理选择刀具几何参数的要素？

34. 试述刀具的前角对切削过程的影响；简述如何合理地选择刀具的前角。

35. 试述刀具的后角对切削过程的影响；简述如何合理地选择刀具的后角。

36. 试述刀具的主偏角对切削过程的影响；简述如何合理地选择刀具的主偏角。

37. 试述刀具的副偏角对切削过程的影响；简述如何合理地选择刀具的副偏角。

38. 试述刀具的刃倾角对切削过程的影响；简述如何合理地选择刀具的刃倾角。

39. 合理选择切削用量的方法有哪几种？各有什么特点？

40. 选择切削用量的一般顺序如何？为什么？

41. 在CA6140型车床（电机功率为7.5kW）上车削调质45钢（$\sigma_b = 0.681\text{GPa}$，HB200 ~ 230）外圆，毛坯直径为90mm，加工后直径达到80mm，表面粗糙度$R_a = 3.2\mu m$。试确定合适的刀具（刀具材料和几何角度）和合理的切削用量。

第2章　金属切削机床简介

金属切削机床(习惯上简称为“机床”)是用刀具切削的方法将金属毛坯加工成机械零件的机器。由于“机床”是制造机器的机器,故也称为“工具机”或“工作母机”。

一切工具都是人手的延伸,机床的诞生也是这样。它的发展把人们从繁重的手工劳动中解放出来,大大提高了劳动生产率,促进了生产力的发展。

目前,机床的品种非常繁多,达千种以上。在机器制造部门所拥有的技术装备中,机床所占的比重一般在50%～60%以上。在生产中所担负的工作量约占制造机器总工作量的40%～60%。所以,机床是加工机械零件的主要设备。机床的技术水平直接影响着机械制造工业的产品质量和劳动生产率。一个国家机床工业的发展水平在很大程度上标志着这个国家的工业生产能力和科学技术水平。

2.1　金属切削机床基本知识

2.1.1　金属切削机床的发展概况

机床的发展历史与人类社会的进步密切相关,机床是由使用工具演变而来。人类近6000年的文明史,在各种工具的发展和应用上,经历了从手用工具到现代机床的演变过程。

1. 石器时代(远古时期)

人类最早发明和使用的工具是经过加工的特殊的石块(石刀、石斧),用来延伸或加强人的双手或牙齿的功能。这个时期我国开始应用弓钻——在石斧、陶器上钻孔。

2. 青铜时代(大约公元前3000年开始)

这个时期开始应用金属工具。我国商代(公元前16～11世纪)应用青铜钻头——在卜骨上钻孔。

3. 铁器时代(公元前770～476年)

这个时期开始使用铸铁,车削工具开始使用——当时加工对象主要是木料。古埃及国王墓碑上就出现有最古老的车床图案。

4. 中古时期(封建社会)

我国西汉(公元前206年～公元23年)使用杆钻和管钻——在“金缕玉衣”上的四千多块玉片上钻了18000多个孔(直径 $\phi1 \sim 2$ mm)。我国古代还发明了舞钻(利用飞轮的惯性)。这个时期出现了原始的钻床和木工车床,如弓弦车床、足踏车床等(人力作为动力源)。

5.近代

17世纪中叶,用畜力代替人力作为机床动力。1668年加工天文仪器上的大铜环——利用(直径2丈约6.67米)镶片铣刀铣削——装上磨石可进行磨削。

18世纪,工场手工业向资本主义机器大工业过渡时期,欧美国家在英国产业革命后进入资本主义社会。这一时期发明了刀架——代替了手持刀具,标志着切削加工中一次质的飞跃。马克思曾指出:“真正的工具一从人手转到一个机构,机器便代替简单的工具出现了。”

随后各种类型的机床陆续创制出来(18世纪末已用蒸汽机为动力源)。各类机床出现的大致年代如下:

- 1751年出现刨床——为了加工水泵泵体。
- 1770年出现卧式镗床——加工蒸汽机汽缸(ϕ650mm 精度 1mm)。
- 1818~1855年出现铣床及万能铣床、仿形车床。
- 19世纪末出现近代磨床——加工硬度、精度较高的工件;专用机床及半自动、自动机床——生产军火、自行车、缝纫机;大型机床——生产大型发电机、汽轮机、轧钢机等。当时的传动方式多为:天轴—皮带—塔轮传动,传动效率很低。
- 20世纪初叶出现坐标镗床等高精度机床——加工精度要求更高的工件。天轴—皮带—塔轮传动发展到单独电机、齿轮变速箱传动。
- 20世纪40年代自动生产线开始出现——主要用于汽车轴承工业(美国)。
- 20世纪50年代(1952年)美国研制出世界第一台“NC机床”——三坐标数控铣床(使用电子管元件)。这又是一次切削加工技术的质的飞跃,机床工业的又一次革命,后来又经过三年的改进与自动程序编制的研究,于1955年进入实用阶段,投产了一百台类似的产品。这些数控铣床在复杂的曲面零件加工中,发挥了很大作用。
- 1958年美国研制出第一台加工中心(自动换刀多工位加工数控机床)。
- 1970年美国研制出DNC(群控系统)——直接数字控制。

从这以后,随着微电子技术、计算机技术、信息技术以及激光技术的快速发展,促进机床工业不断向前突飞猛进,机床产品不断推陈出新。当今,数控机床的发展呈现如下发展趋势:

1) 高精度化　目前数控加工中心的定位精度可达到±0.0015mm/全程;加工中心的加工精度可达到±0.001 mm,甚至更高。

2) 高速度化　提高生产率是机床技术发展追求的基本目标之一,而实现这个目标最主要、最直接的方法就是提高切削速度和减少辅助时间。

提高主轴转速是提高切削速度最直接、最有效的方法。随着刀具、电机、轴承、数控系统等关键技术的突破及机床本身基础技术的进步,近十几年来,主轴转速已经翻了几番。目前加工中心的主轴转速最高可达50000r/min,甚至100000r/min。另外,进一步提高进给速度,缩短换刀时间和工作台交换时间,也是高速度化的有效措施。

3) 高柔性化　“柔性”是指机床适应加工对象变化的能力(灵活性、通用性)。传统的自动化设备和生产线,由于是机械或刚性连接和控制的,当被加工对象变换时,调整很困难,甚至是不可能的,有时只得全部更换更新。数控机床的出现,开创了柔性自动化加工的新纪元。对加工对象的变换有很强的适应能力,非常适合单件小批量的生产。对零件的变换只需更换 ROM 中的控制程序,而机床及硬件不需调整。

为了进一步提高柔性化程度和规模生产能力,在数控机床软硬件的基础上,增加不同容量的刀库和自动换刀机械手,增加第二主轴,增加交换工作台装置,或配以工业机器人和自动运输小车以组成新的加工中心、柔性制造单元(FMC)或柔性制造系统(FMS)以及介于传统自动线与 FMS之间的柔性自动生产线(FTL)。

4) 高自动化 是指包括加工,物料流和信息流的柔性自动化。自20世纪80年代中期以来,以数控机床为主体的加工自动化已从“点”(单台数控机床)发展到“线”的自动化(FMS、FTL)和“面”的自动化(柔性制造车间)。结合信息管理系统的自动化,逐步形成整个工厂“体”的自动化。

在国外已出现 FA(自动化工厂)和 CIM(计算机集成制造)工厂的雏形实体。尽管这种高自动化的技术还不够完备,投资过大,回收期较长。但数控机床的高自动化以及向 FMC、FMS 的系统集成方向发展的总趋势仍然是机械制造业发展的主流。

(1) 复合化。复合化包含工序复合化和功能复合化。数控机床的发展已模糊了粗精加工工序的概念。加工中心(包括车削中心、磨削中心、电加工中心等)的出现。又把车、铣、镗、钻等类的工序集中到一台机床来完成。打破了传统的工序界限和分开加工的工艺规程。例如,一台具有自动换刀装置,自动变换工作台和自动转换立卧主轴头的镗、铣加工中心,不仅一次装夹便可完成镗、铣、钻、铰、攻丝和检验等工序,而且还可以完成箱体五个面粗、精加工的全部工序等。

(2) 高可靠性。数控机床的可靠性是数控机床产品质量的一项关键性指标。数控机床能否发挥其高性能、高精度、高效率,并获得良好的效益,关键取决于可靠性。因而,美、日、德等机床工业大国,已在机床产品中应用了可靠性技术,并取得了明显的进展。衡量可靠性的重要的量化指标是平均无故障工作时间(MTBF)。

(3) 宜人化。宜人化是一种新的设计思想和观点。是将功能设计与美学设计有机结合,一台机床就是一件艺术品,是技术与经济、文化、艺术的协调统一,核心是使产品变为更具魅力,更适销对路的商品,引导人们进入一种新的生活方式和工作方式。使用户在操作安全,使用方便,性能可靠的同时,还能体会到一种享受感、舒服感、欣赏感,令人在赏心悦目之中,心情愉快地完成工作。

2.1.2 机床的基本组成和构造

1. 机床的基本组成

由于机床运动形式、刀具及工件类型的不同,机床的构造和外形有很大区别。但归纳起来,各种类型的机床都应有以下几个主要部分组成。

(1) 主传动部件。用来实现机床主运动的部件,它形成切削速度并消耗大部分动力。例如,带动工件旋转的车床主轴箱;带动刀具旋转的钻床或铣床的主轴箱;带动砂轮旋转的磨床砂轮架;刨床的变速箱等。

(2) 进给传动部件。用来实现机床进给运动的部件,它维持切削加工连续不断地进行。

例如，车床的进给箱、留板箱；钻床和铣床的进给箱；刨床的进给机构；磨床工作台的液压传动装置等。

(3) 工件安装装置。用来安装工件。例如，车床的卡盘和尾座；钻床、刨床、铣床、平面磨床的工作台；外圆磨床的头架和尾座等。

(4) 刀具安装装置。用来安装刀具。例如，车床、刨床的刀架；钻床、立式铣床的主轴，卧式铣床的刀杆轴，磨床的砂轮架主轴等。

(5) 支承件。机床的基础部件，用于支承机床的其他零部件并保证它们的相互位置精度。例如，各类机床的床身、立柱、底座、横梁等。

(6) 动力源。提供运动和动力的装置，是机床的运动来源。普通机床通常采用三相异步电机作动力源(不需对电机调整，连续工作)；数控机床的动力源采用的是直流或交流调速电机、伺服电机和步进电机等(可直接对电机调速，频繁启动)。

2. 机床的基本构造

机床的种类繁多，按其加工性质可分为十二大类(下一节介绍)，其中最基本的类型有五种，即车床、钻床、铣床、刨床和磨床。以下是这五类机床基本构造的示意图。

1) 车床

图 2-1 为卧式车床的构造示意图，图中序号及引线所指部位表示机床及其工艺系统的组成构件。依次表示：1 丝杠、2 光杠、3 溜板箱、4 拖板、5 进给箱、6 主轴箱、7 卡盘、8 工件、9 刀架、10 车刀、11 顶尖、12 尾座、13 床身。

图 2-2 为立式车床的构造示意图，图中序号依次表示：1 底座及主轴箱、2 圆形工作台、3 工件、4 车刀、5 刀架、6 横梁及进给箱、7 立柱。

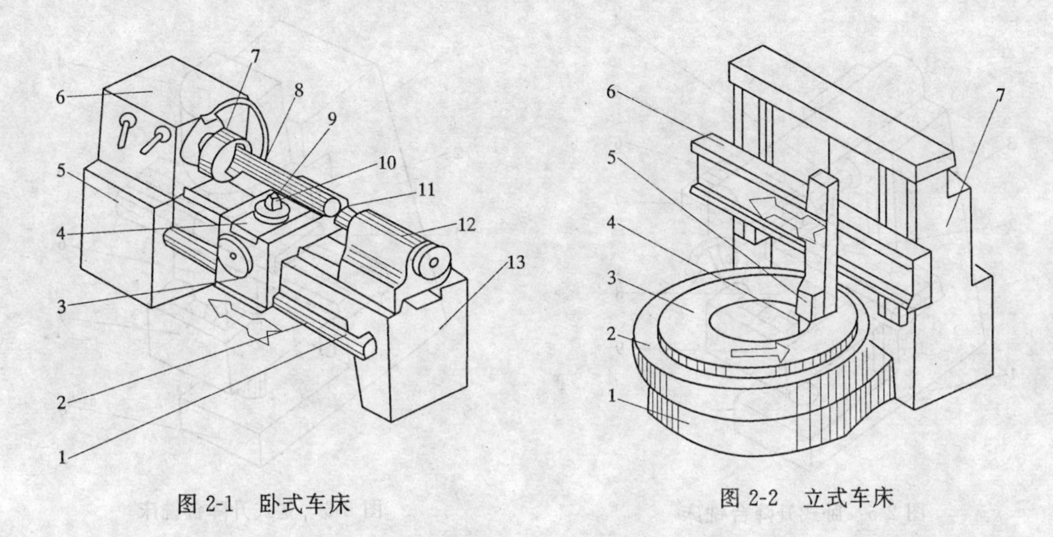

图 2-1　卧式车床　　　　图 2-2　立式车床

2) 钻床

图 2-3 为立式钻床的构造示意图，图中序号依次表示：1 工作台、2 钻头、3 主轴、4 进给箱、5 主轴箱、6 立柱、7 工件、8 底座。

图 2-4 为摇臂钻床的构造示意图，图中序号依次表示：1 工件、2 立柱、3 摇臂、4 电动机、5 主轴箱和进给箱、6 钻头、7 工作台。

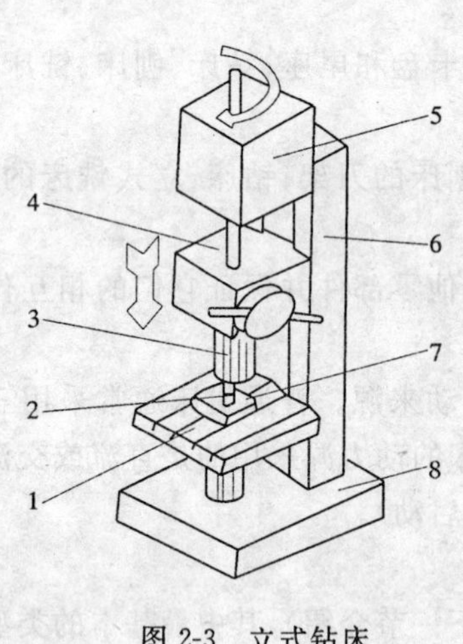

图 2-3 立式钻床

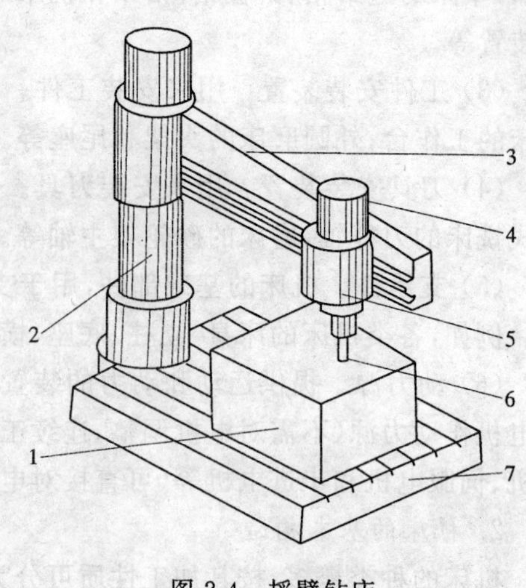

图 2-4 摇臂钻床

3）铣床

图 2-5 为卧式升降台铣床的构造示意图,图中序号依次表示:1 底座、2 工件、3 立柱及主轴箱、4 刀杆轴、5 铣刀、6 横梁、7 工作台、8 横拖板、9 升降台及进给箱。

图 2-6 为立式升降台铣床的构造示意图,图中序号依次表示:1 工件、2 铣刀、3 立柱、4 主轴箱、5 工作台、6 横拖板、7 升降台及进给箱、8 底座。

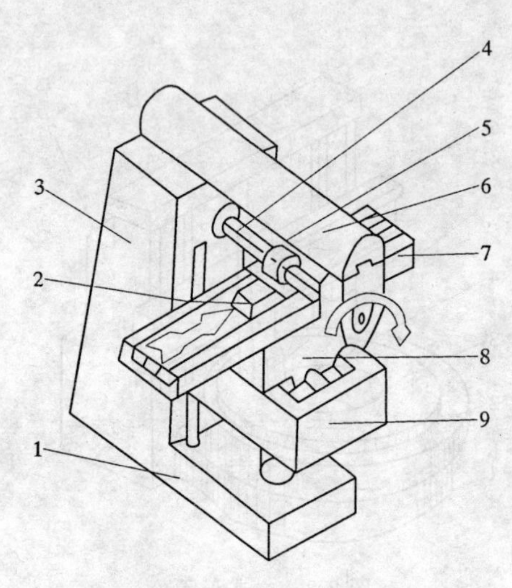

图 2-5 卧式升降台铣床

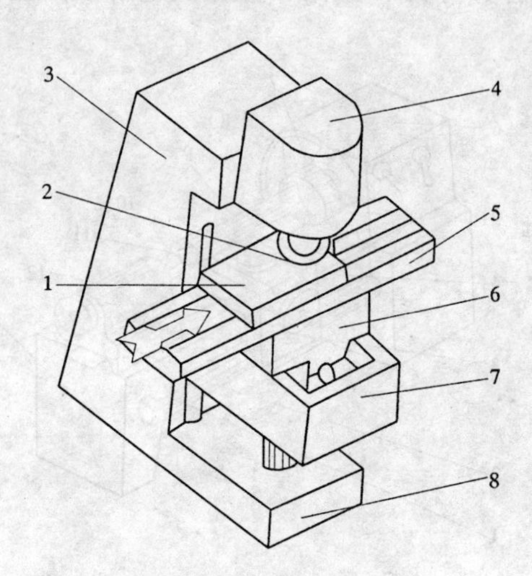

图 2-6 立式升降台铣床

4）刨床

图 2-7 为牛头刨床的构造示意图,图中序号依次表示:1 工作台、2 工件、3 虎钳、4 刨刀、5 刀架、6 滑枕、7 床身及变速箱、8 底座、9 进给机构、10 横梁。

图 2-8 为龙门刨床的构造示意图,图中序号依次表示:1 床身及变速机构、2 工作台、3 工件、4 刀架、5 横梁及进给机构、6 立柱、7 刨刀。

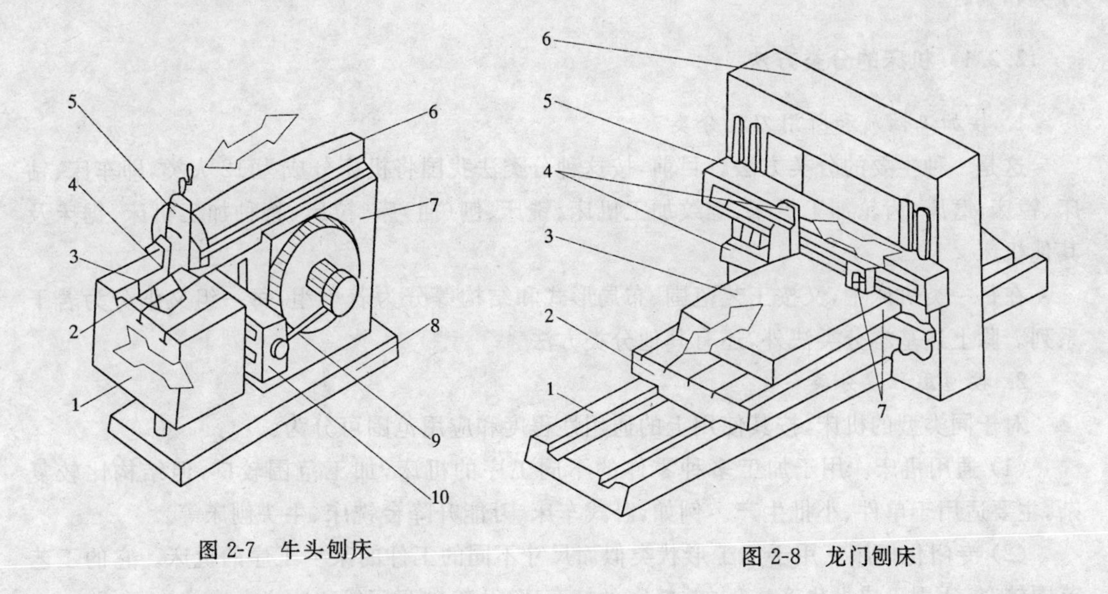

图 2-7　牛头刨床　　图 2-8　龙门刨床

5）磨床

图 2-9 为外圆磨床的构造示意图，图中序号依次表示：1 床身、2 工件、3 工作台、4 头架、5 砂轮、6 尾座、7 砂轮架。

图 2-10 为平面磨床的构造示意图，图中序号依次表示：1 床鞍、2 工件、3 工作台、4 砂轮、5 砂轮架、6 立柱、7 床身。

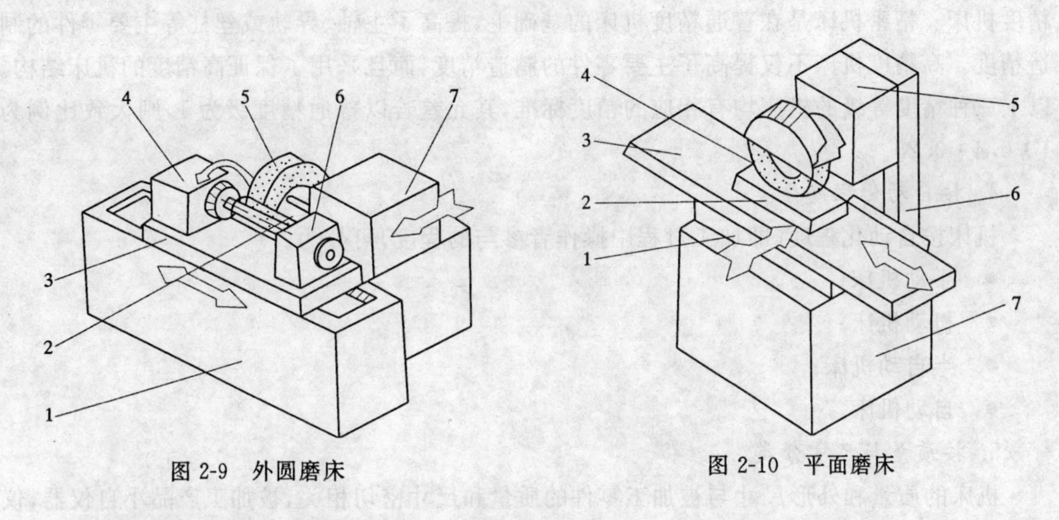

图 2-9　外圆磨床　　图 2-10　平面磨床

其他类型机床尽管其外形、布局和构造各不相同，但基本构造与上述机床类似，可认为是这几种基本类型机床的演变和发展。

2.2　机床的分类与型号编号

为了便于对不同品种和规格的机床进行区别、使用和管理，必须制定统一的标准将机床分类和编号。

2.2.1 机床的分类方法

1. 按加工性质和所用刀具分类

这是一种主要的分类方法。目前,按这种分类法我国将机床分成为12大类,即车床、钻床、镗床、磨床、齿轮加工机床、螺纹加工机床、铣床、刨(插)床、拉床、特种加工机床、锯床及其他机床。

在每一类机床中,又按工艺范围、布局形式和结构等分为若干组,每一组又细分为若干系列。除上述基本分类法外,还有其他分类方法。

2. 按通用程度分类

对于同类型的机床,按其使用上的通用性程度和应用范围可分为:

(1) 通用机床。用于加工多种零件的不同工序的机床,加工范围较广,但结构比较复杂,主要适用于单件、小批生产。例如,卧式车床、万能升降台铣床、牛头刨床等。

(2) 专门化机床。用于加工形状类似而尺寸不同的工件的某一工序的机床。它的工艺范围较窄,适用于成批生产。例如,精密丝杠车床、凸轮轴车床等。

(3) 专用机床。用于加工特定零件的特定工序的机床。它的生产率较高,工艺范围最窄,适用于大批量生产。例如,用于加工某机床主袖箱的专用镗床;汽车、拖拉机制造中使用的各种组合机床等。

3. 按精度分类

同类型机床按工作精度的不同,可分为三种精度等级,即普通精度机床、精密机床和高精度机床。精密机床是在普通精度机床的基础上,提高了主轴、导轨或丝杠等主要零件的制造精度。高精度机床不仅提高了主要零件的制造精度,而且采用了保证高精度的机床结构。以上三种精度等级的机床均有相应的精度标准,其允差若以普通精度级为1,则大致比例为1∶0.4∶0.25。

4. 按自动化程度分类

机床按自动化程度(即加工过程中操作者参与的程度)可分为:

- 手动机床;
- 机动机床;
- 半自动机床;
- 自动机床。

5. 按质量与尺寸分类

机床的质量和外形尺寸与被加工零件的质量和尺寸密切相关,被加工产品小自仪器、仪表,大到大型工程机械等,都需要与之相适应的制造设备。因此,机床又可分为:

- 仪表机床;
- 中型机床(称为一般机床,最为常用);
- 大型机床(质量10t以上的机床或工件回转$D_{max}\geqslant$1000mm的普通车床等);
- 重型机床(质量30t以上的机床或加工直径$D_{max}\geqslant$3000mm以上的立式车床、回转直径$D_{max}\geqslant$1600mm以上的普通车床等);

● 超重型机床(质量 100t 以上的机床)。

6. 按机床主要工作部件数目分类

机床主要工作部件数目,通常指切削加工时,同时工作的主运动部件或进给运动部件的数目。按此可分为:

● 单轴机床;
● 多轴机床;
● 单刀机床;
● 多刀机床。

通常,机床型号的编制是按加工性质分类(如车、铣、钻、刨、磨等)。然后,再加上一些辅助特征进行描述。例如,多轴自动车床,就是以车床为基本分类,再加上"多轴"、"自动"等辅助特征,以区别于其他种类车床。

随着现代机床向着更高层次发展,如数控化和复合化,使得传统的分类方法难以恰当地进行表述。因此,分类方法也需要不断地发展和变化。

2.2.2 机床的型号编制

机床型号是赋予每种机床的一个代号,用以简明地表示机床的类型、主要规格及有关特征等。从 1957 年开始我国就对机床型号的编制方法作了规定。随着机床工业的不断发展,至今已经修订了数次,目前是按 1994 年颁布的标准 GB/T15375—94《金屑切削机床型号编制方法》执行,适用于各类通用、专门化及专用机床,不包括组合机床在内。此标准规定,机床型号采用汉语拼音字母和阿拉伯数字按一定规律组合而成。

1. 通用机床型号

通用机床型号用下列方式表示:

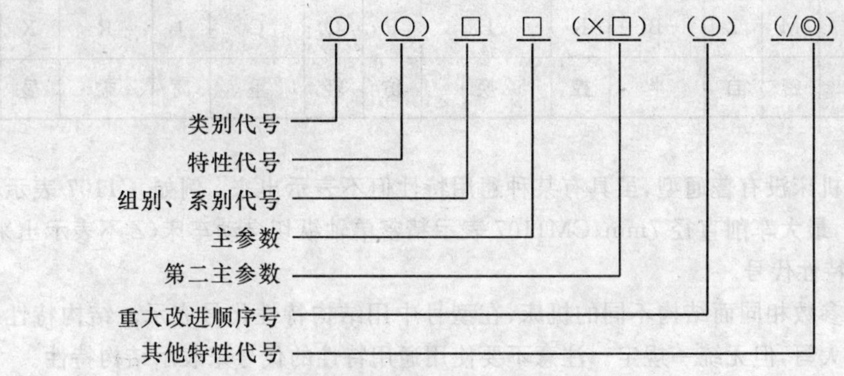

符号意义:"○"为大写的汉语拼音字母;

"□"为阿拉伯数字;

"( )"无内容时可不表示,若有内容,则不带括号;

"◎"为大写的汉语拼音字母,或阿拉伯数字,或两者兼而有之。

1) 类别代号

机床的类别分为十二大类,分别用汉语拼音的第一个字母大写表示,位于型号的首位,表示各类机床的名称。各类机床代号见表 2-1。

表 2-1 **机床类别代号**

类别	车床	钻床	镗床	磨床			齿轮加工机床	螺纹加工机床	铣床	刨插床	拉床	特种加工机床	锯床	其他机床
代号	C	Z	T	M	2M	3M	Y	S	X	B	L	D	G	Q
读音	车	钻	镗	磨	二磨	三磨	牙	丝	铣	刨	拉	电	割	其

2）特性代号

特性代号是表示机床所具有的特殊性能，用大写汉语拼音字母表示，位于类别代号之后。特性代号分为通用特性代号、结构特性代号。

(1) 通用特性代号。

当某类机床除有普通型外，还具有某些通用待性时，可用表 2-2 所列代号表示。例如，CK 表示数控机床；MBG 表示半自动高精度磨床。

表 2-2 **机床通用特性代号**

用特性	高精度	精密	自动	半自动	数控	加工中心（自动换刀）	仿形	轻型	加重型	简式	柔性加工单元	数显	高速
代号	G	M	Z	B	K	H	F	Q	C	J	R	X	S
读音	高	密	自	半	控	换	仿	轻	重	简	柔	显	速

若某类型机床没有普通型，虽具有某种通用特性但不表示出来。例如，C1107 表示单轴纵切自动车床，最大车削直径 7mm；CM1107 表示精密单轴纵切自动车床（Z 不表示出来）。

(2) 结构特性代号。

为区别主参数相同而结构不同的机床，在型号中用结构特性代号表示。结构特性代号也用拼音字母大写，但无统一规定。注意不要使用通用特性的代号来表示结构特性。

例如，可用 A，D，E，…代号。如 CA6140 型卧式车床型号中的 A，即表示在结构上区别于 C6140 型卧式车床。

3）组别、系别代号

用两位阿拉伯数字表示某类机床具体产品名称，位于类代号或特性代号之后。每类机床按其结构性能及使用范围划分若干个系，同一系机床的基本结构和布局形式相同。机床的类、组划分详见表 2-3。

表 2-3　**金属切削机床类、组划分表**

类别＼组别	0	1	2	3	4	5	6	7	8	9
车床 C	仪表车床	单轴自动车床	多轴自动、半自动车床	回轮、转塔车床	曲轴及凸轮轴车床	立式车床	落地及卧式车床	仿形及多刀车床	轮、轴、辊、锭及铲齿车床	其他车床
钻床 Z		坐标镗钻床	深孔钻床	摇臂钻床	台式钻床	立式钻床	卧式钻床	铣钻床	中心孔钻床	
镗床 T			深孔镗床		坐标镗床	立式镗床	卧式铣镗床	精镗床	汽车、拖拉机修理用镗床	
磨床 M	仪表磨床	外圆磨床	内圆磨床	砂轮机		导轨磨床	刀具刃磨床	平面及端面磨床	曲轴，凸轮轴、花键轴及轧辊磨床	工具磨床
磨床 2M		超精机	内圆珩磨机	外圆及其他珩磨机	抛光机	砂带抛光及磨削机床	刀具刃磨及研磨机床	可转位刀片磨削机床	研磨机	其他磨床
磨床 3M		球轴承套圈沟磨床	滚子轴承套圈滚道磨床	轴承套圈超精机	滚子及钢球加工机床	叶片磨削机床	滚子超精磨削机床		气门、活塞及活塞环磨床	汽车、拖拉机修磨机床
齿轮加工机床 Y	仪表齿轮加工机		锥齿轮加工机	滚齿机	剃齿及珩齿机	插齿机	花键轴铣床	齿轮磨齿机	其他齿轮加机	齿轮倒角及检查机
螺纹加工机床 S				套螺纹机	攻螺纹机		螺纹铣床	螺纹磨床	螺纹车床	
铣床 X	仪表铣床	悬臂及滑枕式铣床	龙门铣床	平面铣床	仿形铣床	立式升降台铣床	卧式升降台铣床	床身式铣床	工具铣床	其他铣床
刨插床 B		悬臂刨床	龙门刨床			插床	牛头刨床		边缘及模具刨床	其他刨床

续表

类别＼组别	0	1	2	3	4	5	6	7	8	9
拉床 L			侧拉床	卧式外拉床	连续拉床	立式内拉床	卧式内拉床	立式外拉床	键槽、轴瓦及螺纹拉床	其他拉床
特种加工机床 D		超声波加工机	电解磨床	电解加工机			电火花磨床	电火花加工机		
锯床 G			砂轮片锯床		卧式带锯床	立式带锯床	圆锯床	弓锯床	锉锯床	
其他机床 Q	其他仪表机床	管子加工机床	木螺钉加工机		刻线机	切断机	多功能机床			

4) 主参数

机床主参数表示机床规格的大小,用主参数折算值(即主参数×折算系数,通常折算系数为 1/10 或 1/100)或实际值表示,一般用两位阿拉伯数字表示,位于组别、系别代号之后。

5) 第二主参数

第二主参数一般指主轴数、最大跨距、最大工件长度、工作台面长度等。第二主参数也用折算值表示,位于型号主参数代号之后,并用“×”分开,读作“乘”。

6) 重大改进顺序号

当机床的结构和性能有重大改进和提高,并而按新产品重新设计、试制和鉴定时,可按 A,B,C,…汉语拼音字母的顺序选用,加在型号的尾部,以示区别于原机床型号。

7) 其他特性代号

如同一型号机床的变型代号,是其他特性代号中常用的一种。

某些机床根据不同的加工需要,在基本型号机床的基础上,仅改变机床的部分性能结构时.则在基型机床型号之后加 1,2,3,…变型代号,表示在机床型号的尾部,并用“/”分开,读作“之”,以区别于原机床型号。

应用上述通用机床型号的编制方法,举例如下:

例 1　CA6140×1500 型卧式车床

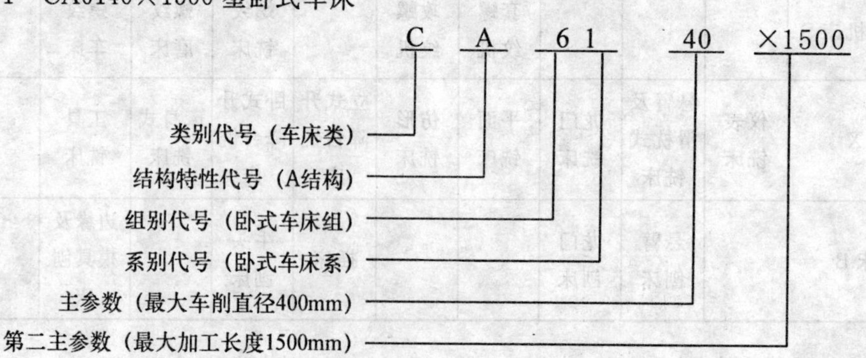

例 2　MGl432 型高精度万能外圆磨床

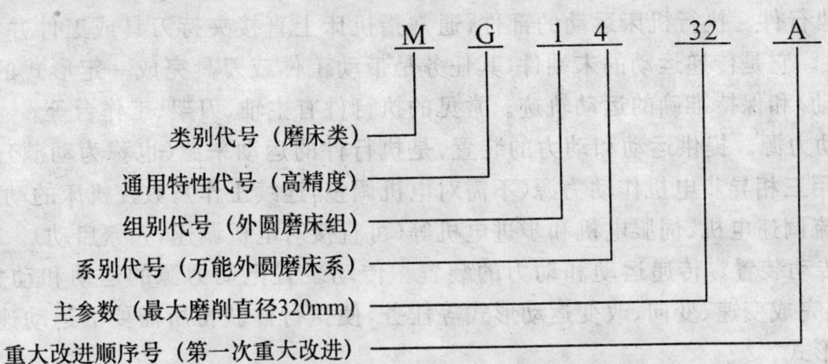

但对于已经定型仍在使用旧型号的机床，要了解这些机床型号的含义，可查阅以前相应旧标准的有关规定。

2. 专用机床型号

专用机床型号表示方法为：

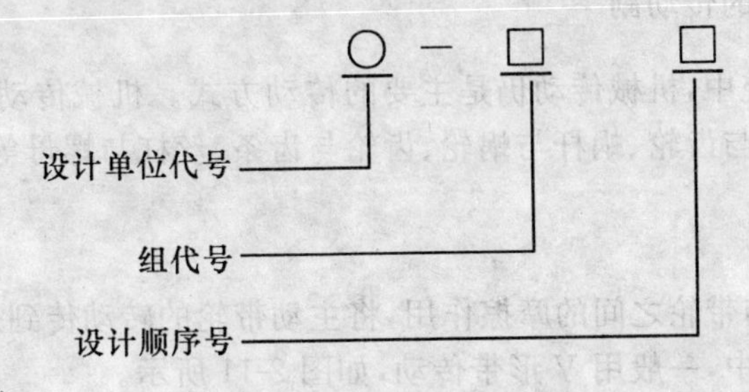

1) 设计单位代号

设计单位为机床厂时，其代号由机床厂所在城市名称的大写汉语拼音字母，及该机床厂在该城市建立的先后顺序号表示，或者用机床厂名称的大写汉语拼音字母表示。

设计单位为机床研究所时，其代号由研究所名称的大写汉语拼音字母表示。

2) 组代号

专用机床的组代号用一位数字表示（由“1”起始），位于设计单位代号之后，并用“—”分开，读作“至”。组代号按产品的工作原理划分，由各机床厂、所根据产品情况自行确定。

3) 设计顺序号

按各机床厂、所的设计顺序排列，由“001”起始，位于专用机床的组号之后。

例如，北京第一机床厂设计制造的一种专用铣床。

其编号可写为：B1—3100

表示：北京第一机床厂设计制造的第一百种专用机床为专用铣床，属于第三组。

2.3　机床的基本传动形式

2.3.1　机床传动的组成

机床的各种运动和动力都来自动力源，并由传动装置将运动和动力传递给执行件来完成各种要求的运动。

因此,为了实现加工过程中所需的各种运动,机床必须具备三个基本部分:

(1) 执行件。执行机床运动的部件,通常指机床上直接夹持刀具或工件并实现其运动的零、部件。它是传递运动的末端件,其任务是带动工件或刀具完成一定形式的运动(旋转或直线运动)和保持准确的运动轨迹。常见的执行件有主轴、刀架、工作台等。

(2) 动力源。提供运动和动力的装置,是执行件的运动来源(也称为动源)。普通机床通常都采用三相异步电机作动力源(不需对电机调整,连续工作);数控机床的动源采用的是直流或交流调速电机、伺服电机和步进电机等(可直接对电机调速,频繁启动)。

(3) 传动装置。传递运动和动力的装置。传动装置把动力源的运动和动力传给执行件,同时还完成变速、变向、改变运动形式等任务,使执行件获得所需要的运动速度、运动方向和运动形式。

传动装置把执行件与动力源或者把有关执行件之间连接起来,构成传动系统。机床的传动按其所用介质不同,分为机械传动、液压传动、电气传动和气压传动等,这些传动形式的综合运用体现了现代机床传动的特点。

2.3.2 机床常用的传动副

在机床的传动系统中,机械传动仍是主要的传动方式。机械传动常用的传动元件及传动副有带与带轮、齿轮与齿轮、蜗杆与蜗轮、齿轮与齿条、丝杠与螺母等。每一对传动元件称为传动副。

1. 带传动

带传动是利用带与带轮之间的摩擦作用,将主动带轮的转动传到从动带轮。

目前,在机床传动中,一般用V形带传动,如图2-11所示。

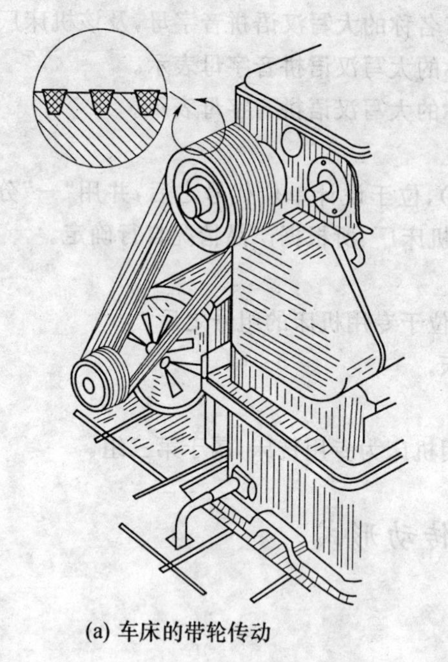

(a) 车床的带轮传动

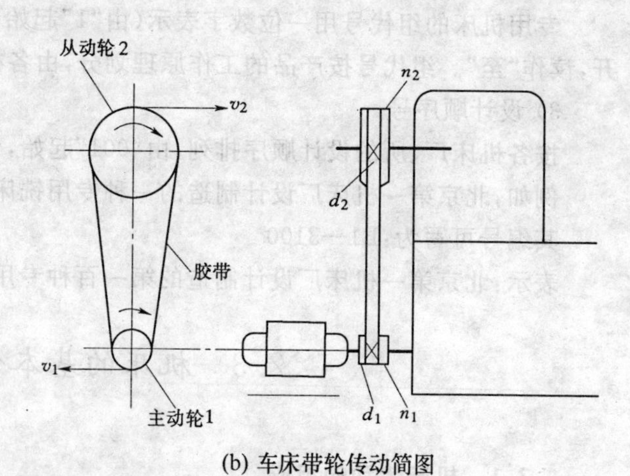

(b) 车床带轮传动简图

图2-11 带传动

如不考虑带与带轮之间的相对滑动对传动的影响,主动轮和从动轮的圆周速度都与带的

速度相等。即 $v_1 = v_2 = v_{带}$，又因为

$$v_1 = \frac{\pi d_1 n_1}{1000}, \quad v_2 = \frac{\pi d_2 n_2}{1000}$$

故

$$d_1 n_1 = d_2 n_2, \quad 即 \quad \frac{n_2}{n_1} = \frac{d_1}{d_2} = i$$

式中：v_1、v_2—— 分别为主动轮和从动轮的圆周速度，m/min；

d_1、d_2—— 分别为主动轮和从动轮的直径，mm；

n_1、n_2—— 分别为主动轮和从动轮的转速，r/min；

i —— 传动比，即从动轮转速和主动轮转速之比。

如考虑带轮与带之间的滑动，则传动比应乘以滑动系数 ε，ε 一般为 0.98。

带传动的优点是传动平稳；两轴之间的距离可以较大；结构简单、制造和维修方便；过载时带与带轮之间打滑，避免造成机器损坏。其缺点是传动中有打滑现象，无法保证准确的传动比；有摩擦损失，传动效率较低。

2. 齿轮传动

齿轮传动是机床上应用最多的一种传动方式。齿轮的种类很多，有直齿轮、斜齿轮、锥齿轮、人字齿轮等，其中最常用的是直齿圆柱齿轮传动，如图 2-12 所示。

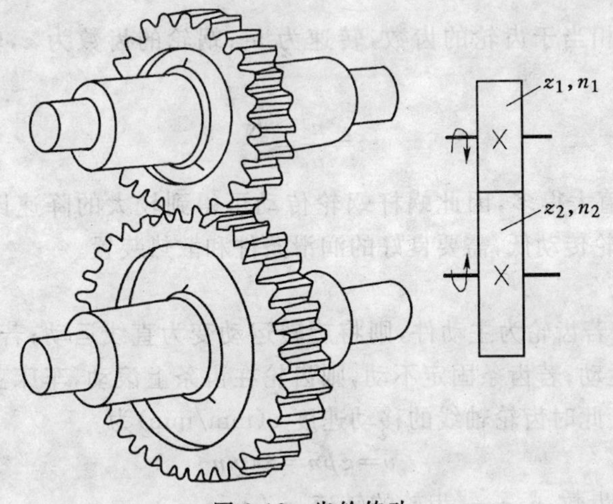

图 2-12　齿轮传动

若 z_1 与 n_1 分别代表主动轮的齿数和转速；z_2 与 n_2 分别代表从动轮的齿数和转速。齿轮传动中主动轮转过一个齿，从动轮也转过一个齿。因此，单位时间内，主动轮和从动轮转过的齿数相等，即

$$z_1 n_1 = z_2 n_2$$

$$i = \frac{n_2}{n_1} = \frac{z_1}{z_2}$$

由上式可知，齿轮传动的传动比等于主动轮与从动轮齿数之比。两者旋转方向相反。

齿轮传动的优点是结构紧凑，传动比准确，传动效率高。缺点是制造复杂，当制造质量不高时，噪声较大，传动不平稳。

3. 蜗杆蜗轮传动

只能蜗杆带蜗轮，不能蜗轮带蜗杆，即传动不可逆(摩擦角很小，产生自锁)。如图 2-13

所示,蜗杆为主动件,将运动传给蜗轮。最常见的传动形式是两件轴线在空间是互相垂直的,蜗杆主动,蜗轮不能作主动件。

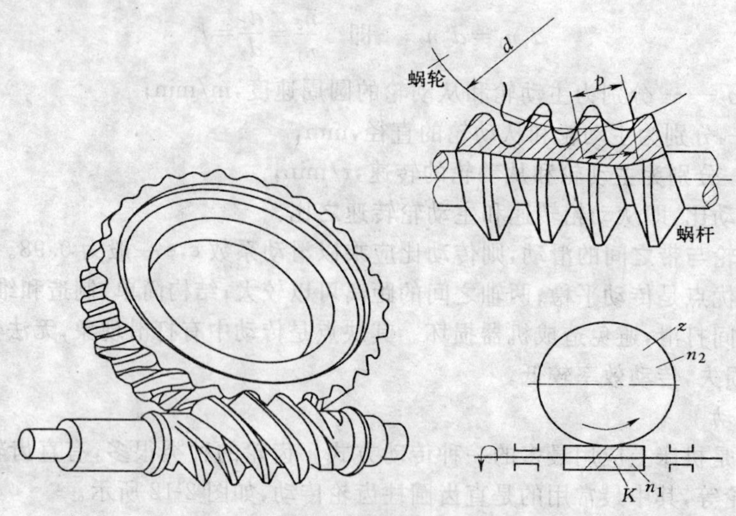

图 2-13 蜗杆蜗轮传动

蜗杆的头数 K 相当于齿轮的齿数,转速为 n_1;蜗轮的齿数为 z,转速为 n_2,则其传动比为

$$i=\frac{n_2}{n_1}=\frac{K}{z}$$

由于 z 比 K 数值大得多,因此蜗杆蜗轮传动可得到较大的降速比,且结构紧凑、噪声小,但传动效率比齿轮传动低,需要良好的润滑条件和散热装置。

4. 齿轮齿条传动

如图 2-14 所示,若齿轮为主动件,则将旋转运动变为直线运动;若齿条为主动件,则将直线运动变为旋转运动;若齿条固定不动,则齿轮在齿条上滚动,车床上刀架的纵向进给即通过这种方式实现。此时齿轮轴线的移动速度 v(mm/min)为

$$v=zpn=z\pi mn$$

式中:z —— 齿轮的齿数;n —— 齿轮的转速,r / min;

p —— 齿条的齿距,mm;m —— 齿轮模数。

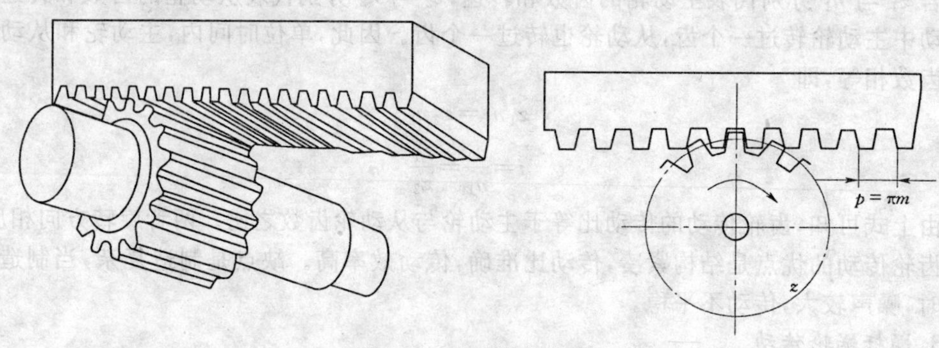

图 2-14 齿轮齿条传动

5. 丝杠螺母传动

如图 2-15 所示，用来将旋转运动变为直线运动，常用于进给运动的传动机构中。若将螺母沿轴向剖分成两半，即形成对开螺母，可随时闭合和打开，从而使运动部件运动或停止。车削螺纹时纵向进给运动即采用这种方式。若单线丝杠的螺距为 P(mm)，转速为 n(r/min)，则螺母(不转)沿轴线方向移动的速度 v(mm/min)为

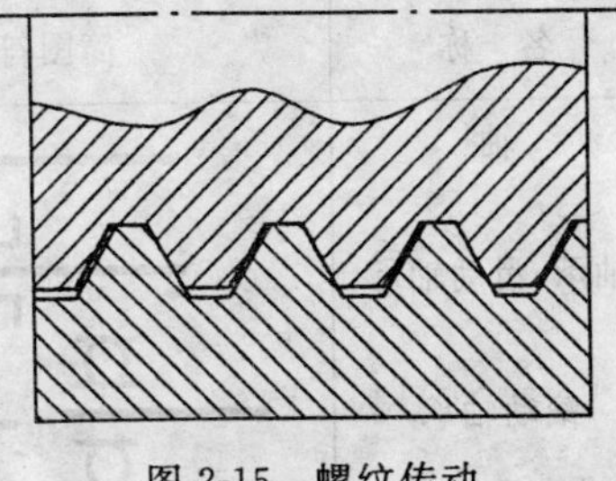

图 2-15　螺纹传动

$$v=nP$$

若用多线螺纹传动时，则丝杠每转一转，螺母移动的距离等于导程(导程 L 等于线数 K 与螺距 P 之乘积，即 $L=KP$)。

丝杠螺母传动平稳，无噪声，若制造得精确，可提高传动精度，但传动效率低。

2.3.3　传动链及其传动比

将若干传动副依次组合起来，即成为一个传动系统，又称传动链，如图 2-16 所示。

若已知主动轮轴Ⅰ的转速、带轮的直径和各齿轮的齿数，即可确定传动链中任一轴的转速。如轴Ⅴ的转速 n_{V} 可按下式计算

$$n_{\mathrm{V}}=n_1 i_{\mathrm{I-V}}=n_1\ \frac{d_1}{d_2}\frac{z_1}{z_2}\frac{z_3}{z_4}\frac{K}{z_K}$$

由上式可知：传动链总传动比等于链中所有各传动比的乘积。

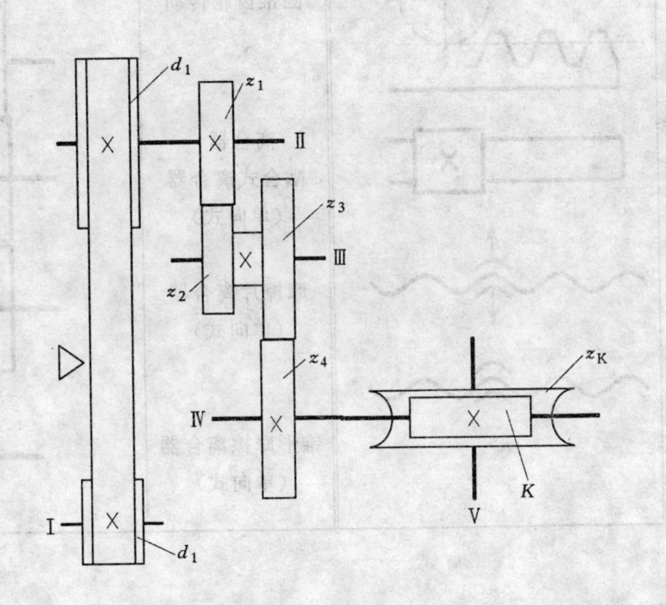

图 2-16　传动链图

为便于看清机床传动系统图，把各种传动件进行简化，用一些示意性的简图符号表示。表 2-4 给出了机床传动系统图中常用的简图符号。

表 2-4　　**传动系统图中的常用简图符号**

名　称	简图符号	名　称	简图符号
轴		带传动： 平带传动	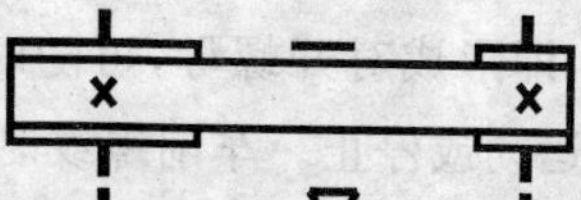
轴承：滑动轴承	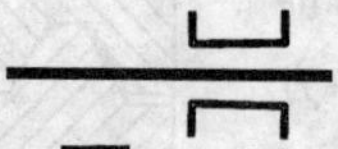	V 带传动	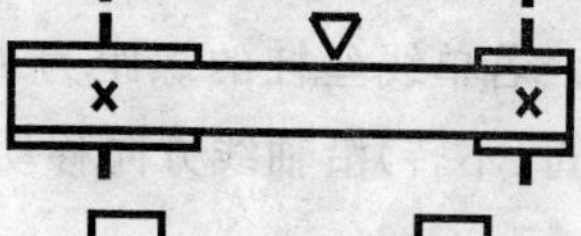
滚动轴承	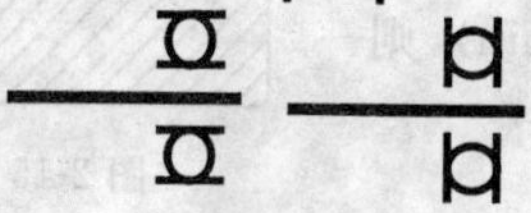	圆柱齿轮传动	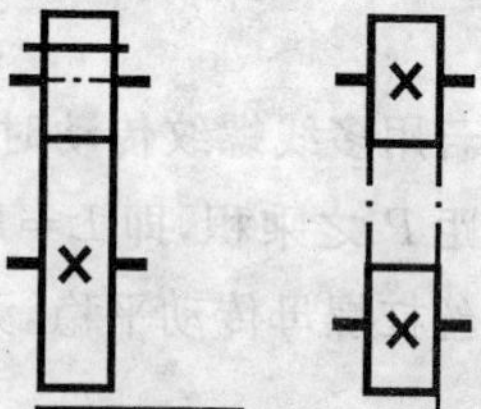
齿轮与轴连接： 活动连接(空套)		蜗杆蜗轮传动	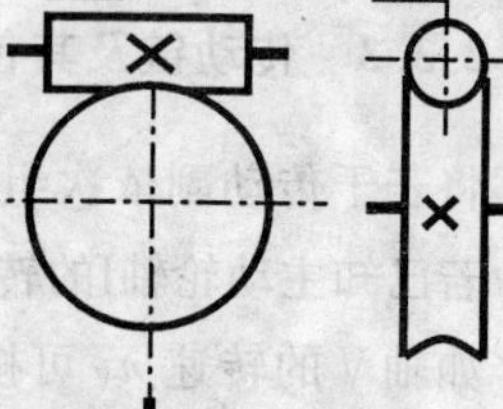
导键连接 (可相对滑动)	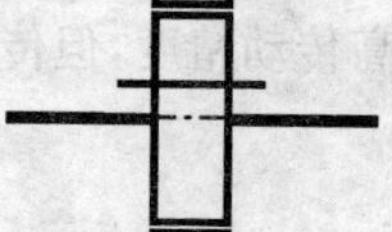	圆锥齿轮传动	
花键连接	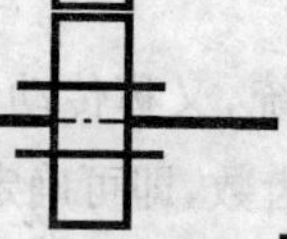	离合器： 啮合式离合器 (单向式)	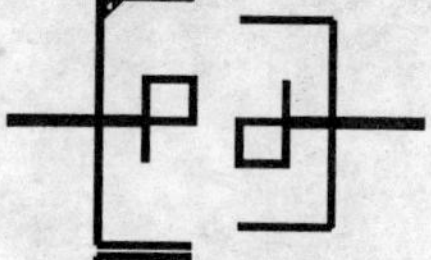
固定键连接	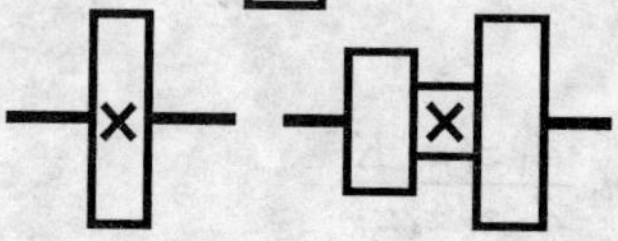	摩擦片离合器 (单向式)	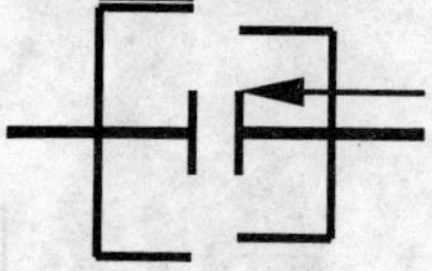
齿条传动	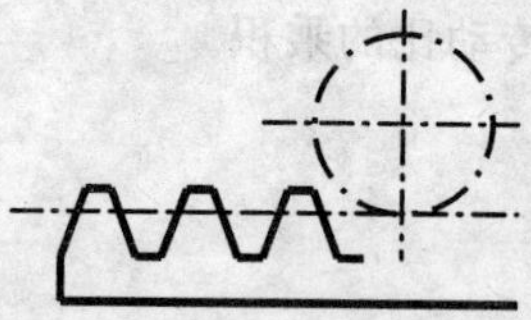	锥形摩擦离合器 (单向式)	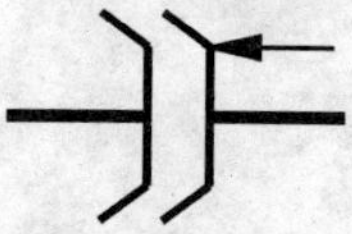
丝杠螺母传动：	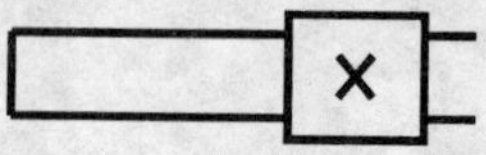		
开合螺母			
整体螺母			

2.3.4　机床的变速机构

为适应不同的加工要求，机床的主运动和进给运动的速度需经常变换。因此，机床传动系统中要有变速机构。变速机构有无级变速和有级变速两类。目前，有级变速广泛用于中小型通用机床中。

实现机床运动有级变速的基本机构是各种两轴传动机构，它们通过不同方法变换两轴间的传动比，当主动轴转速固定不变时，从动轴得到不同的转速。常用的有级变速机构有以下几种。

1. 塔轮变速机构

如图 2-17(a)所示，塔轮 1 和 3 分别固定在轴Ⅰ和轴Ⅱ上，带 2 可在带轮上移换三个不同位置。由于两个带轮对应各级的直径比值各不相同，因而当轴Ⅰ以固定不变的转速旋转时，轴Ⅱ可得到三级不同的转速。

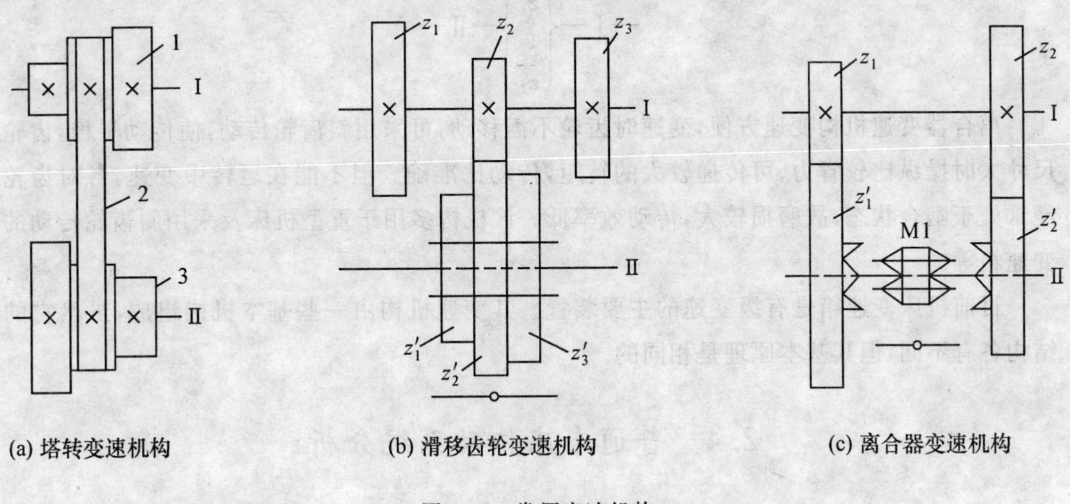

(a) 塔转变速机构　(b) 滑移齿轮变速机构　(c) 离合器变速机构

图 2-17　常用变速机构

塔轮变速机构可以是平带传动，也可以是 V 带传动，其特点是运转平稳，结构简单，但尺寸较大，变速不方便。它主要用于小型、高速以及简式机床上。

2. 滑移齿轮变速机构

如图 2-17(b)所示，齿轮 z_1、z_2、z_3 固定在轴Ⅰ上，由齿轮 z_1'、z_2'、z_3'组成的三联滑移齿轮块，以花键与Ⅱ轴连接，可沿轴向滑动，通过手柄可拨动三联滑移齿轮，即移换左、中、右三个位置，使其分别与主动轴Ⅰ上的齿轮 z_1、z_2 和 z_3 相啮合，于是轴Ⅱ可得到三种不同转速。

此时变速机构的传动路线可用传动链的形式表示：

$$-\mathrm{I}-\left\{\begin{array}{c}\dfrac{z_1}{z_1'}\\[2mm]\dfrac{z_2}{z_2'}\\[2mm]\dfrac{z_3}{z_3'}\end{array}\right\}-\mathrm{II}-$$

这种变速机构变速方便(但不能在运转中变速),结构紧凑,传动效率高,机床中应用最广。

3. 离合器变速机构

如图 2-17(c)所示,固定在轴Ⅰ上的齿轮 z_1 和 z_2 分别与空套在轴Ⅱ上的齿轮 z_1'和 z_2'经常保持啮合。由于两对齿轮传动比不同,当轴Ⅰ转速一定时,齿轮 z_1'和 z_2'将以不同转速旋转,因而利用带有花键的牙嵌式离合器 M1 向左或向右移动,使齿轮 z_1'或 z_2'分别与轴Ⅱ连接,即轴Ⅱ就可获得两级不同的转速。

以传动链形式表示,可写成:

$$-\mathrm{I}-\left\{\begin{array}{c}\dfrac{z_1}{z_1'}\\[2ex]\dfrac{z_2}{z_2'}\end{array}\right\}-\mathrm{II}-$$

离合器变速机构变速方便,变速时齿轮不需移动,可采用斜齿轮传动,使传动平稳,齿轮尺寸大时操纵比较省力、可传递较大的转矩,传动比准确。但不能在运转中变速,各对齿轮经常处于啮合状态,故磨损较大,传动效率低。该机构多用于重型机床及采用斜齿轮传动的变速箱等。

目前机床变速箱是有级变速的主要装置。其变速机构由一些基本机构组成,虽然它的结构各有不同,但其基本原理是相同的。

2.4 普通车床传动系统分析

机床的传动系统分析通常要利用传动系统图。机床的传动系统图是表示机床全部运动关系的示意图。图 2-18 是 C6132 卧式车床的传动系统图。图中用简图符号代表各种传动件,各传动件按照运动传递的先后顺序,以展开图的形式画出来。传动系统图只能表示传动关系,并不代表各传动元件的实际尺寸和空间位置,通常在图中还须注明齿轮及蜗轮的齿数、带轮直径、丝杠的导程和线数、电动机的转速和功率、传动轴的编号等。传动轴的编号通常从动力源(如电动机)开始,按运动传递顺序,依次用罗马数字Ⅰ,Ⅱ,Ⅲ,…表示。字母 M 代表离合器。

根据传动系统图分析机床的传动关系时,首先应弄清楚机床有几个执行件,工作时有哪些运动,它的动力源是什么,然后按照运动的传递顺序,从动力源至执行件依次分析各传动轴间的传动结构与传动关系。分析传动结构时,应特别注意齿轮、离合器等传动件与传动轴的连接关系(如固定、空套或滑移),从而找出运动的传递关系,列出传动路线与运动平衡方程式等。

机床的传动系统是建立在具体的部件和机构之上,为了便于了解传动系统内部机构的组成和各机构间的传动联系,还采用传动框图来简化分析。图 2-19 是 C6132 普通车床的传动框图,图 2-19 可与图 2-18 对照运用。

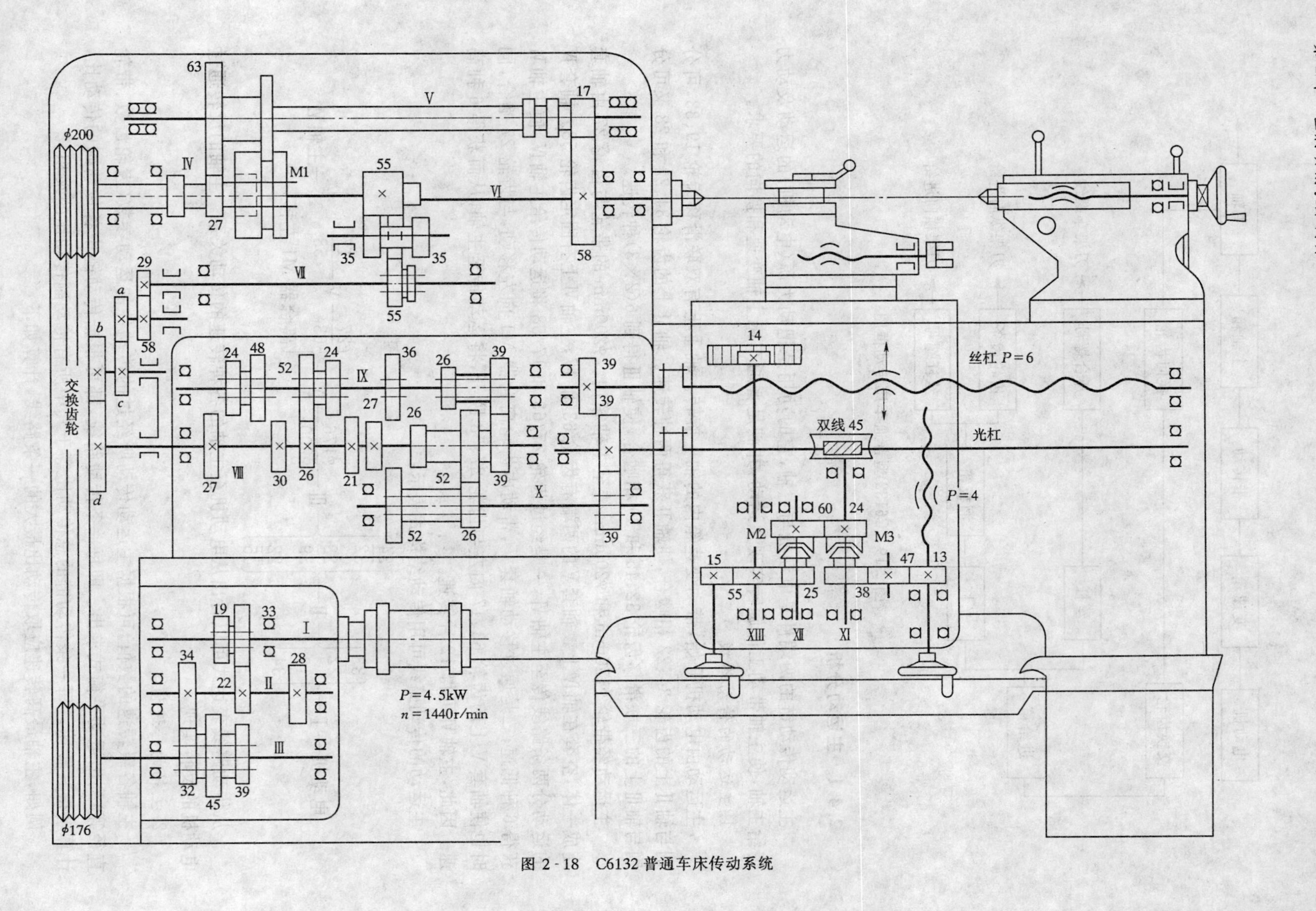

图 2-18　C6132 普通车床传动系统

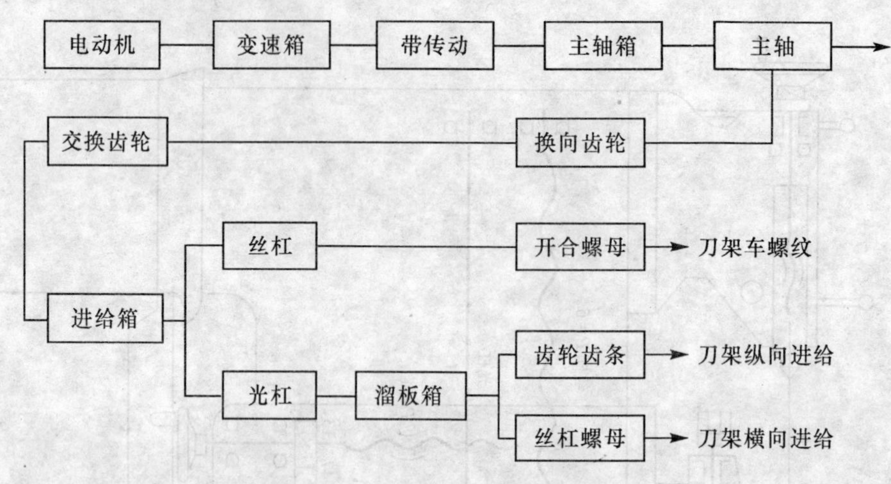

图 2-19 C6132 型普通车床传动框图

2.4.1 主运动分析

主运动传动链的两端件是电动机与主轴,它的功用是把动力源(电动机)的运动及动力传给主轴,使主轴带动工件旋转实现主运动,并满足普通车床主轴变速和换向的要求。

1. 主运动的传动路线

主运动由电动机开始,带动变速箱内的轴Ⅰ旋转。轴Ⅰ上有双联滑移齿轮 19、33,可分别与轴Ⅱ上的齿轮 34、22 相啮合,使轴Ⅱ获得两种转速。轴Ⅱ上的齿轮 34、22 和 28 又可分别与轴Ⅲ上的三联滑移齿轮 32、45 和 39 相啮合,使轴Ⅲ得到 6(2×3)种转速。

主运动经带轮 ϕ176mm 和 ϕ200mm 传至主轴箱内。ϕ200mm 的带轮与齿轮 27 由轴套连成一体,空套在轴Ⅳ上。轴套Ⅴ的两端有齿轮 63 和 17,主轴Ⅵ上有固定齿轮 58。轴套Ⅳ的运动分两条路线传至主轴Ⅵ,一是经过齿轮 27/63 和 17/58 将运动传给主轴Ⅳ,使主轴Ⅵ获得 6 种低速;二是通过移动轴套Ⅴ,带动内齿轮离合器 M1 向左移动,与齿轮 27 啮合,同时也使轴套Ⅴ上的齿轮 63、17 向左与齿轮 27、58 脱开,将运动传至主轴,从而获得 6 种高速。因此,主轴Ⅵ可得 12 种转速。

主运动的传动路线可用传动结构式表示:

$$\text{电动机}-\text{I}-\left\{\begin{matrix}\frac{33}{22}\\ \frac{19}{34}\end{matrix}\right\}-\text{II}-\left\{\begin{matrix}\frac{34}{32}\\ \frac{28}{39}\\ \frac{22}{45}\end{matrix}\right\}-\text{III}-\frac{\phi 176}{\phi 200}-\text{IV}-\left\{\begin{matrix}\frac{27}{63}-\text{V}-\frac{17}{58}\\ \text{离合器 M1 左移}\end{matrix}\right\}-\text{主轴VI}$$

从传动路线表达式可以看出从电动机至主轴的各种转速的传动关系。主轴的反转通过电动机的反转实现。

2. 主轴的转速值

主轴各级转速的数值,可根据主运动传动所经过的传动件的运动参数(齿轮齿数、带轮直径等)列出运动平衡式求出。即每一条传动路线,都可根据传动链中各传动副的传动比,计算求得其转速。每一条传动链的总传动比等于其中所有传动副传动比的乘积。

例如,主轴最高转速应取传动比最大的一条路线,计算如下:

$$n_{最高}=n_{电}\ i_{总最大}=1440\times\frac{33}{22}\times\frac{34}{32}\times\frac{176}{200}\times0.98\text{r/min}=1980\text{r/min}$$

同理主轴最低转速：

$$n_{最低}=n_{电}\ i_{总最小}=1440\times\frac{19}{34}\times\frac{22}{45}\times\frac{176}{200}\times0.98\times\frac{27}{63}\times\frac{17}{58}\text{r/min}=45\text{r/min}$$

上两式中，0.98 为胶带滑动系数。

2.4.2 进给运动分析

卧式车床的进给运动是从主轴开始，通过反向机构、挂轮、进给箱和溜板箱的传动机构，使刀架作纵向、横向或车螺纹进给。无论是一般车削还是螺纹车削都是以主轴(工件)每转一转，刀具移动的距离来计算的(mm/r)，所以在分析进给运动的传动链时是把主轴和刀架作为传动链的两端件。

运动由主轴经过反向机构(图 2-18 中的 55/55 或 55/35×35/55，该反向机构不论处于哪种啮合状态，速比均为 1，只是改变运动方向)传给轴Ⅶ，再经过挂轮箱的齿轮 29/58 和交换齿轮 a/b、c/d 将运动传至进给箱。

进给箱内的传动，是由轴Ⅷ通过齿轮 27/24、30/48、26/52、21/24 和 27/36 中的任意一对齿轮将运动传至轴Ⅸ获得 5 种不同的转速。再通过增倍机构的齿轮 26/52 或 39/39，以及齿轮 26/52 或 52/26 将运动传至轴Ⅹ，从而使轴Ⅹ获得 20 种不同的转速。移动轴Ⅹ上的齿轮 39 又可分别与丝杠或光杠上的齿轮 39 相啮合，从而使丝杠或光杠转动。

丝杠转动时，合上开合螺母，则可使溜板箱作纵向移动，以车削螺纹。

光杠转动时，运动经溜板箱内的蜗杆蜗轮 2/45 传至轴Ⅺ。当合上锥形离合器 M2 时，运动再经齿轮 24/60、25/55 传至轴ⅩⅢ。轴ⅩⅢ顶端有小齿轮 14，它与固定在床身上的齿条相啮合，小齿轮 14 转动时，带动溜板箱、床鞍及刀架作纵向进给运动。当合上锥形离合器 M3 时，运动由齿轮 38/47，47/13 传至横向丝杠，使横向丝杠转动，通过螺母带动刀架作横向进给运动，脱开离合器，纵向或横向进给可以手动。

进给运动的传动路线可用下面的传动结构式表示：

$$主轴Ⅵ—\left\{\begin{matrix}\frac{55}{55}\\ \frac{55}{35}\cdot\frac{35}{55}\end{matrix}\right\}—Ⅶ—\frac{29}{58}\frac{a}{b}\frac{c}{d}—Ⅷ—\left[\begin{matrix}\frac{27}{24}\\ \frac{30}{48}\\ \frac{26}{52}\\ \frac{21}{24}\\ \frac{27}{36}\end{matrix}\right]—Ⅸ—\left\{\begin{matrix}\frac{26}{52}\\ \frac{39}{39}\end{matrix}\right\}—\left\{\begin{matrix}\frac{26}{52}\\ \frac{52}{26}\end{matrix}\right\}—Ⅹ—$$

$$—\left\{\begin{matrix}\frac{39}{39}—丝杠螺母(车螺纹)\\ \frac{39}{39}—光杠—\frac{2}{25}—Ⅺ—\left\{\begin{matrix}\frac{24}{60}—Ⅻ—M2—\frac{25}{55}—ⅩⅢ—齿轮齿条(纵向进给)\\ M3—\frac{38}{47}\times\frac{47}{13}—横向进给丝杠螺母(横向进给)\end{matrix}\right.\end{matrix}\right.$$

在进给运动中,进给量或螺距也可根据各条传动路线上传动件的传动比来计算。实际上在一般车削和加工各种标准螺距的螺纹时,并不需要计算,只要从进给量及螺距的指示牌中,选出挂轮箱应配换的齿轮和调整进给箱上各操纵手柄的位置即可。

2.4.3 车床传动系统的组成

从 C 6132 型普通车床传动系统分析可看出,实现机床的主运动和进给运动,主要采用了以下传动机构和装置。

(1) 定比传动机构。具有固定传动比的传动副,用来实现降速、升速或运动连接。常用的传动副有带传动、齿轮传动、蜗杆蜗轮传动、齿轮齿条传动和丝杠螺母传动等。

(2) 变速机构。传递运动、动力以及变换机床运动速度的机构。为了能采用合理的切削速度和进给量,需要进行变速。本例采用的变速机构有滑移齿轮变速机构、离合器-齿轮变速机构、交换齿轮变速机构等。

(3) 换向机构。用来变换机床部件运动方向的机构,机床的主运动和进给运动传动部件依加工的不同需要都设有换向机构。随着机床类型、传动部件、换向频繁程度和电动机功率大小等不同,采用换向机构也不同,通常可直接利用电动机反转或利用齿轮换向机构等。

(4) 操纵机构。用来控制机床运动部件变速、换向、启动、停止、制动及调整的机构。该机构一般由以下三部分组成:操纵件,包括手柄、手轮、按钮等;机械传动装置,常用杠杆、凸轮、齿轮齿条等;执行件,如拔叉、滑块等。

(5) 箱体及其他装置。箱体用以支承和连接各机构,并保证它们相互位置的准确性。为了保证传动机构的正常工作,还设有开停装置、制动装置、润滑和密封装置等。

2.4.4 机械传动的特点

C6132 卧式车床采用了各种机械传动形式,机械传动与液压传动、电气传动相比较有其突出的特点,主要体现在以下方面:

(1) 传动准确,工作可靠;

(2) 实现回转运动的结构简单,能传递较大的扭矩,变速范围广;

(3) 故障容易发现,便于维修。

但是,机械传动有速度损失,传动不够平稳;传动元件制造精度不高时,振动和噪声较大;实现无级变速的机构较复杂,变速范围小,成本较高。所以机械传动主要用于速度不太快的有级变速传动中。

2.5 万能外圆磨床传动系统分析

万能外圆磨床的传动系统,是由两种性质的传动系统组合而成,即机械传动系统和液压传动系统。在其各种运动形式中,由液压传动的运动有:

(1) 工作台纵向往复移动;

(2) 砂轮架快速进退和周期径向自动切入;

(3) 尾座顶尖套筒缩回运动。

除此之外,其余的运动都是由机械传动来实现。例如,由机械传动的运动有:

(1) 外圆磨削时砂轮主轴的旋转运动；

(2) 内圆磨具砂轮主轴的旋转运动；

(3) 头架拨盘的旋转运动；

(4) 工作台的手动进给；

(5) 滑板及砂轮架横向进给的手动驱动。

2.5.1　外圆磨床液压传动系统

1.液压系统的工作原理

下面通过外圆磨床工作台纵向往复运动液压系统的工作原理，扼要地说明液压传动在磨床上的应用。

如图 2-20 所示，整个系统由液压泵、液压缸、安全阀、节流阀、换向阀、换向手柄等元件组成。工作时，由液压泵供给的高压油，经节流阀进入换向阀再输入液压缸的右腔，推动活塞连同工作台向左移动。液压缸左腔的油，经换向阀流入油箱。当工作台向左行至终点时，固定在工作台前侧的行程挡块 12，推动换向手柄、换向阀的活塞被拉至虚线位置，高压油则进入液压缸的左腔，使工作台向右运动。液压缸右腔的油也经换向阀流入油箱。工作台的运动速度是通过节流阀控制输入液压缸油的流量来调节。过量的油可经安全阀流回油箱。工作台的行程长度和位置可通过调整挡块之间的距离和位置来调节。

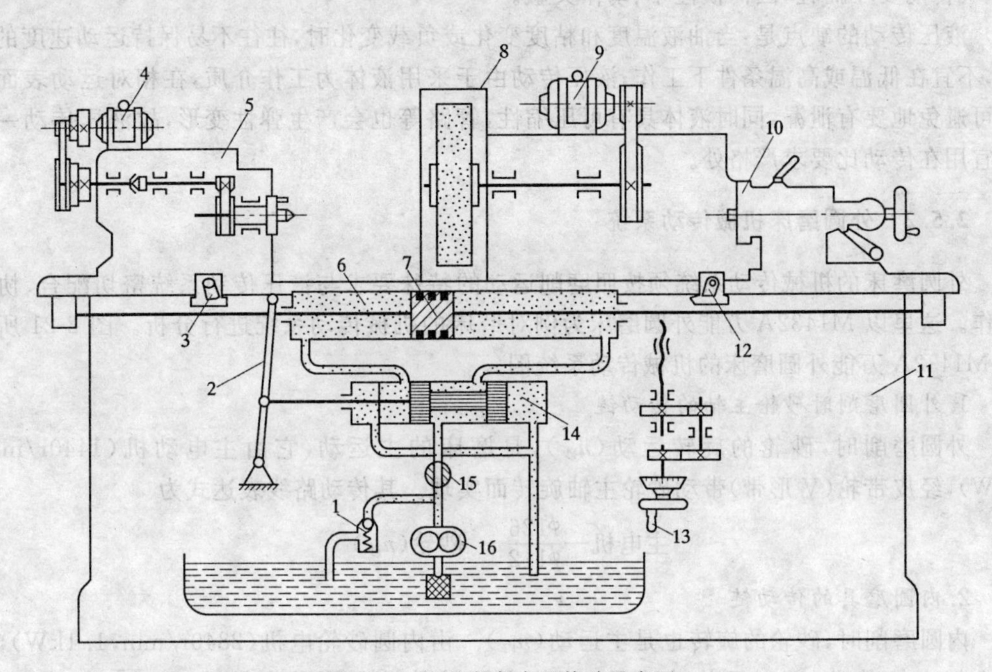

图 2-20　外圆磨床液压传动示意图

1—安全阀　2—换向手柄　3、12—挡块　4、9—电动机　5—头架　6—液压缸　7—活塞　8—砂轮架　10—尾座　11—床身　13—横向进给手柄　14—换向阀　15—节流阀　16—液压泵

2.机床液压传动系统的组成

机床液压传动系统主要由以下几部分组成：

(1) 动力元件——液压泵。它是将电动机输出的机械能转变为液压能的一种能量转换装置,是液压传动系统中的一个重要组成部分。

(2) 执行机构——液压缸。用于把液压泵输入的液体压力能转变为机械能的能量转换装置,是实现往复直线运动的一种执行件。

(3) 控制元件——各种阀类。其中节流阀控制油液的流量,换向阀控制油液的流动方向,溢流阀控制油液压力等。

(4) 辅助装置。包括油管、油箱、滤油器、压力表、冷却装置和密封装置等。其作用是创造必要的条件,以保证液压系统正常工作。

3. 液压传动的特点

液压传动与机械传动、电气传动相比较,有如下优点:

(1) 可无级变速。易于在较大范围内实现无级变速,可获得最佳速度,能在运转中变速。

(2) 传动平稳。由于以液体为工作介质,油液本身有吸振的能力,故传动平稳,便于频繁换向和自动防止过载。

(3) 操作简单。便于采用电液联合控制,操纵比较简单、省力,易于实现自动化。

(4) 寿命长。机件在油中工作,润滑好、寿命长。

(5) 体积小、质量轻。在相同输出功率的条件下,液压传动的体积和质量都比机械传动、气传动要小而轻,因而惯性小、动作灵敏。

液压传动的缺点是:当油液温度和粘度变化或负载变化时,往往不易保持运动速度的稳定,不宜在低温或高温条件下工作;液压传动由于采用液体为工作介质,在相对运动表面间不可避免地要有泄漏,同时液体具有可压缩性,管路等也会产生弹性变形,故液压传动一般不宜用在传动比要求严格处。

2.5.2 外圆磨床机械传动系统

外圆磨床的机械传动系统须按照磨削运动的特殊要求与液压传动系统密切配合、协同工作。这里以 M1432A 万能外圆磨床为例对磨床的机械传动系统进行分析。图 2-21 所示为 M1432A 万能外圆磨床的机械传动系统图。

1. 外圆磨削时砂轮主轴的传动链

外圆磨削时,砂轮的旋转运动($n_{砂}$),是磨床的主运动,它由主电动机(1440r/min,4kW),经皮带轮(V 形带)带动砂轮主轴旋转而实现。其传动路线表达式为

$$\text{主电机}-\frac{\phi126}{\phi112}-\text{砂轮}(n_{砂})$$

2. 内圆磨具的传动链

内圆磨削时,砂轮的旋转也是主运动($n_{内}$)。由内圆砂轮电机(2840r/min,1.1kW),经平皮带直接传动,通过更换皮带轮,可使内圆砂轮获得两种高转速,即 10000r/min 和 15000r/min。内圆磨床装在支架上,为了保证安全,内圆砂轮电机的启动与内圆磨具支架的位置有联锁作用。只有当支架翻到工作位置时电机才能启动。这时,外圆砂轮架快速进退手柄在原位自动锁住,不能快速移动。

3. 头架拨盘的传动链

拨盘的运动是由双速电机(700/1360r/min;0.55/1.1kW)驱动。经 V 带塔轮及两次 V

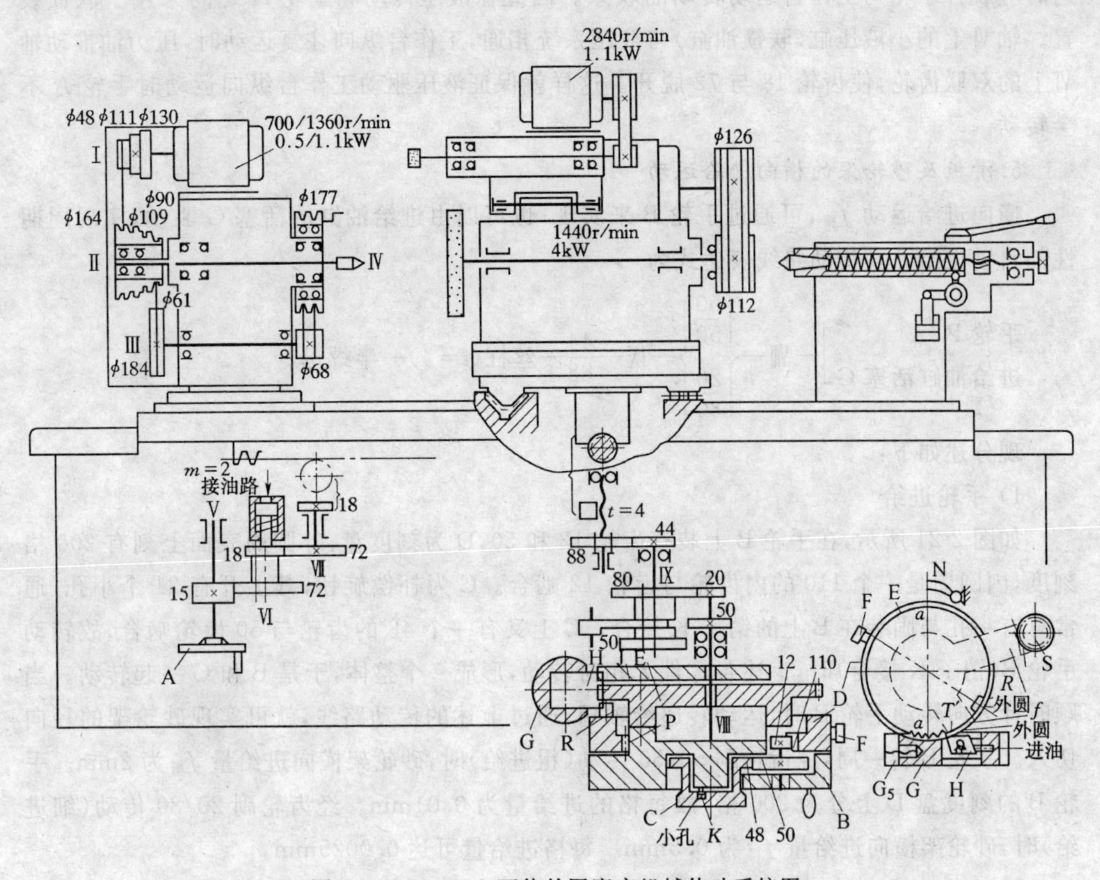

图2-21　M1432A万能外圆磨床机械传动系统图

带传动，使头架的拨盘（或卡盘）带动工件，实现圆周进给 f 周。其传动路线表达式为

$$\text{头架电机(双速)}-\text{Ⅰ}-\left\{\begin{array}{c}\frac{\phi130}{\phi90}\\ \frac{\phi111}{\phi109}\\ \frac{\phi48}{\phi164}\end{array}\right\}-\text{Ⅱ}-\frac{\phi61}{\phi184}-\text{Ⅲ}-\frac{\phi68}{\phi177}-\text{拨盘或卡盘}(f_{\text{周}})$$

因为此头架电机为双速，所以可使工件获得6种转速。

4. 工作台的手动驱动

在调整机床及磨削阶梯轴的台肩端面和倒角时，通常是用手轮驱动工作台，这样更为方便和安全。其传动路线表达式为

$$\text{手轮 A}-\text{Ⅴ}-\frac{15}{72}-\text{Ⅵ}-\frac{18}{72}-\text{Ⅶ}-\frac{18}{\text{齿条}}-\text{工作台纵向移动}(f_{\text{纵}})$$

手轮一转，工作台纵向移动量 f 为

$$f=1\times\frac{15}{72}\times\frac{18}{72}\times18\times2\times\pi(\text{mm})=5.89\text{mm}\approx6\text{mm}$$

$f_{\text{纵}}$ 由液压传动时，为了避免工作台纵向往复运动时带动手轮A快速转动碰伤操作者。

这时应脱开手轮与工作台运动转动的联系。因此在液压传动和手轮 A 之间采用了联锁装置。轴Ⅵ上的小液压缸(联锁油缸)与液压系统相通,工作台纵向往复运动时,压力油推动轴Ⅵ上的双联齿轮,使齿轮 18 与 72 脱开。这样就保证液压驱动工作台纵向运动时手轮 A 不会转动。

5. *滑板及砂轮架的横向进给运动*

横向进给运动 $f_{横}$,可通过手轮 B 来实现;也可以由进给油缸的活塞 G 驱动,实现周期性的自动进给。其传动路线表达式为

$$\left.\begin{matrix}\text{手轮 B}\\ \text{进给油缸活塞 G}\end{matrix}\right]—\text{Ⅷ}—\left\{\begin{matrix}\frac{50}{50}\\ \frac{20}{80}\end{matrix}\right\}—\text{Ⅸ}—\frac{44}{88}—\text{丝杠}(t=4)—\text{半螺母}$$

现分述如下:

1) 手轮进给

如图 2-21 所示,在手轮 B 上装有齿轮 12 和 50,D 为刻度盘,外圆周表面上刻有 200 格刻度,内圆周是一个 110 的内齿轮与齿轮 12 啮合。C 为补偿旋钮,其上开有 21 个小孔,通常总有一孔与固装在 B 上的销子 K 接合。C 上又有一个 48 的齿轮与 50 齿轮啮合,故转动手轮 B(销子 K 接合)时,上述各零件无相对转动,形成一个整体,于是 B 和 C 一起转动。当顺时针方向转动手轮 B 时,运动转递给轴Ⅷ,通过上述的传动路线,就可实现砂轮架的径向切入。手轮 B 转一周,经齿轮副 50/50 传动(粗进给)时,砂轮架横向进给量 $f_{横}$ 为 2mm。手轮 B 的刻度盘 D 上分为 200 格,故每格的进给量为 0.01mm。经齿轮副 20/80 传动(细进给)时,砂轮架横向进给量 $f_{横}$ 为 0.5mm。每格进给量可达 0.0025mm。

即:

$$\left\{\begin{matrix}\text{粗进给}\left\{\begin{matrix}\text{B 转一周 } f_{横}=2\text{ mm}\\ \text{B 转一格 } f_{横}=0.01\text{ mm}\end{matrix}\right.\\ \text{细进给}\left\{\begin{matrix}\text{B 转一周 } f_{横}=0.5\text{ mm}\\ \text{B 转一格 } f_{横}=0.0025\text{ mm}\end{matrix}\right.\end{matrix}\right.$$

在磨削一批工件时,为了简化操作及节省时间,通常在试磨第一个工件达到要求的直径尺寸精度后,调整刻度盘上挡块 F 的位置,使它在横进给磨削至所需直径时,正好与固定在床身前罩上的定位爪 N 相碰。因此,磨削后继工件时,只需摇动进给手轮,当挡块 F 碰在定位爪 N 上时,停止进给,就可达到所需要的磨削直径。应用这种方法,磨削过程中测量工件直径尺寸的次数可显著减少。

但是,当砂轮磨损或修整以后,砂轮本身外圆的尺寸会变小。而挡块 F 在原来位置上控制的工件直径就会变大。这时,必须重新调整挡块 F 的位置(使 F 与 N 远离)。调整是通过补偿旋钮 C 来实现的。因为 C 有 21 孔。D 有 200 格。所以 C 转过一个孔距,刻度盘 D 就转过一格。其运动平衡式为

$$\frac{1}{21}\times\frac{48}{50}\times\frac{12}{110}\times 200=1(\text{格})$$

因此,C 每转过 1 孔距,砂轮架的附加横向进给量为 0.01mm(粗进给)或 0.0025mm(细

进给)。

具体调整方法是:

拔出旋钮 C,使小孔与 B 上的销子 K 脱开;手轮 B 不动,顺时针方向转动旋钮 C,通过齿轮 48,50,12 和 110 使刻度盘 D(和挡块 F 一起)逆时针方向转动,使 F 离开 N。其刻度盘倒转的格数(角度),决定于砂轮直径减小而引起的工件径向尺寸的增大值。调整妥当后,将旋钮 C 推入手轮 B,使小孔和销子接合,使得 C,B,D 重新连成一体。

2) 液压周期自动进给

如图 2-21 所示,周期自动切入进给是由进给油缸的活塞 G 来驱动的。当工作台在行程末端换向时,压力油通入液压缸 G5 的右腔,推动活塞 G 左移,使棘爪 H 移动(H 活塞装在 G 上),从而使棘轮转 E 过一个角度,并带动手轮 B 转动(E 用螺钉固装在 B 上),这样就实现了自动进给(径向切入运动)。当 G5 右腔通回油时,弹簧将活塞推至右极限位置。

液压周期切入量的大小可以进行调整,调整的方法如下:

棘轮 F 上有 200 个棘齿,正好与刻度盘 D 上的刻度 200 格相对应。棘爪 H 每次最多可推过棘轮上 4 个棘齿,相当于刻度盘转过 4 个格。调整时,由一个手把转动齿轮 S,使空套的扇形齿轮板 J 转动,根据它的位置,就可控制棘爪 H 推过的棘齿数目。

当自动切入进给到达工件所要求的尺寸时(这时挡块碰在定位爪 N 上)刻度盘 D 上与 F 成 180 度安装的调整块 R 正好处于最下部位置,压下棘爪 H,使它无法与棘轮啮合(因为 R 的外圆比棘轮大),因此自动停止径向切入运动。

2.6　卧式镗床结构与传动系统分析

镗床可用来镗削圆柱孔,车削圆柱面及端面,圆周铣削和端铣,钻孔、锪孔和铰孔,切削内外螺纹以及加工轴线互相平行和垂直的各种孔。镗床主要分为卧式镗床、坐标镗床、金刚镗床等。这里对卧式镗床的主要结构及传动系统进行简要分析。

2.6.1　卧式镗床功用与结构组成

1. 卧式镗床的功用

卧式镗床因其工艺范围非常广泛而得到普遍应用。尤其适合大型、复杂的箱体类零件的孔加工,因为这些零件孔本身的精度、孔间距精度、孔的轴心线之间的同轴度、垂直度、平行度等都有严格要求,而在钻床上加工难以保证精度。卧式镗床除镗孔以外,还可车端面、铣平面、车外圆、车螺纹等,因此,一般情况下,零件可在一次安装中完成大部分甚至全部的加工工序。图 2-22 为卧式镗床主要加工方法。

2. 卧式镗床的结构组成

卧式镗床的结构外形如图 2-23 所示。它由床身 8、主轴箱 1、前立柱 2、后立柱 10、下滑座 7、上滑座 6 和工作台 5 等部件组成。主轴箱 1 可沿前立柱 2 的导轨上下移动。在主轴箱中,装有主轴部件、主运动和进给运动变速机构以及操纵机构。根据加工情况不同,刀具可以装在镗杆 3 上或平旋盘 4 上。加工时,镗杆 3 旋转完成主运动,并可沿轴向移动完成进给运动;平旋盘只能作旋转主运动。装在后立柱 10 上的后支架 9,用于支承悬伸长度较大的镗

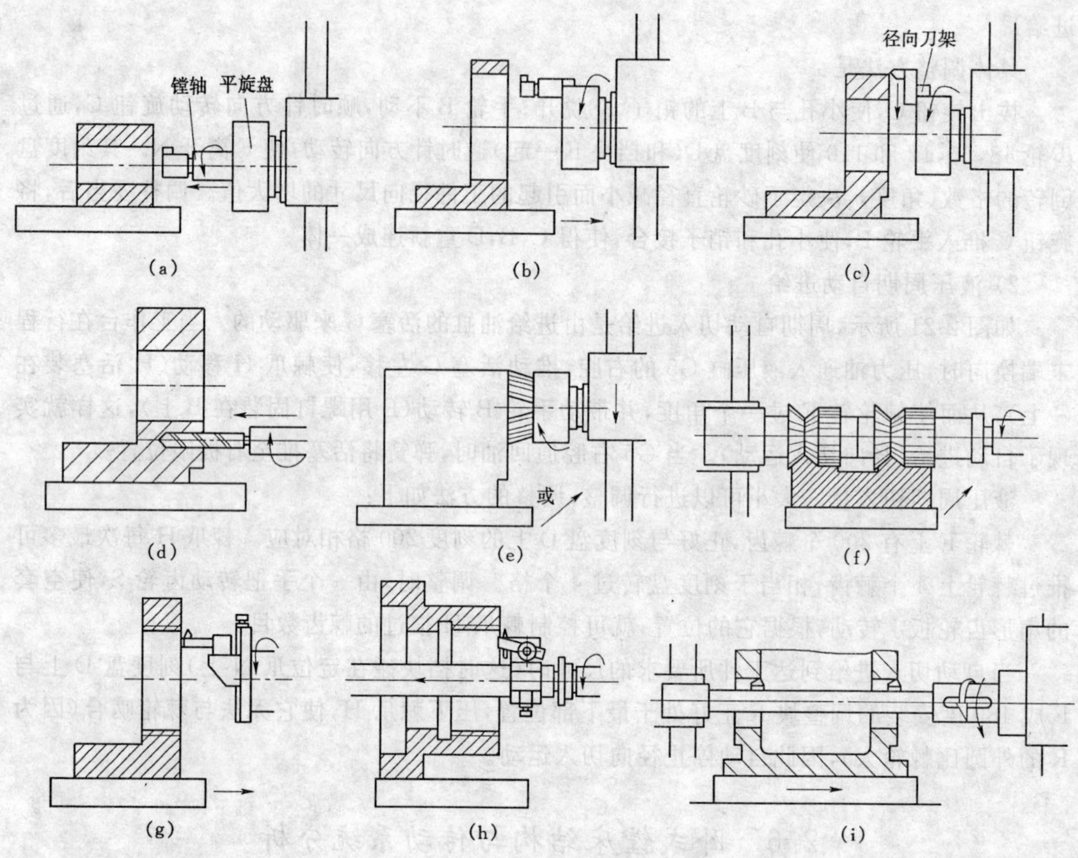

图 2-22　卧式镗床的主要加工方法

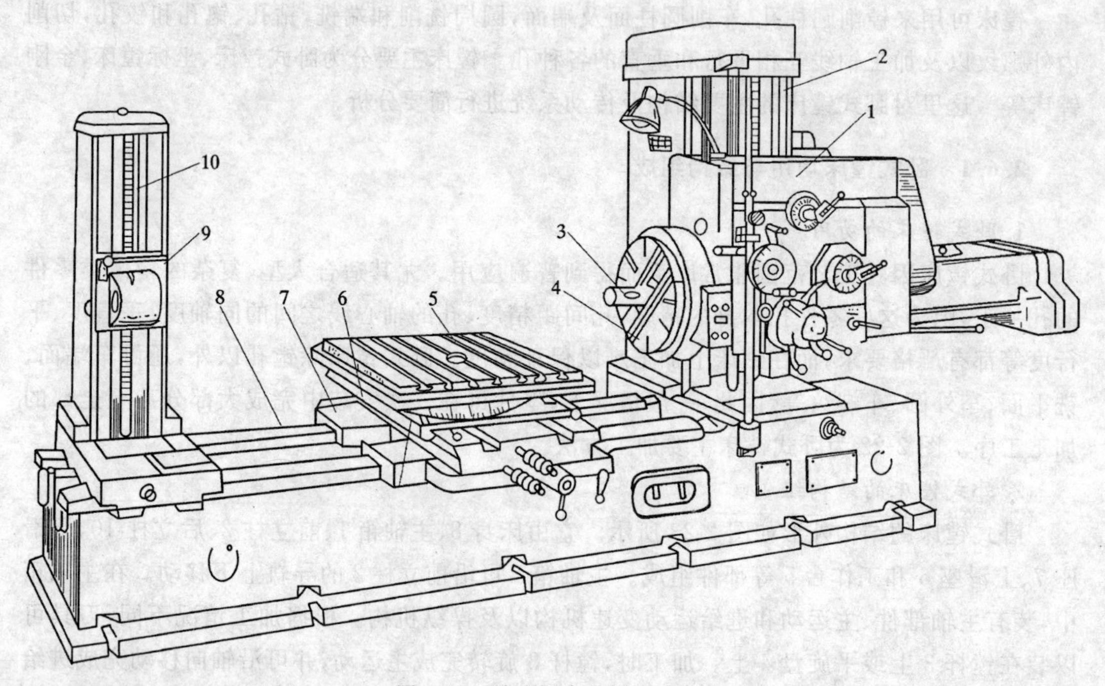

图 2-23　卧式镗床结构外形图

杆的悬伸端，以增加刚性。后支架可沿后立柱上的导轨与主轴箱同步升降，以保持其上的支承孔与镗轴在同一轴线上。后立柱可沿床身8的导轨左右移动，以适应镗杆不同长度的需要。工件安装在工作台5上，可与工作台一起随下滑座7或上滑座6作纵向或横向移动。工作台还可绕上滑座的圆导轨在水平平面内转位，以便加工互相成一定角度的平面或孔。当刀具装在平旋盘4的径向刀架上时，径向刀架可带着刀具作径向进给，以车削端面(见图2-22(c))。

综上所述，卧式镗床具有下列工作运动：

(1) 镗杆的旋转主运动；

(2) 平旋盘的旋转主运动；

(3) 镗杆的轴向进给运动；

(4) 主轴箱垂直进给运动；

(5) 工作台纵向进给运动；

(6) 工作台横向进给运动；

(7) 平旋盘径向刀架进给运动；

(8) 辅助运动：主轴箱、工作台在进给方向上的快速调位运动、后立柱纵向调位运动、后支架垂直调位运动、后工作台的转位运动。这些辅助运动由快速电机传动。

2.6.2 卧式镗床传动系统分析

图2-24所示为T68型卧式镗床的传动系统，图中标注齿轮号所对应的齿数参阅表2-5。

1. 机床主要技术性能

T68型卧式镗床的主要技术性能如下：

- 主轴直径 85mm
- 主轴最大行程 600mm
- 平旋盘径向刀架最大行程 170mm
- 主轴中心线到工作台面距离 30～800mm
- 工作台纵向最大行程 1140mm
- 工作台横向最大行程 850mm
- 工作台工作面面积 1000×800mm
- 主轴转速范围(18级) 20～1000r/min
- 平旋盘转速范围(14级) 10～200r/min
- 主轴每转主轴进给量范围(18级) 0.05～16mm
- 平旋盘每转径向刀架的进给量范围 0.025～8mm
- 主轴每转主轴箱和工作台的进给量范围(18级) 0.025～8mm
- 主电机功率 5.2/7kW
- 主电机转速 1440/2900r/min

以上各参数中主轴直径是主参数。

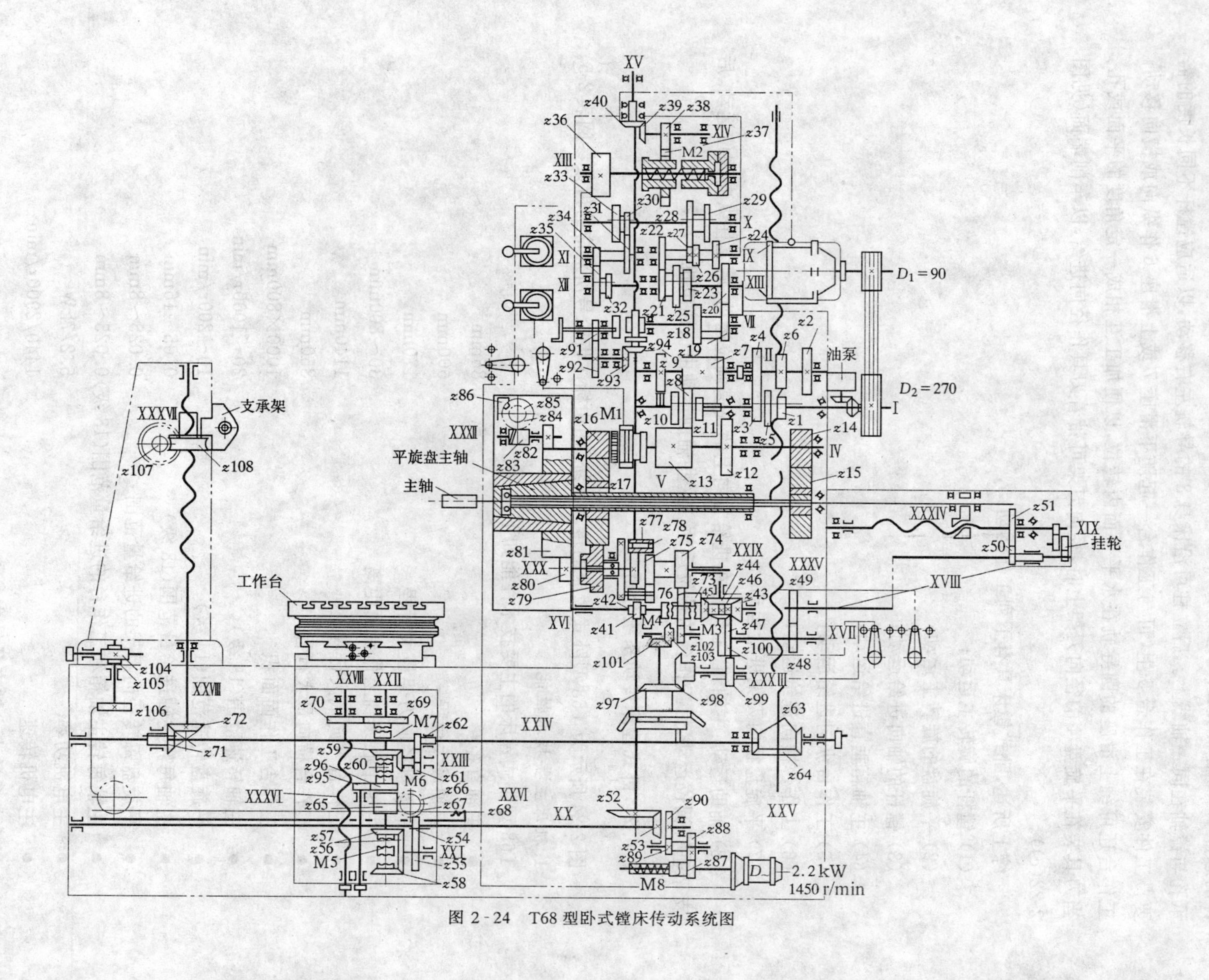

图 2-24 T68 型卧式镗床传动系统图

表 2-5　　**T68 型卧式镗床传动系统图对照表**

齿轮号	齿　数	齿轮号	齿　数	齿轮号	齿　数	齿轮号	齿　数
1	20	28	50	55	44	82	22
2	57	29	34	66	36	83	1
3	24	30	18	67	36	84	22
4	63	31	50	58	36	85	16
5	28	32	18	69	36	86	齿条
6	49	33	50	60	36	87	31
7	22	34	18	61	33	88	56
8	65	35	50	62	29	89	45
9	47	36	42	63	18	90	51
10	30	37	39	64	48	91	13
11	19	38	45	65	2	92	50
12	48	39	21	66	52	93	24
13	35	40	42	67	11	94	30
14	43	41	4	68	齿条	95	42
15	68	42	29	69	33	96	48
16	22	43	47	90	29	99	57
17	58	44	47	71	22	98	49
18	66	45	47	72	44	99	34
19	42	46	33	73	67	100	40
20	42	47	24	74	43	101	31
21	23	48	48	75	20	102	41
22	45	49	33	76	19	103	26
23	28	50	50	77	15	104	11
24	40	51	69	78	24	105	34
25	34	52	19	79	22	106	11
26	34	53	27	80	24	107	1
27	18	54	22	81	116	108	44

2. 主运动传动系统分析

主运动的传动路线表达式如下：

$$\text{双速电机}\left.\begin{matrix} n_1=1440\ \text{r/min} \\ n_2=2900\ \text{r/min}\end{matrix}\right\}-\frac{D_1}{D_2}-\text{I}-\left\{\begin{matrix}\frac{z1}{z2}\\ \frac{z5}{z6}\\ \frac{z3}{z4}\end{matrix}\right\}-\text{II}-\left\{\begin{matrix}\frac{z7}{z8}-\text{III}-\left\{\begin{matrix}\frac{z8}{z13}\\ \frac{z11}{z12}\end{matrix}\right\}\\ \frac{z9}{z10}-\text{III}-\frac{z8}{z13}\end{matrix}\right\}-\text{IV}-$$

$$-\left\{\begin{matrix}\frac{z14}{z15}-\text{主轴}\\ (\text{离合器 M1 接上})\frac{z16}{z17}-\text{平旋盘}\end{matrix}\right.$$

主轴与平旋盘的转速应该都是 18 种,但对于平旋盘来说,最高的四种转速过高,不能用,实际能用的转速为 14 种。

3. 进给运动传动系统分析

进给运动是从主轴Ⅴ上的齿轮 $z15$ 或平旋盘主轴Ⅵ上的齿轮 $z17$ 传出,其传动路线表达式如下:

$$\left.\begin{matrix}\mathrm{V}-\dfrac{z15}{z14}\\ \mathrm{VI}-\dfrac{z17}{z16}\end{matrix}\right]-\mathrm{IV}-\frac{z13}{z18}-\mathrm{VII}-\frac{z19}{z20}-\mathrm{VIII}-\begin{Bmatrix}\dfrac{z21}{z22}\\ \dfrac{z25}{z26}\\ \dfrac{z23}{z24}\end{Bmatrix}-\mathrm{IX}-\begin{Bmatrix}\dfrac{z27}{z28}\\ \dfrac{z26}{z29}\end{Bmatrix}-\mathrm{X}-\begin{Bmatrix}\dfrac{z33}{z34}\\ \dfrac{z30}{z31}\end{Bmatrix}-$$

$$-\mathrm{XI}-\begin{Bmatrix}\dfrac{z34}{z35}\\ \dfrac{z31}{z32}\end{Bmatrix}-\mathrm{XII}-\frac{z35}{z36}-\mathrm{XIII}-\mathrm{M2}-\frac{z37}{z38}-\mathrm{XIV}-\frac{z39}{z40}-\mathrm{XV}$$

进给变速机构应能得到 24 种进给量,其中 6 种是重复的,实际有用的只有 18 种。离合器 M2 用以接合或脱开进给。

从立光杠ⅩⅤ以后,进给运动按下列路线分配。

1) 主轴的轴向进给

其传动路线如下:

$$\mathrm{XV}-\frac{z41}{z42}-\text{锥齿轮还向机构 } z43\text{、}z44\text{、}z45 \text{ 和离合器 M3}-\frac{z46}{z47}-\mathrm{XVII}-\frac{z48}{z49}-$$

$$-\mathrm{XVIII}-\frac{z50}{z51}(\text{或挂轮架})-\mathrm{XIX}-\text{螺母}$$

轴ⅩⅧ与轴ⅩⅨ之间是挂轮架,可以配交换齿轮以切削螺纹。这时使 $z50$ 与 $z51$ 脱离啮合。

2) 工作台进给

其传动路线如下:

$$\mathrm{XV}-\frac{z52}{z53}-\mathrm{XX}-\frac{z54}{z55}-\mathrm{XXI}-\frac{z56}{z57}(\text{M5 同 } z57 \text{ 或 } z58 \text{ 接上})-$$

$$-\left[\begin{matrix}-(\text{M6 同 } z65 \text{ 接上})-\mathrm{XXII}-\dfrac{z65}{z66}\times\dfrac{z67}{z68}(z68 \text{ 为齿条})-\text{纵向进给}\\ -(\text{M6 居中同 } z59\text{、}z65 \text{ 脱离,M7 同 } z69 \text{ 接上})-\dfrac{z69}{z70}-\mathrm{XXVII}-\text{横向进给}\end{matrix}\right.$$

3) 镗头和后立柱支承架的升降

其传动路线如下:

$$\mathrm{XXII}-(\text{M6 同 } z59 \text{ 接上})-\frac{z59}{z60}-\mathrm{XXIII}-\frac{z61}{z62}-\mathrm{XXIV}-$$

$$-\left[\begin{matrix}-\dfrac{z63}{z64}-\mathrm{XXV}-\text{镗头箱升降}\\ -\dfrac{z71}{z72}-\mathrm{XXVIII}-\text{后立柱支撑架升降}\end{matrix}\right.$$

4) 平旋盘刀架的横向进给

当用平旋盘车削端面时，刀架在旋转的平旋盘上作径向进给。这时进给运动不能直接传给刀架，必须通过差动机构。

进给运动经离合器 M4，齿轮付 $z73/z74$ 传至轴 XXIX，然后经圆柱齿轮差动机构传至平旋盘径向刀架。这部分传动的放大图见图 2-25。

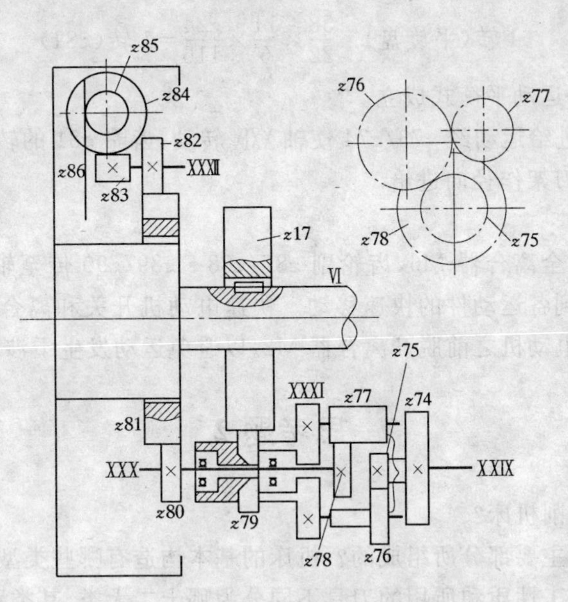

图 2-25　平旋盘径向刀架及差动机构

主运动经齿轮 $z17$ 传动平旋盘主轴，使平旋盘回转。齿圈 $z81$ 空套在平旋盘上。经齿轮 $z82$、蜗杆蜗轮付 $z83/z84$ 小齿轮 $z85$，径向刀架上的齿条 $z86$ 使径向刀架在平旋盘的径向导轨内作径向进给。如果齿圈 $z81$ 与平旋盘(同时也是与齿轮 $z17$)的转速和转向都相同，则齿轮 $z82$ 不会自转，平旋盘刀架就不作径向进给。如果齿圈 $z81$ 与平旋盘之间有相对转动，平旋盘刀架就能作径向进给。进给运动来自轴 XXIX。因此，当 $n_{XXIX}=0$ 时，差动机构应使 $n_{81}=n_{17}$(转速相等，方向相同)。当 $n_{XXIX}\neq 0$，则 $n81\neq n17$，$z82$ 就自转，平旋盘刀架就作径向进给。

平旋盘与齿圈 $z81$ 间的运动平衡式为：

$$1\text{转(平旋盘)}\times\frac{z17}{z79}\times i_{合}\times\frac{z80}{z81}=1\text{转}(z81)$$

式中：$i_{合}$——差动(合成)机构中心轮 $z78$(轴 XXX)与系杆间的传动比。根据行星轮系传动比的公式：

$$i_{合}=1-i'$$

式中：i'——当系杆不转时，行星轮系两中心轮之间的速比。

$$i'=(-1)^m\frac{z75}{z76}\times\frac{z76}{z77}\times\frac{z77}{z78}$$

式中：m ——两中心轮间外啮合传动齿轮的对数，本例中 $m=3$ 对。所以

$$i'=(-1)^3\times\frac{20}{19}\times\frac{19}{15}\times\frac{15}{24}=-\frac{5}{6}$$

负号表示 $z75$ 与 $z78$ 的旋转方向相反。因此,

$$i_{合}=1-\left(-\frac{5}{6}\right)=\frac{11}{6}$$

将 $i_{合}$ 之值代入运动平衡式,并把齿数代入,可得

$$1\text{转(平旋盘)}\times\frac{58}{22}\times\frac{11}{6}\times\frac{z24}{116}=1\text{转}(z81)$$

这就证明了这个运动平衡式成立。

当接合 M4 时,进给运动经 $z73/z74$ 使轴 XXIX 转动,齿圈 $z81$ 的转速就与平旋盘的转速不等,因而使平旋盘刀架作径向进给。

5) 快速移动

快速电动机经安全离合器 M6,齿轮副 $z87/z88 \cdot z89/z90$ 传至轴 XX。然后按上述路线分配到各处去,得到各运动件的快速移动。快速电动机开关和离合器 M2 用一个手柄操纵,保证在接合快移电动机之前脱开离合器 M2,以避免运动发生干涉。

思考题 2

1. 什么是金属切削机床?
2. 机床是由哪些主要部分所组成的?机床的基本构造有哪些类型?
3. 通用机床按加工性质和所用的刀具不同分为哪十二大类,其类别代号是什么?
4. 写出下列机床型号的含义:

   (1)CM1107A; (2)CA6140; (3)Y3150E; (4)MGB1432A; (5)C6132A;
   (6)C1312; (7)T4140; (8)L6120; (9)X5032; (10)DK7725
5. 简单定义下列概念:

   执行件; 动力源; 传动装置; 传动副; 进给量; 传动链
6. 试比较齿轮传动、蜗轮蜗杆传动以及丝杆螺母传动各有什么特点?画出这三种传动方式的简图。
7. 常用的有级变速机构有哪几种?试比较这几种有级变速机构列出其特点?
8. 什么是主运动的功用?以 C6132 型普通车床为例,试简述主运动的传动方式。
9. 什么是进给运动?以 C6132 型普通车床为例,试简述进给运动的传动方式。
10. 以 C 6132 型普通车床为例,试简述车床传动系统的组成。
11. 机械传动有哪些优缺点?
12. 万能外圆磨床的传动系统是由哪些传动系统组合而成?各自有什么样的特点?
13. 机床液压传动系统是由哪几部分组成?在系统中各起什么作用?
14. 以 M1432A 万能外圆磨床为例,分析其机械传动系统是由哪几部分组成?
15. 简述卧式镗床的功用以及结构的组成?
16. 试简述卧式镗床的主运动传动系统以及进给传动系统的工作过程?

第 3 章　常用金属切削加工

机械零件种类繁多,但其形状都是由一些基本表面组合而成。零件的最终成形,实际上是由一种表面形式向另一种表面形式的转化,包括不同表面的转化、不同尺寸的转化及不同精度的转化。转化过程的实现,主要依靠切削运动。不同切削运动(主运动和进给运动)的组合便形成了不同的切削加工方法,常用的切削加工方法有车削、钻削、镗削、刨削、铣削、磨削等。对某一表面的加工可采用多种方法,只有了解加工方法的特点和应用范围,才能合理选择加工方法,进而确定最佳加工方法。

3.1　车削加工

回转面是机械零件中应用最广泛的一种表面形式,而车削是加工回面的主要方法。因此车削在各种加工方法中占的比重最大。一般在机加工车间内,车床约占机床总数的 50%。

3.1.1　工件的安装

在车床上加工外圆面时,主要有以下几种安装方法:

1. 三爪卡盘安装

三爪卡盘上的卡爪是联动的,能以工件的外圆面自动定心,故安装工件一般不需找正。但由于卡盘的制造误差及使用后磨损的影响,定位精度一般为 0.01～0.1mm。三爪卡盘最适宜安装形状规则的圆柱形工件。三爪自定心卡盘如图 3-1 所示。

图 3-1　三爪自定心卡盘

2. 四爪卡盘安装

四个爪可以分别调整,故安装时需要花费较多的时间对工件进行找正。当使用百分表找正时,定位精度可达 0.005mm,此时的定位基准是安装找正的表面。四爪卡盘夹紧力大,适合于三爪卡盘不能安装的工件,如矩形的、不对称或较大的工件。四爪单动卡盘如图 3-2 所示。

3. 花盘安装

适用于外形复杂以不能使用卡盘安装的工件。如图 3-3 所示的弯管,需加工外圆面 A 及端面 B,要求端面 B 与端面 C 垂直。安装工件时,先将角铁用螺栓固装在花盘上,并校正角铁平面使其与主轴轴线平行,再将工件安装到角铁上,找正后用压板压紧。为使花盘转动平稳,在花盘上装有平衡用的配重块。

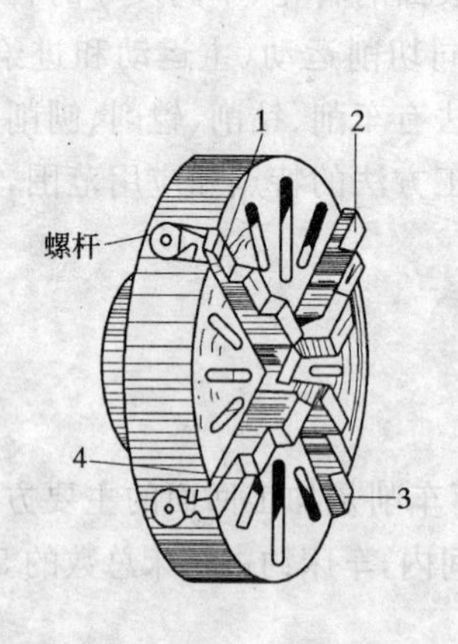

图 3-2 四爪单动卡盘

1、2、3、4—卡爪

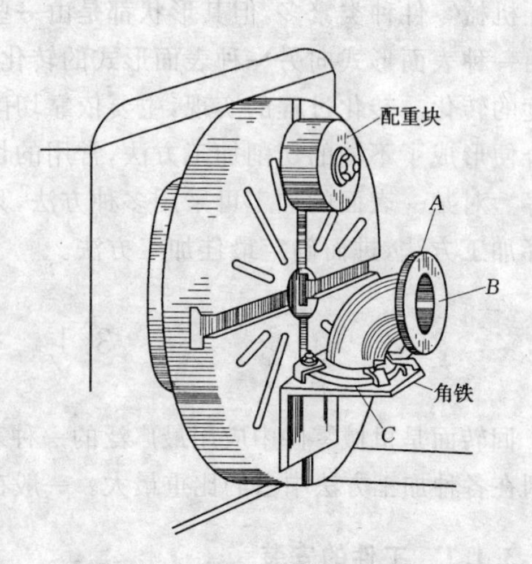

图 3-3 花盘安装

4. 在两顶尖间安装

用于长径比为 4～10 的轴类工件。

前顶尖(与主轴相连)可旋转,后顶尖(装在尾座上)不转,它们用于支承工件。拨盘和卡箍用以带动工件旋转。用顶尖安装时,工件两端面先用中心钻钻上中心孔,如图 3-4、图 3-5 所示。

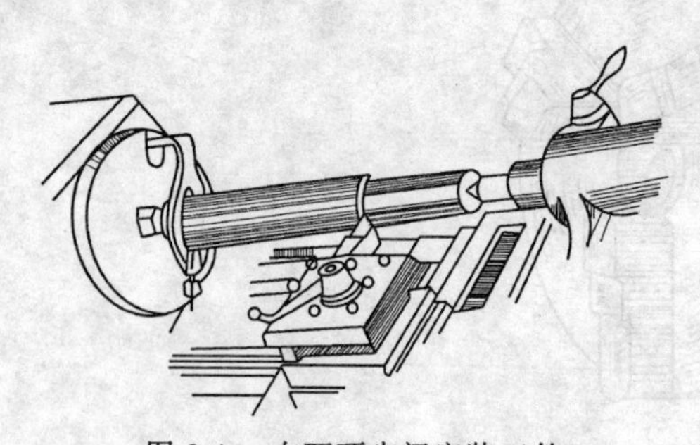

图 3-4 在两顶尖间安装工件

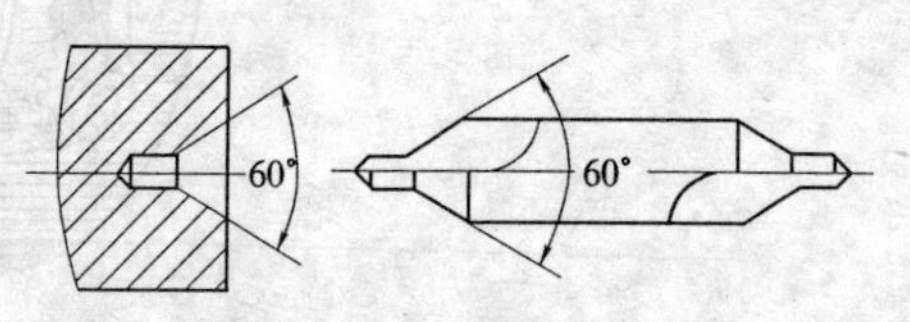

图 3-5 中心孔和中心钻

5. 心轴上安装

适用于已加工内孔的工件。利用内孔定位,安装在心轴上,然后再把心轴安装在车床前后顶尖之间。

图 3-6(a)所示为带锥度(一般为 1/1000～1/2000)的心轴,工件从小端压紧到心轴上,不需夹紧装置,定位精度较高。当工件内孔的长度与内径之比小于 1～1.5 时,由于孔短,套装在带锥度的心轴上容易歪斜,不能保证定位的可靠性,此时可采用圆柱面心轴,如图 3-6(b)所示,工件的左端靠紧在心轴的台阶上,用螺母压紧。这种心轴与工件内孔常用间隙配合,因此定位精度较差。

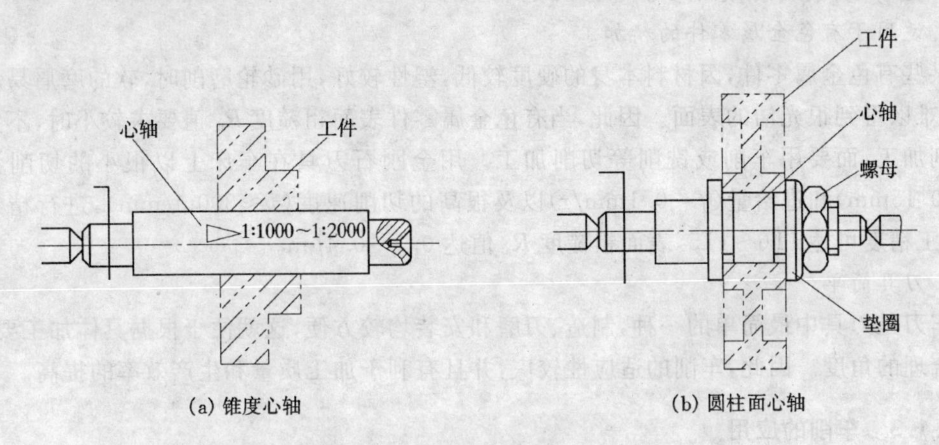

图 3-6　锥度心轴和圆柱面心轴

图 3-7 所示为可胀开心轴示意图。当拧紧螺杆时,便带动锥度套筒向左移动,使具有开口的弹性心轴胀开而夹紧工件。采用这种安装方式,装卸工件方便,可缩短夹紧时间,且不易损伤工件的被夹紧表面,但对工件的定位表面有一定的尺寸、形状精度和表面粗糙度要求。在成批、大量生产中,常用于加工小型零件。其定位精度与心轴制造质量有关,通常为 0.01～0.02mm。

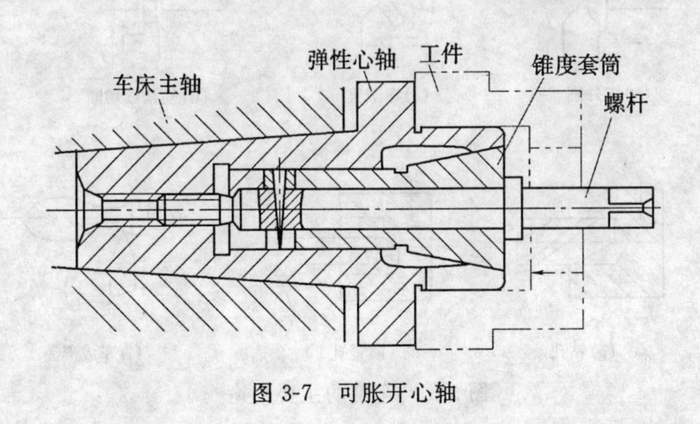

图 3-7　可胀开心轴

3.1.2　车削的工艺特点

1. 易于保证加工面间的位置精度

从工件安装方法可知,回转体工件各加工面具有同一回转轴线,因此一次装夹可车削出外圆面、内孔及端面，依靠机床的精度保证回转面间的同轴度及轴线与端面间的垂直度。另外，对于以中心孔定位的轴类零件，虽经多次装夹与调头，但所加工的表面其回转轴线始终是两中心孔的连线，因而能够保证相应表面间的位置精度。

2. 切削过程比较平稳

除了车削断续表面之外，一般情况下车削过程是连续进行的，不像铣削和刨削，在一次走刀过程中，刀齿有多次切入和切出，产生冲击。并且当刀具几何形状、切削深度 a_p 和进给量 f 一定时，切削层的截面尺寸 a_c 和 a_w 是不变的。

3. 适用于有色金属零件的精加工

某些有色金属零件，因材料本身的硬度较低，塑性较好，用砂轮磨削时，软的磨屑易堵塞砂轮，难以得到很光洁的表面。因此，当有色金属零件表面粗糙度 R_a 值要求较小时，不宜采用磨削加工，而要用车削或铣削等切削加工。用金刚石刀具在车床上以很小的切削深度(a_p<0.15mm)和进给量(f<0.1mm/r)以及很高的切削速度(v≈300m/min)，进行精细车削，加工精度可达IT6～IT5，表面粗糙度 R_a 值达0.1～0.4μm。

4. 刀具简单

车刀是刀具中最简单的一种，制造、刃磨和安装均较方便，这就便于根据具体加工要求，选用合理的角度。因此，车削的适应性较广，并且有利于加工质量和生产效率的提高。

3.1.3 车削的应用

车削常用于车外圆、车端面、车槽、切断及孔加工，还可用于车螺纹、车锥面及回转体成形面等，如图3-8所示。

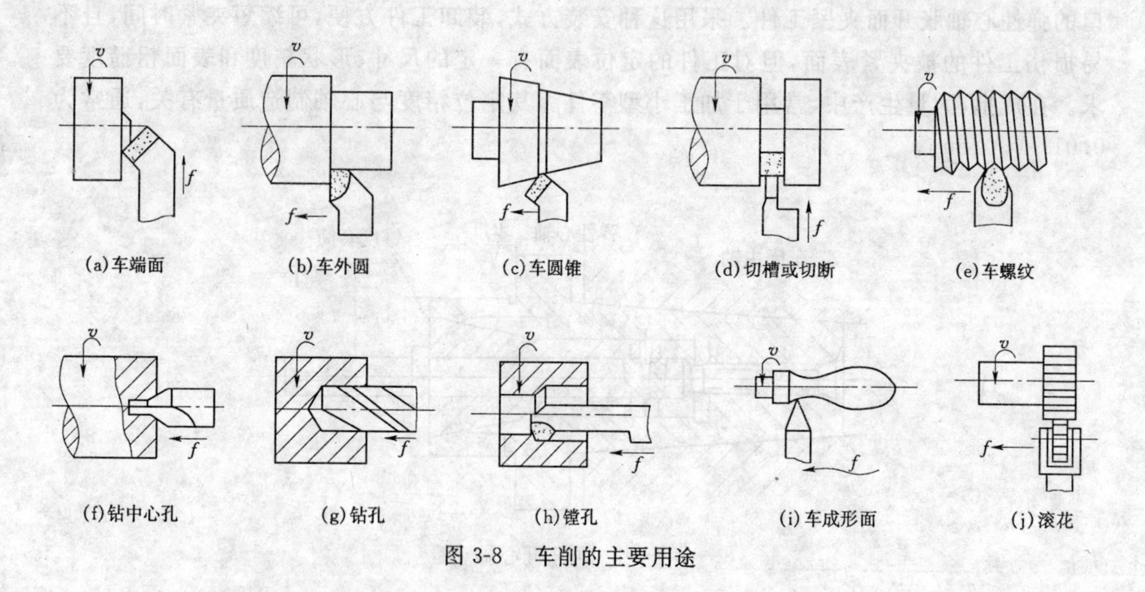

图3-8 车削的主要用途

车削一般用来加工单一轴线的零件，如直线和一般盘、套零件等。若改变工件的安装位置或将车床适当改装，还可以加工多轴线的零件(如曲轴、偏心轮等)或盘形凸轮。图3-9为车削曲轴和偏心轮工件安装的示意图。

单件小批生产中，各种轴、盘、套等零件，多选用适应性广的卧式车床或数控车床进行加

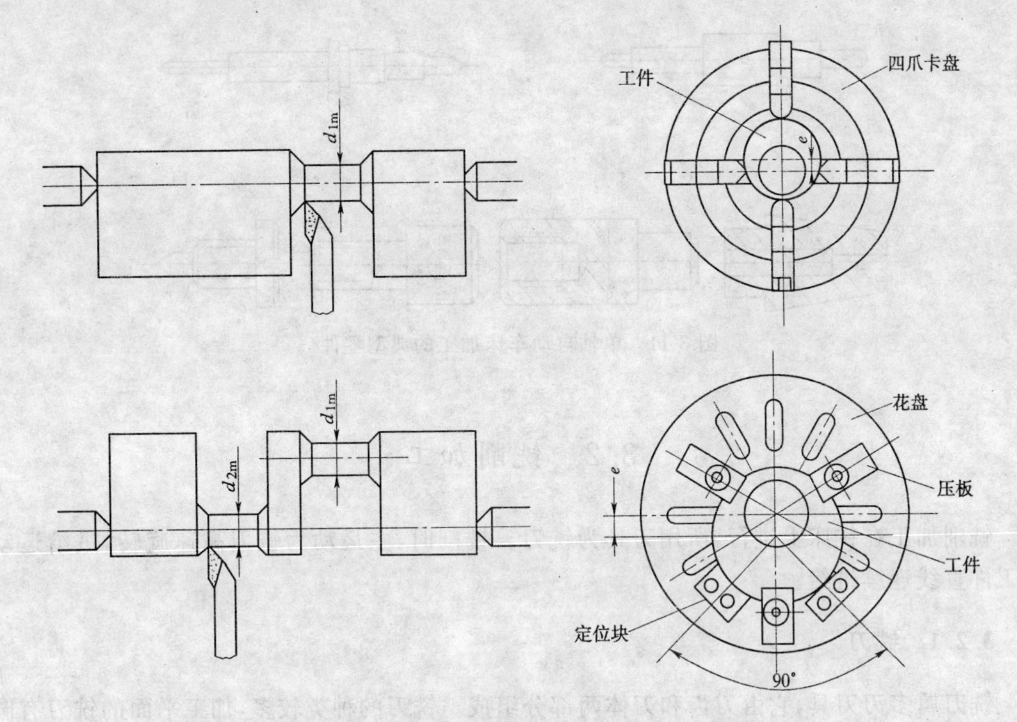

图 3-9　车削曲轴和偏心轮工件安装的示意图

工。对于直径大而长度短(长径比 $L/D\approx0.3\sim0.8$)的重型零件,多用立式车床加工。

成批生产外形较复杂,且具有内孔及螺纹的中小型轴、套类零配件,应选用转塔车床进行加工。图 3-10 所示为适于在转塔车床上加工的典型零件。

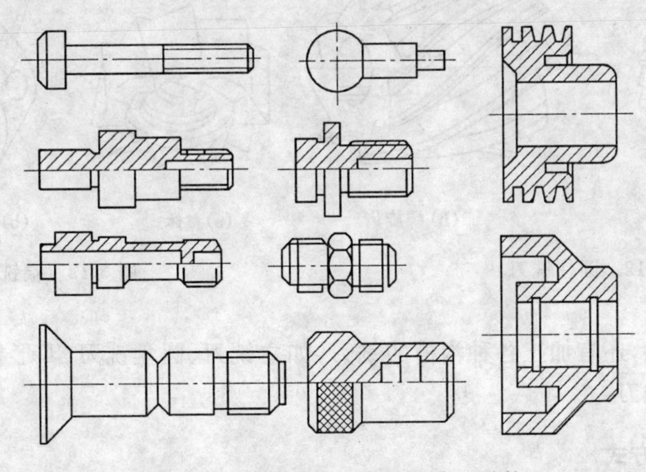

图 3-10　转塔车床上加工的典型零件

大批、大量生产形状不太复杂的小型零件(如螺钉、螺母、管接头、轴套类等),多选用半自动和自动车床进行加工。它的生产率很高但精度较低。图 3-11 所示为适于在单轴自动车床上加工的典型零件。

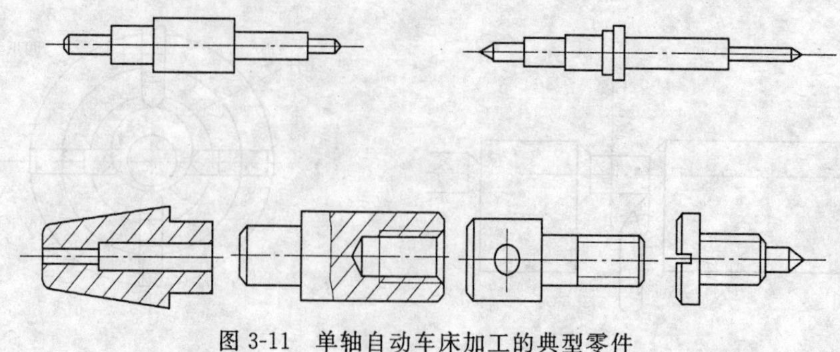

图 3-11　单轴自动车床加工的典型零件

3.2　铣削加工

铣削加工在铣床上进行,所用刀具为铣刀。铣削时,主运动为铣刀高速旋转,进给运动为工件直线连续进给。

3.2.1　铣刀

铣刀属多刃刀具,它由刀齿和刀体两部分组成。铣刀的种类较多,加工平面的铣刀有圆柱铣刀和端铣刀两种。刀齿分布在圆周上的铣刀为圆柱铣刀,又分为直齿和螺旋齿两种(见图 3-12),生产中广泛使用螺旋齿圆柱铣刀;刀齿分布在端面上的铣刀为端铣刀,又分为整体式和镶齿式两种(见图 3-13),镶齿式端铣刀刀盘上镶有硬质合金刀片,应用较为广泛。

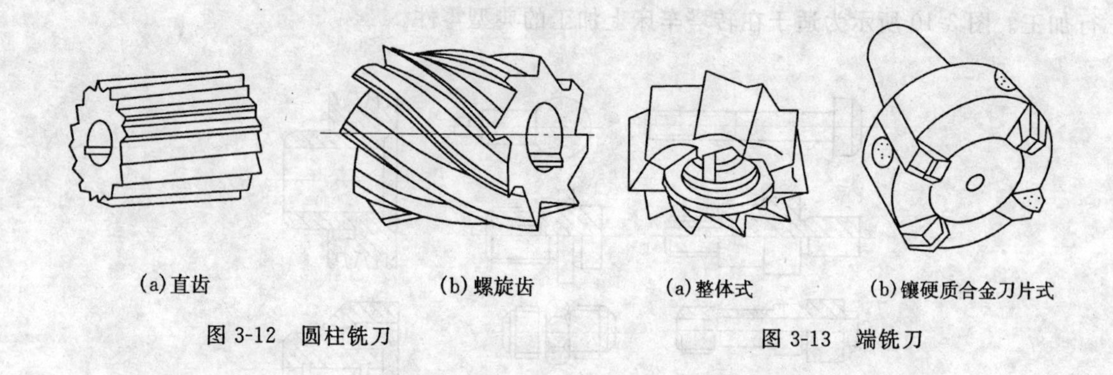

(a)直齿　　(b)螺旋齿

图 3-12　圆柱铣刀

(a)整体式　　(b)镶硬质合金刀片式

图 3-13　端铣刀

除平面铣刀外,还有加工各种沟槽的铣刀,如立铣刀、圆盘铣刀、T 形槽铣刀等,另外还有加工成形面的铣刀。

3.2.2　铣削方式

平面是铣削加工的主要表面之一。铣削平面的方式有周铣和端铣两种。

1. 周铣法

用圆柱铣刀铣削平面称为周铣。周铣有两种方式,如图 3-14 所示。

(1) 逆铣。铣刀旋转方向与工件进给方向相反。铣削时每齿切削厚度 a_c 从零逐渐到最大而后切出。

(2) 顺铣。铣刀旋转方向与工件进给方向相同。铣削时每齿切削厚度 a_c 从最大逐渐减小到零。

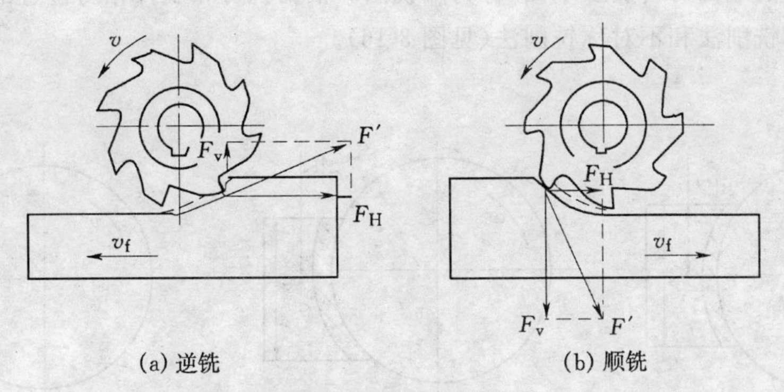

(a) 逆铣　(b) 顺铣

图 3-14　逆铣和顺铣

逆铣时，每个刀齿的切削厚度是从零增大到最大值。由于铣刀刃口处总有圆弧存在，而不是绝对尖锐的，所以在刀齿接触工件的初期，不能切入工件，而是在工件表面上挤压、滑行，使刀齿与工件之间的摩擦加大，加速刀具磨损，同时也使表面质量下降。顺铣时，每个刀齿的切削厚度是由最大减小到零，从而避免了上述缺点。

逆铣时，铣削力上抬工件，而顺铣时，铣削力将工件压向工作台，减少了工件振动的可能性，尤其铣削薄而长的工件时，更为有利。

由上述分析可知，从提高刀具耐用度和工件表面质量，以及增加工件夹持的稳定性等观点出发，一般以采用顺铣法为宜。但是，顺铣时忽大忽小的水平分力 F_H 与工件的进给方向是相同的，工作台进给丝杠与固定螺母之间一般都存在间隙(见图 3-15)，间隙在进给方向的前方。由于 F_H 的作用，就会使工件连同工作台和丝杠一起，向前窜动，造成进给量突然增大，甚至引起打刀。而逆铣时，水平分为 F_H 与进给方向相反，铣削过程中工作台丝杠始终压向螺母，不致因为间隙的存在而引起工件窜动。目前，一般铣床尚没有消除工件台丝杠与螺母之间间隙的机构，所以，在生产中仍多采用逆铣法。

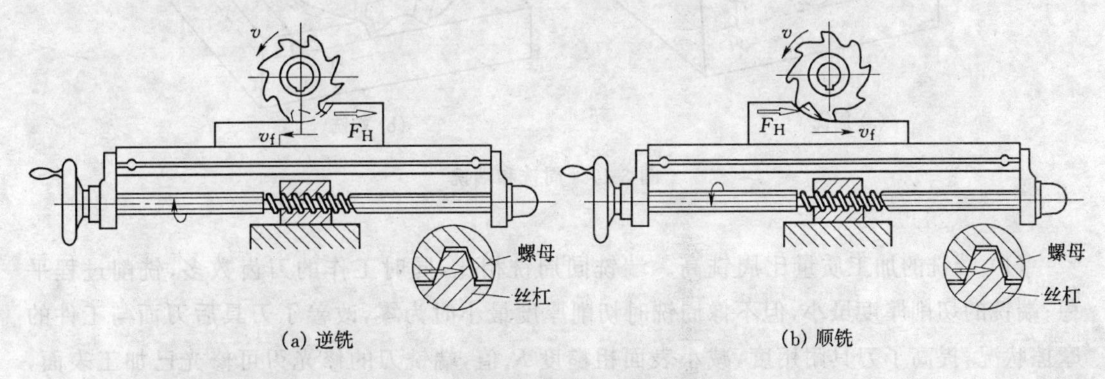

(a) 逆铣　(b) 顺铣

图 3-15　逆铣和顺铣时丝杠螺母间隙

另外,当铣削带有黑皮的表面时,例如铸件或锻件表面的粗加工,若用顺铣法,因刀齿首先接触黑皮,将加剧刀齿的磨损,所以也应采用逆铣法。

2. 端铣法

用端铣刀的端面刀齿加工平面,称为端铣法。根据铣刀和工件相对位置的不同,端铣法可以分为对称铣削法和不对称铣削法(见图 3-16)。

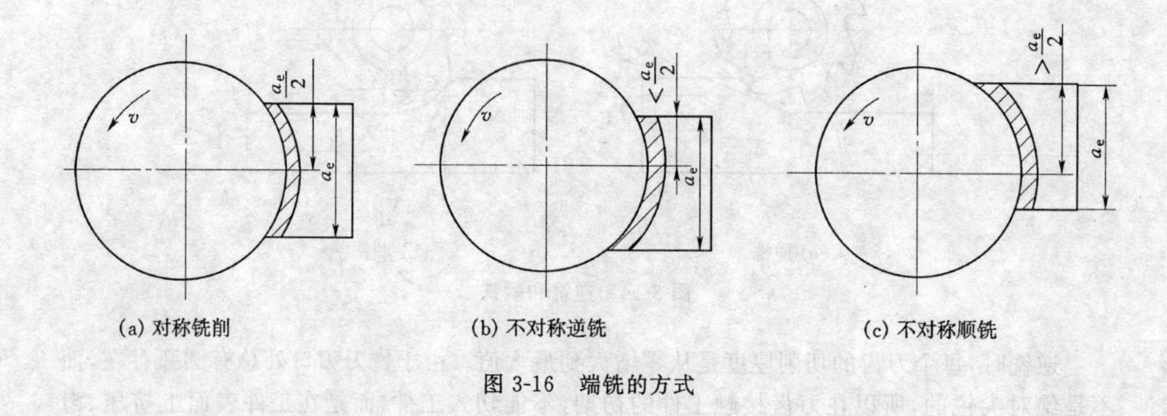

(a) 对称铣削 (b) 不对称逆铣 (c) 不对称顺铣

图 3-16 端铣的方式

端铣法可以通过调整铣刀和工件的相对位置,调节刀齿切入和切出时的切削厚度,从而达到改善铣削过程的目的。

3. 周铣法与端铣法的比较(见图 3-17)

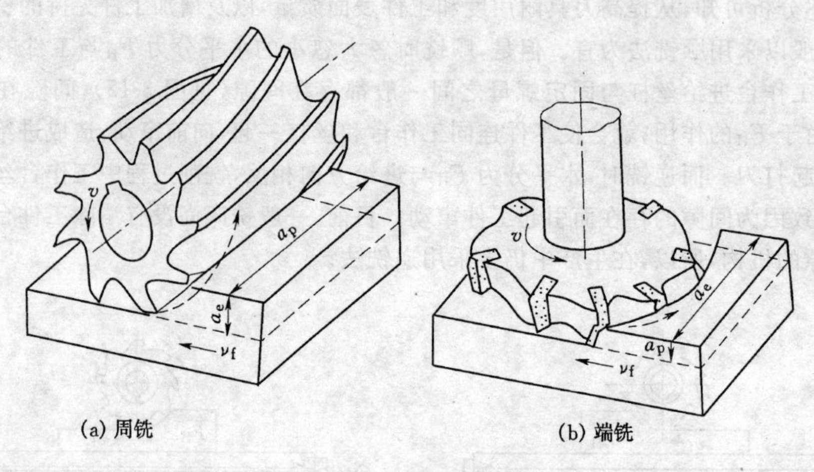

(a) 周铣 (b) 端铣

图 3-17 周铣和端铣

(1) 端铣的加工质量比周铣高。端铣同周铣相比,同时工作的刀齿数多,铣削过程平稳;端铣的切削厚度虽小,但不像周铣时切削厚度最小时为零,改善了刀具后刀面与工件的摩擦状况,提高了刀具耐用度,减小表面粗糙度 R_a 值,端铣刀的修光刃可修光已加工表面,使表面粗糙度 R_a 值减小。

(2) 端铣的生产率比周铣高。端铣的面铣刀直接安装在铣床主轴端部,刀具系统刚性好，同时刀齿可镶硬质合金刀片，易于采用大的切削用量进行强力切削和高速切削，使生产率得到提高，而且工件已加工表面质量也得到提高。

(3) 端铣的适应性比周铣差，端铣一般只用于铣平面，而周铣可采用多种形式的铣刀加工平面、沟槽和成形面等，因此周铣的适应性强，生产中仍常用。

3.2.3　铣削的工艺特点

1. 生产率高

铣削属多齿切削，没有空行程，可采用较高的切削速度，故生产率比刨削等方法高得多。

2. 切削过程不平稳

铣削是断续切削过程，刀齿切入切出时受到的机械冲击很大，易引起振动；铣削时总切削面部是一个变量，因而铣削力也不断变化，造成机床和刀具的振动。以上原因使铣削总处于不平稳的工作状态。

3. 刀齿冷却条件较好

由于刀齿间断切削，工作时间短，在空气中冷却时间长，故散热条件好。但是，切入和切出时热和力的冲击，将加速刀具磨损，甚至可能引起硬质合金刀片的碎裂。

3.2.4　铣削的应用

铣削的形式很多，铣刀的类型和形状更是多种多样，再加工附件“分度头”、“圆形工作台”等的应用，铣削加工范围较广。主要用来加工平面(包括水平面、垂直面和斜面)、沟槽、成形面和切断等。加工精度一般可达 IT8～IT7，表面粗糙度 R_a值为 1.6～6.3μm。

单件、小批生产中，加工小、中型工件。多用升降台式铣床(卧式和立式两种)。加工中、大型工件时，可以用工作台不升降式铣床，这类铣床与升降式铣床相近，只不过垂直方向的进给运动不是由工作台升降来实现，而是由装在立柱上的铣削头来完成。

龙门铣床的结构与龙门刨床相似，在立柱和横梁上装有 3 ～ 4 个铣头，适于加工大型工件或同时加工多个中小型工件。由于它的生产率较高，广泛应用于成批和大量生产中。

图 3-18 为铣削各种沟槽的示意图，直角沟槽可以在卧式铣床用三面刃盘形铣刀加工，也可以在立式铣床上用立铣刀铣削。角度沟槽用相应的角度铣刀在卧式铣床上加工。T 形槽和燕尾槽常用带柄的专用槽铣刀在立式铣床上铣削。在卧式铣床上，还可以用成形铣刀加工成形面和用锯片铣刀切断。

有些盘状成形零件，单件小批生产中，也可用立铣刀在立式铣床上加工。如图 3-19 所示，先在欲加工的工件上按所要的轮廓划线，然后根据所划的线，用手动进给进行铣削。

由几段圆弧和直线组成的曲线外形、圆弧外形或圆弧槽等，可以利用圆形工作台在立式铣床上加工，如图 3-20 所示。

在铣床上利用分度头，可以加工需要等分的工件，如铣削离合器和齿轮等。

在万能铣床(工作台能在水平面内转动一定角度)上，利用分度头及其工作台进给丝杠间的交换齿轮，可以加工螺旋槽，如图 3-21 所示。

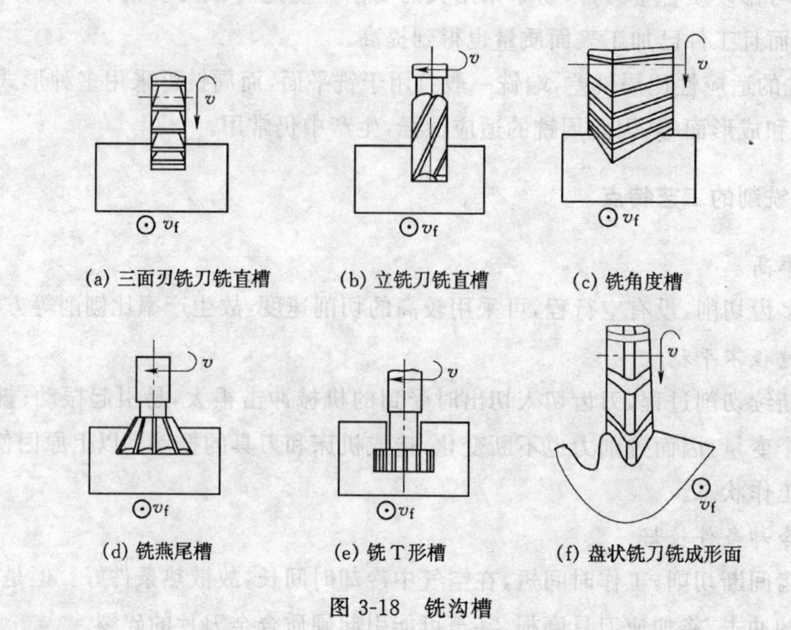

(a) 三面刃铣刀铣直槽 (b) 立铣刀铣直槽 (c) 铣角度槽

(d) 铣燕尾槽 (e) 铣 T 形槽 (f) 盘状铣刀铣成形面

图 3-18 铣沟槽

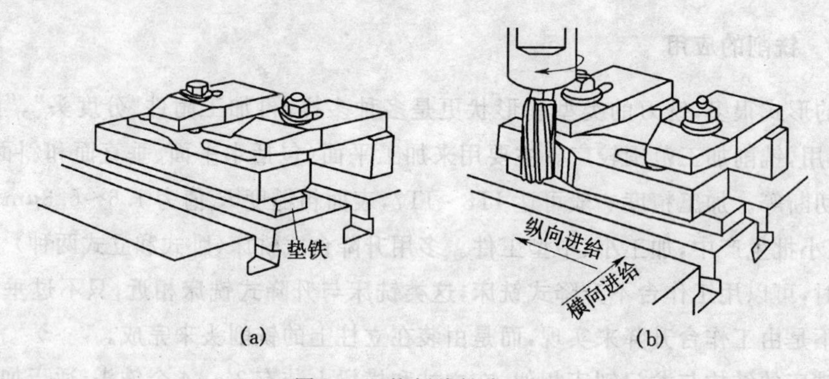

(a) (b)

图 3-19 按划线铣成形面

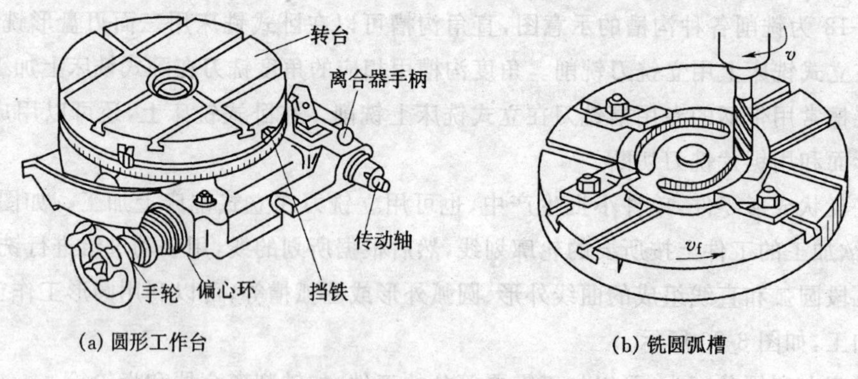

(a) 圆形工作台 (b) 铣圆弧槽

图 3-20 圆形工作台及其应用

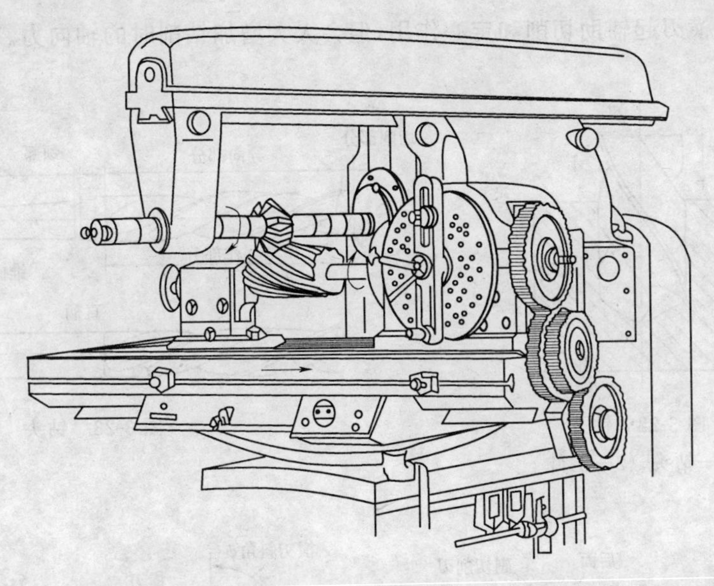

图 3-21　铣螺旋槽

3.3　钻削和镗削加工

在机械加工中，孔广泛存在于各类零件上，而且对孔的要求差异很大，如孔径、孔深、公差等级和表面粗糙度等。因此各种孔加工除了用车削加工方法外，还可以用钻削和镗削等加工方法。

3.3.1　钻削加工

钻削加工孔时常用的钻床有台式钻床、立式钻床和摇臂钻床等。台式钻床适宜加工小型零件上的孔，钻孔最大直径 13mm；立式钻床适应加工中小型零件上的孔，钻孔最大直径 50mm；摇臂钻床适应加工大型零件上的孔，钻孔最大直径 80mm。在钻床上能进行的工作有钻孔、扩孔、铰孔、攻丝、锪孔和锪凸台等。下面我们主要介绍钻孔、扩孔、铰孔。

3.3.2　钻孔

钻孔是用钻头在实体材料上加工孔的方法。在钻床上钻孔，工件固定不动，钻头既旋转做主运动，又同时向下轴向移动完成进给运动，如图 3-22 所示。

钻孔加工精度低，尺寸精度一般为 IT4～IT11，表面粗糙度值为 $R_a 50\mu m \sim 12.5\mu m$。

1. 钻头

钻头是最常用的孔加工刀具，由高速钢制成。其结构如图 3-23 所示，它由柄部和工作部件组成，柄部的作用是被夹持并传递扭矩，直径小于 12mm 的做成直柄；大于 12mm 的做成锥柄。工作部分由导向部分和切削部分组成，导向部分包括两条对称的螺旋槽和较窄的刃带（见图 3-24），螺旋槽的作用是形成切削刃和排屑；刃带与工件孔壁接触，起导向和减少钻头与孔壁摩擦的作用。切削部分有两个对称的切削刃和一个横刃，切削刃承担切削工作，其夹角为 118°;横刃起辅助切削和定心作用,但会大大增加钻削时的轴向力。

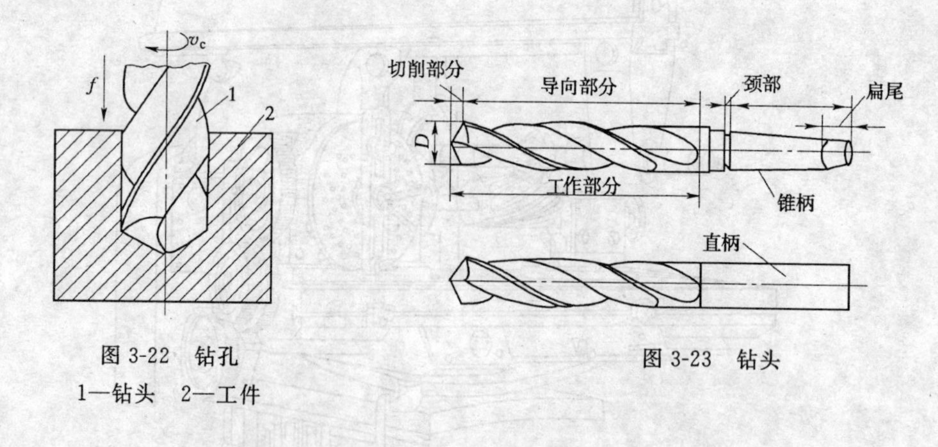

图 3-22 钻孔

1—钻头 2—工件

图 3-23 钻头

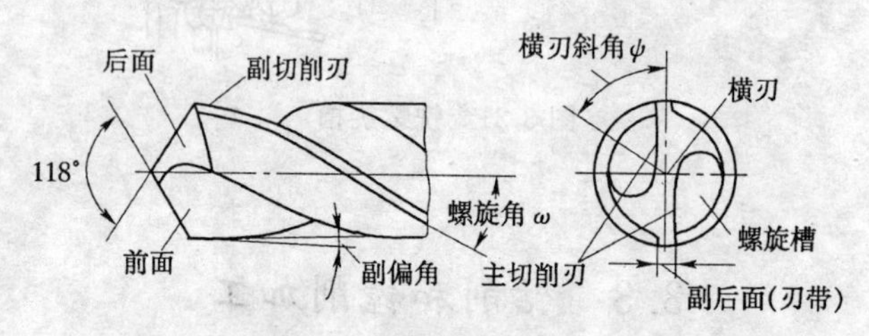

图 3-24 钻头的切削部分

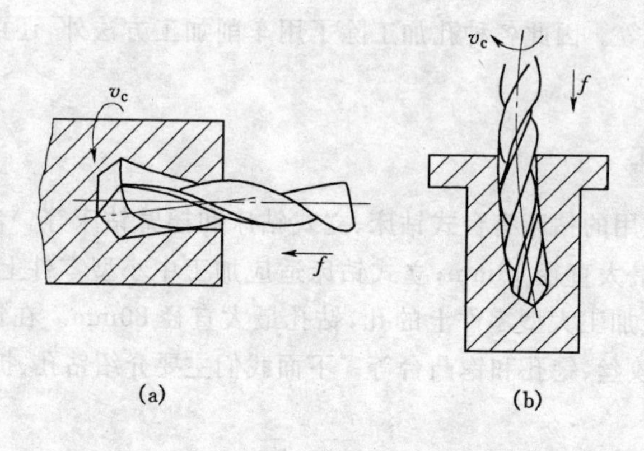

图 3-25 钻头引偏

2. 钻孔的工艺特点

钻孔与车削外圆相比,工作条件要困难得多。因为钻孔时,钻头工作部分大都处在已加工表面的包围中,因而引起一些特殊问题。例如,钻头的刚度和强度、容屑和排屑、导向和冷却润滑等。因此,其特点可概括如下:

1) 容易产生"引偏"

"引偏"是指加工时由于钻头弯曲而引起的孔径扩大、孔不圆(见图 3-25(a))或孔的轴线歪斜(见图 3-25(b))等。钻孔时产生"引偏",主要是因为:

(1) 麻花钻直径和长度受所加工孔的限制,一般呈细长状,刚性较差。为形成切削刃和容纳切屑，必须作出两条较深的螺旋槽，致使钻心变细，进一步削弱了钻头的刚性。

(2) 为减少导向部分与已加孔壁的摩擦，钻头仅有两条很窄的棱边与孔壁接触，接触刚度和导向作用也很差。

(3) 钻头横刃处的前角具有很大的负值，切削条件极差，实际上不是在切削，而是在挤刮金属，加工由钻头横刃产生的轴向力很大，稍有偏斜，将产生较大的附加力矩，使钻头弯曲。

(4) 钻头的两个主切削刃，很难磨得安全对称，加上工件材料的不均匀性，钻孔时的径向力不可能完全抵消。

因此，在钻削力的作用下，刚性很差且导向性不好的钻头，很容易弯曲，致使钻出的孔产生"引偏"，降低了孔的加工精度，甚至造成废品。在实际加工中，常采用如下措施来减少引偏：

(1) 预钻锥形定心坑(见图 3-26(a))。首先用小顶角($2\varphi=90°\sim100°$)大直径短麻花钻，预先钻一个锥形坑，然后再用所需的钻头钻孔。由于预钻时钻头刚性好，锥形坑不易偏，以后再用所需的钻头钻孔时，这个坑就可以起定心的作用。

(2) 用钻套为钻头导向(见图 3-26(b))，此可以减少钻孔开始时的"引偏"，特别是在斜面或曲面上钻孔时，更为必要。

(3) 刃磨时，尽量把钻头的两个主切削刃磨得对称一致，使两主切削刃的径向切削力互相抵消，从而减少钻头的"引偏"。

2) 排屑困难

钻孔时，由于切屑较宽，容屑槽尺寸又受到限制，因而在排屑过程中，往往与孔壁发生较大的摩擦，挤压、拉毛和刮伤已加工表面，降低表面质量。有时切屑可能阻塞在钻头的容屑槽里，卡死钻头，甚至将钻头扭断。为了改善排屑条件，钻钢料工件时，在钻头上修磨出分屑槽(见图 3-27)，将宽的切屑分成窄条，以利于排屑。当钻深孔($L/D<5\sim10$)时，应采用合适的深孔钻进行加工。

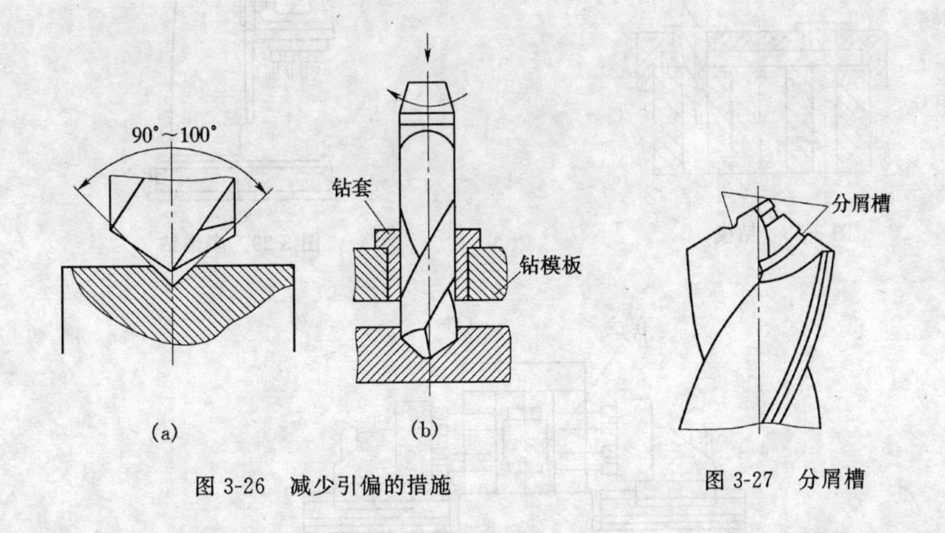

图 3-26　减少引偏的措施　　图 3-27　分屑槽

3) 切削热不易传散

由于钻削是一种半封闭式的切削，钻削时所产生的热量，虽然也由切屑、工件、刀具和周围介质传出，但它们之间的比例却和车削大不相同。例如，用标准麻花钻不加切削液钻钢料时，工件吸收的热量约占52.5%，钻头约占14.5%，切屑约占28%，而介质仅占5%左右。

钻削时，大量高温切屑不能及时排出，切削液难以注入切削区，切屑、刀具与工件之间的摩擦很大。因此，切削温度较高，致使刀具磨损加剧，这就限制了钻削用量和生产率的提高。

3. 钻削的应用

钻孔属于孔的粗加工，加工在精度IT10以下，表明粗糙度R_a值大于12.5μm。主要用于以下几类孔的加工：

(1) 精度和表面质量要求不高的孔，如螺栓联接孔、油孔等。

(2) 精度和表面质量要求较高的孔，或内表面形状特殊(如锥形、有沟槽等)的孔，需用钻孔作为预加工工序。

(3) 内螺纹攻螺纹前所需底孔。

单件、小批生产中，中小型工件上的小孔(一般$D<13$mm)，常用台式钻床加工；中小型工件上直径较大的孔(一般$D<50$ mm)，常用立式钻床加工；大中型工件上的孔，则应采用摇臂钻床加工；回转体工件上的孔，多在车床上加工。

在成批和大量生产中，为了保证加工精度、提高生产效率和降低加工成本，广泛使用钻模(见图3-28)、多轴钻(见图3-29)或组合机床(见图3-30)进行孔的加工。

精度高，粗糙度小的中小直径孔($D<50$ mm)，在钻削之后，常常需要采用扩孔和铰孔来进行半精加工和精加工。

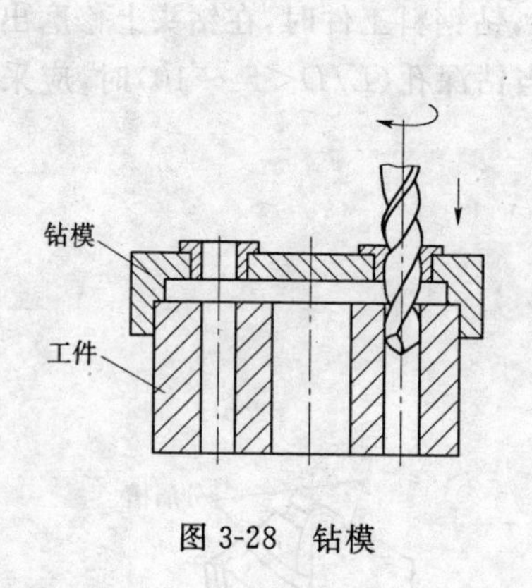

图3-28 钻模

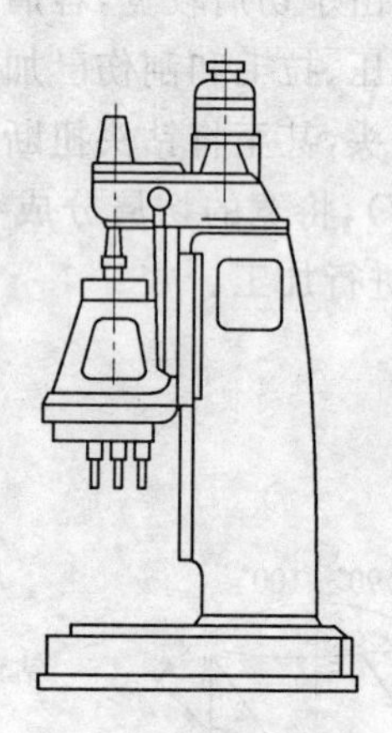

图3-29 多轴钻

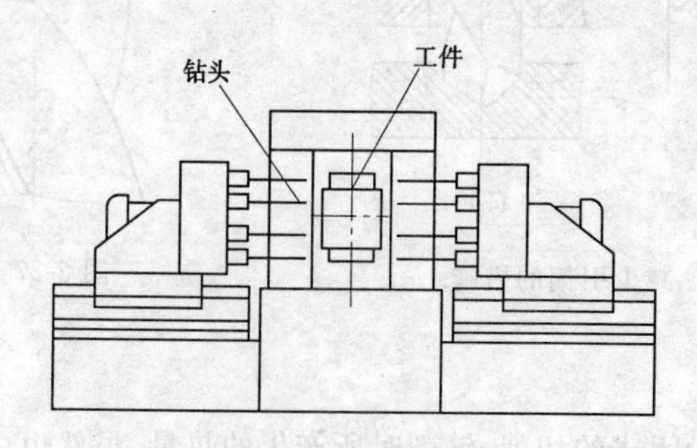

图3-30 组合机床

3.3.3　扩孔

扩孔是使已加工孔、铸孔或锻孔直径扩大的加工过程，如图 3-31 所示。单件小批生产可使用直径较大的麻花钻扩孔。但由于麻花钻刚度和强度较低，扩孔特别是扩铸孔或锻孔时，背吃量不均匀，切削刃负荷变化大，刀具磨损快，易卡死或折断钻头，因此批量生产常采用钻孔钻扩孔。

图 3-32 为扩孔钻的结构。与麻花钻相比扩孔钻有以下特点：

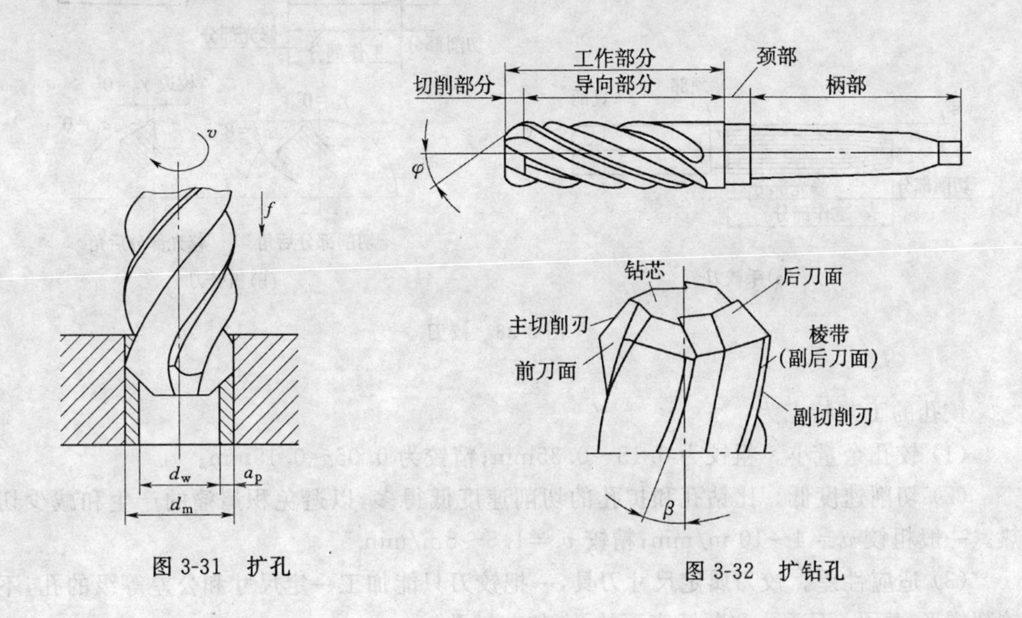

图 3-31　扩孔　　　　图 3-32　扩钻孔

1. 刚性较好

由于扩孔的吃刀量 a_p 小，切屑少，容屑槽可做得浅而窄，使钻芯比较粗大，增加了工作部件的刚性。

2. 导向性较好

由于容屑槽浅而窄，可在刀体上做出 3 ～ 4 个刀齿，这样一方面可提高生产率，同时也增加了刀齿的棱边数，从而增强了扩孔时刀具的导向及修光作用，切削比较平稳。

3. 切削条件较好

扩孔钻的切削刃不必自外缘延续到中心，避免了横刃和由横刃引起的不良影响。轴向力较小，可采用较大的进给量，生产率较高。此外，切屑少，排屑顺利，不易刮伤已加工表面。

由于上述原因，扩孔比钻孔的精度高，表面粗糙度 R_a 值小，且在一定程度上可校正原孔轴线的偏斜。扩孔常作为铰孔前的预加工，对于质量要求不太高的孔，扩孔也可作终加工。当孔的精度和表面粗糙度要求更高时，则要采用铰孔。

3.3.4　铰孔

铰孔是在扩孔或半精镗的基础上进行的，是应用较普遍的孔的精加工方法之一。铰孔的加工精度可达 IT8～IT6，表面粗糙度 R_a 值为 1.6～0.4μm。

铰孔所用的刀具是铰刀，铰刀可分为手铰刀和机铰刀。手铰刀(见图 3-33(a))用于手工铰孔，柄部为直柄；机铰刀(见图 3-33(b))多为锥柄，将在钻床上或车床上进行铰孔。

铰刀由工作部分、颈部、柄部组成。工作部分包括切削部分和修光部分。切削部分为锥形，担负主要切削工作。修光部分有窄的棱边和倒锥，以减小与孔壁的摩擦和减小孔径扩张，同时校正孔径、修光孔壁和导向。手用铰刀修光部分较长，以增强导向作用。

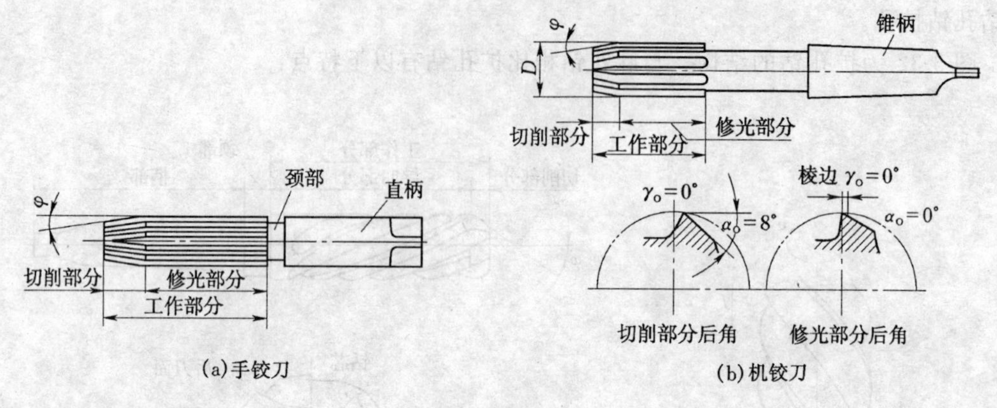

图 3-33 铰刀

铰孔的工艺特点为：

(1) 铰孔余量小。粗铰为 0.15～0.35mm；精铰为 0.05～0.15mm。

(2) 切削速度低。比钻孔和扩孔的切削速度低得多，以避免积屑瘤的产生和减少切削热。一般粗铰 $v_c=4\sim10$ m/min；精铰 $v_c=1.5\sim5$m/min.

(3) 适应性差。铰刀属定尺寸刀具，一把铰刀只能加工一定尺寸和公差等级的孔，不宜铰削梯形、短孔、不通孔和断续表面的孔(如花键孔)。

(4) 需施加切削液。为减少摩擦，利于排屑、散热，以保证加工质量，应加注切削液。一般铰钢件用乳化液；铰铸铁件用煤油。

麻花钻、扩孔钻和铰刀都是标准刀具，市场上比较容易买到。对于中等尺寸以下较精密的孔，在单件小批乃至大批大量生产中，钻—扩—铰都是经常采用的典型工艺。

钻、扩、铰只能保证孔本身的精度，而不易保证孔与孔之间的尺寸精度及位置精度。为了解决这一问题，可以利用夹具(如钻模)进行加工，或者采用镗孔。

3.3.5 镗孔(或在车床上车孔)

镗孔是用镗削方法扩大工件孔的方法，是常用的孔加工方法之一。对孔内环槽等内成形表面，直径较大的孔($D>80$ mm)，镗削是唯一适宜的加工方法。一般镗孔的尺寸公差等级为 IT8～IT7，表面粗糙度 R_a 值为 1.6～0.8μm；精细镗时，尺寸公差等级可达 IT7～IT6，表面粗糙度 R_a 值为 0.8～0.1μm。

镗孔多在车床或镗床上进行。

1. 在车床上车孔

回转体零件上的轴心孔适宜在车床上加工(图 3-34)。主运动和进给运动分别是工件的回转和车刀的移动。

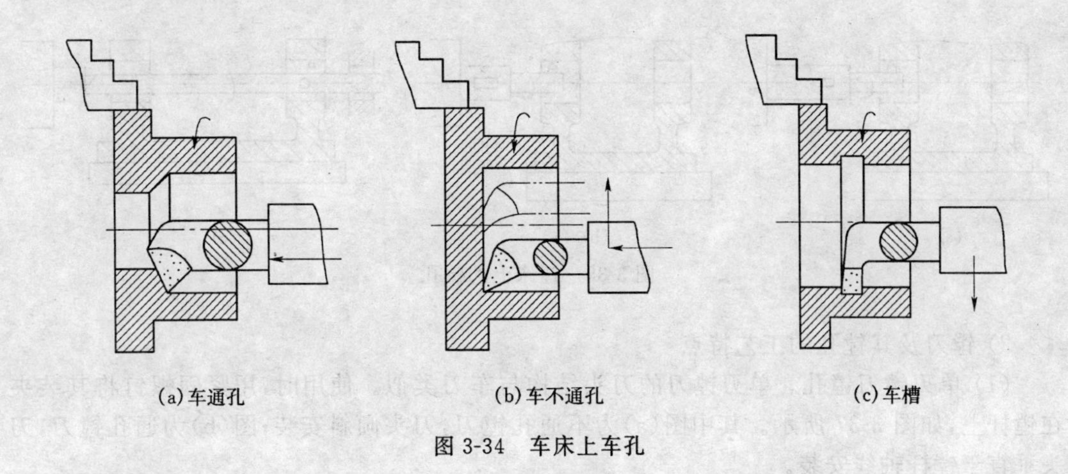

图 3-34　车床上车孔

2. 在镗床上镗孔

箱体类零件上的孔和孔系(有若干个相互间有平行度或垂直度要求的孔)适宜在镗床上加工。

1) 镗床

根据结构和用途不同,镗床分为卧式镗床、坐标镗床、立式镗床、精镗床等。应用最广的是卧式镗床,如图 3-35 所示。

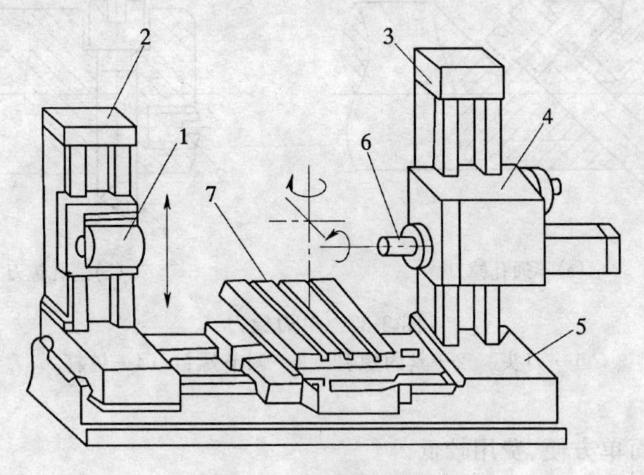

图 3-35　卧式镗床简图

1—尾座　2—后立柱　3—前立柱　4—主轴箱

5—床身　6—主轴　7—工作台

镗孔时,镗刀刀杆随主轴一起旋转,完成主运动;进给运动可由工作台带动工件纵向移动(见图 3-36 (a)),也可由主轴带动镗刀刀杆轴向移动(见图 3-36 (b))来实现。镗大而浅的孔时,可悬臂安装粗而短的镗杆(见图 3-36 (a)、(b));镗深孔或距主轴端面较远的孔时,不能悬臂安装镗杆,否则,会因镗杆过长刚性差,影响孔的加工精度。此时,应将镗杆的远端支承在镗床后立柱的尾座衬套内(见图 3-36 (c))。

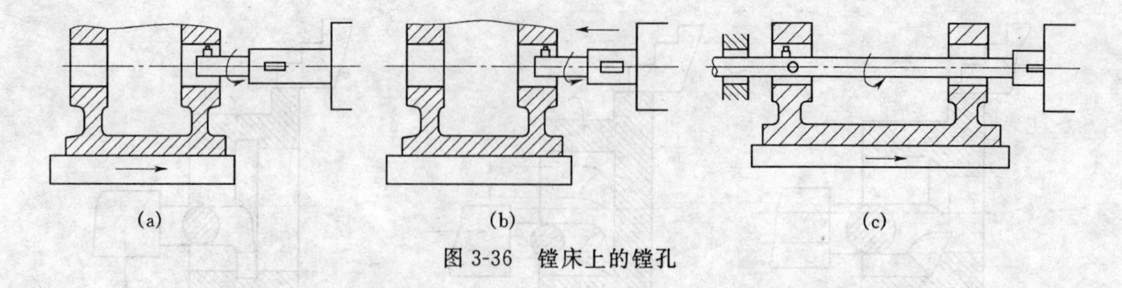

图 3-36 镗床上的镗孔

2) 镗刀及其镗孔的工艺特点

(1) 单刃镗刀镗孔。单刃镗刀的刀头结构与车刀类似。使用时,用紧固螺钉将其装夹在镗杆上,如图 3-37 所示。其中图(a)为不通孔镗刀,刀头倾斜安装;图(b)为通孔镗刀,刀头垂直于镗杆轴线安装。

单刃镗刀镗孔的工艺特点(与钻—扩—铰相比)如下:

① 适应性广。单刃镗刀结构简单、使用方便,一把镗刀可加工直径不同的孔(调整刀头的伸出长度即可);粗加工、精加工、半精加工均可适应。

② 可校正原有孔轴线歪斜。镗床本身精度较高,镗杆直线性好,靠多次进给即可校正孔的轴线歪斜。

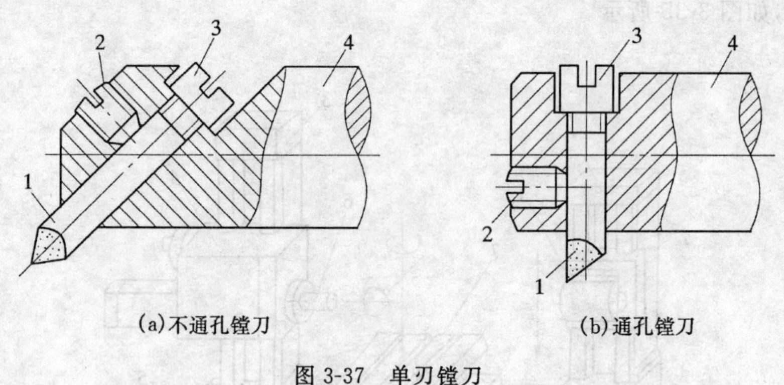

图 3-37 单刃镗刀

1—刀头 2—紧固螺钉 3—调节螺钉 4—镗杆

③ 制造、刃磨简单方便、费用较低。

④ 生产率低。镗杆受孔径(尤其是小孔径)的限制,一般刚性较差。为了减少镗孔时引起镗杆振动,只能采用较小的切削用量;只一个切削刃参与切削;需花时间调节镗刀头的伸出长度来控制孔径尺寸精度。

(2) 浮动镗刀镗孔。浮动镗刀(见图 3-38(a)),在对角线的方位上有两个对称的切削刃(属多刃镗刀),两个切削刃间的尺寸 D 可以调整,以镗削不同直径的孔。调整时,先松开螺钉 1,再旋动螺钉 2 以改变刀块 3 的径向位移尺寸,并用千分尺检验两切削刃间尺寸,使之符合被镗孔的孔径尺寸,最后拧紧螺钉 1 即可。

镗孔时,浮动镗刀插在镗杆的长方孔中,但不紧固,因此,它能沿镗杆径向自由滑动。依靠作用在两个对称切削刃上的径向切削力,自动平衡其切削位置。

浮动镗刀镗孔的工艺特点如下：

①加工质量较高。镗刀的浮动可自动补偿因刀具安装误差或镗杆偏摆所产生的不良影响，加工精度较高；较宽的修光刀，可修光孔壁，减小表面粗糙度。

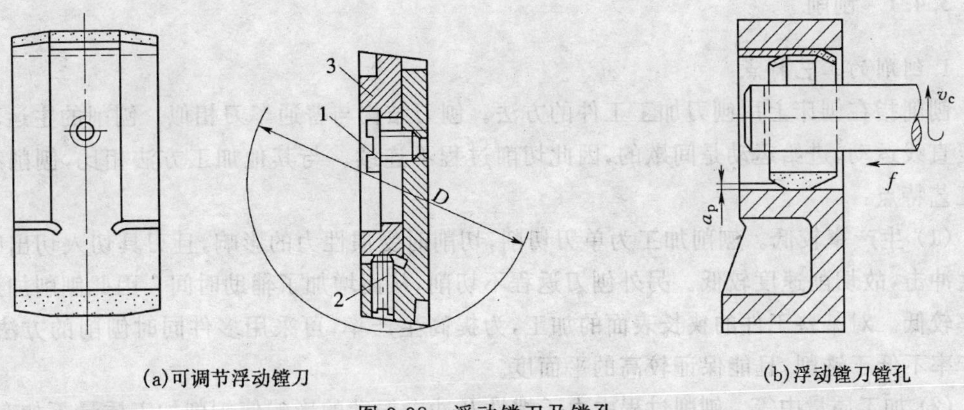

(a)可调节浮动镗刀　　(b)浮动镗刀镗孔

图 3-38　浮动镗刀及镗孔

② 生产率较高，有两个主切削刃参加切削，且操作简单，故生产率较高。

③ 刀具成本较单刃镗刀高。

④ 与铰孔相似，不校正原有孔的轴线歪斜。

镗床镗孔除适宜加工孔内环槽、大直径外，特别适于箱体类零件的孔系(指若干个彼此有平行度或垂直度要求的孔)加工。原因是镗床的主轴箱和尾座均能上、下移动，工作台能横向移动和转动，因此，放在工作台上的工件能在一次装夹中，把若干个孔依次加工出来，避免了因工件多次装夹产生的安装误差。

此外，装上不同的刀具，在卧式镗床上还可以完成钻孔、车端面、铣端面、车螺纹等多项工作，如图 3-39 所示。

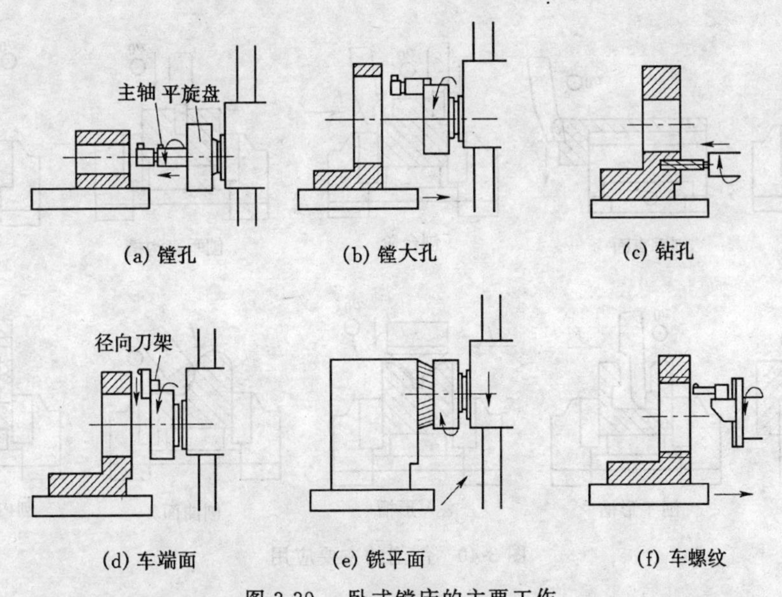

(a) 镗孔　(b) 镗大孔　(c) 钻孔

(d) 车端面　(e) 铣平面　(f) 车螺纹

图 3-39　卧式镗床的主要工作

3.4 刨削和拉削加工

3.4.1 刨削

1. 刨削的工艺特点

刨削指在刨床上用刨刀加工工件的方法。刨刀结构与普通车刀相似。刨削的主运动是往复直线运动,进给运动是间歇的,因此切削过程不连续。与其他加工方法相比,刨削有如下工艺特点:

(1) 生产率较低。刨削加工为单刃切削,切削时受惯性力的影响,且刃具切入切出时会产生冲击,故切削速度较低。另外刨刀返程不切削,从而增加了辅助时间。因此刨削加工生产率较低。对某些工件的狭长表面的加工,为提高生产率,可采用多件同时刨削的方法,使生产率不低于铣削,且能保证较高的平面度。

(2) 加工质量中等。刨削过程中由于惯性及冲击振动的影响使刨削加工质量不如车削。一般刨削的精度为IT9~IT7,表面粗糙度 R_a 值为 6.3~1.6μm,可满足一般平面加工的要求。

(3) 通用性好,成本低。刨削加工除主要用于加工平面外,经适当的调整和增加某些附件,还可加工齿轮、齿条、沟槽、母线为直线的成形面等。刨床结构简单且价廉,调整操作方便。刨刀结构简单,制造刃磨及安装均较方便。故加工成本较低。

由于上述特点,刨削常用于单件小批生产及修配中。

2. 刨削的应用

由于刨削的特点,刨削主要用在单件、小批生产在维修车间应用较多。

如图 3-40 所示,刨削主要用来加工平面(包括水平面、垂直面和斜面),也广泛地用于加工直槽,如直角槽、燕尾槽和 T 形槽等。如果进行适当的调整和增加某些附件,还可用来加工齿条、齿轮、花键和母线为直线的成形面等。

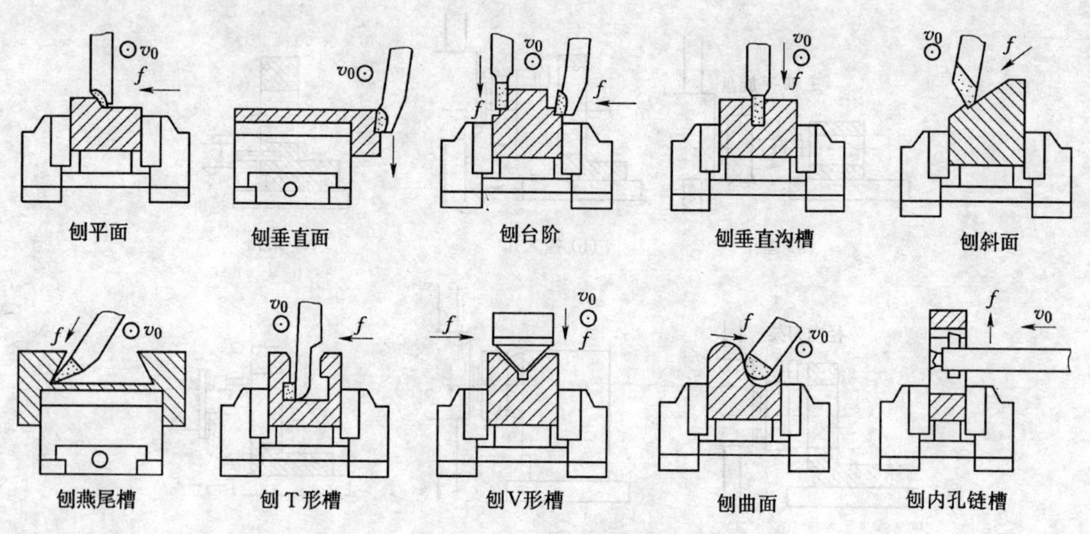

图 3-40 刨削的主要应用

牛头刨床的最大刨削长度一般不超过 1000mm，因此，只适于加工中、小型工件。龙门刨床主要用来加工大型工件，或同时加工多个中、小型工件。例如，济南第二机床厂生产的 B236 龙门刨床，最大刨削长度为 20m，最大刨削宽度为 6.3 m。由于龙门刨床一般刚性较好，而且有 2 ～ 4 个刀架可同时工作，所以加工精度和生产率均比牛头刨床高。

插床又称立式牛头刨床，主要用来加工工件的内表面，如键槽（见图 3-41）、花键槽等；也可用来加工多边形孔，如四方孔、六方孔等。特别适于加工盲孔或有障碍台肩的内表面。

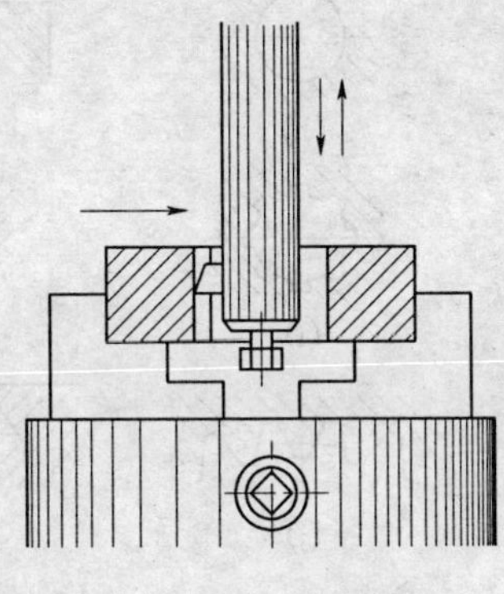

图 3-41　插键槽

3.4.2　拉削

在拉床上用拉刀加工工件称为拉削。

拉削可以认为是刨削的进一步发展。如图 3-42 所示，它是利用多齿的拉刀，逐齿依次从工件上切下很薄的金属层，使表面达到较高的精度和粗糙度要求。拉削加工的主要特点如下：

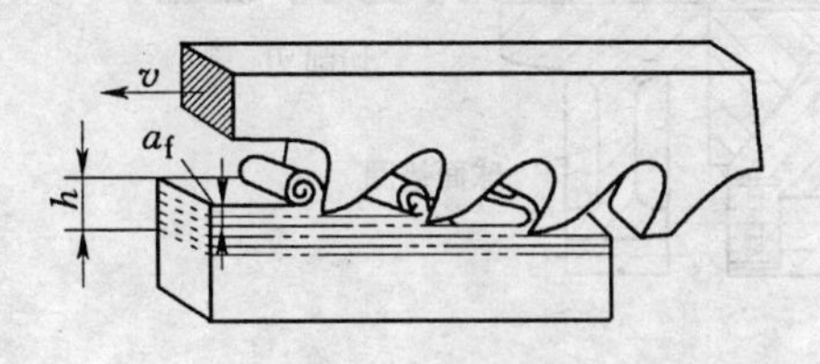

图 3-42　平面拉削

(1) 生产率较高。由于拉刀是多齿刀具，同时参加工作的刀齿数较多，总的切削宽度大；并且拉刀的一次行程，就能够完成粗加工、半精加工和精加工，基本工艺时间和辅助时间大大缩短，所以生产率很高。

(2) 加工范围较广。拉削不但可以加工平面和没有障碍的外表面，还可以加工各种形状的通孔（见图 3-43）。所以，拉削加工范围较广。图 3-44 为拉孔的示意图，若加工时，刀具所受拉的力不是拉力而是推力（见图 3-45），则称为推削，所用刀具称为推刀。

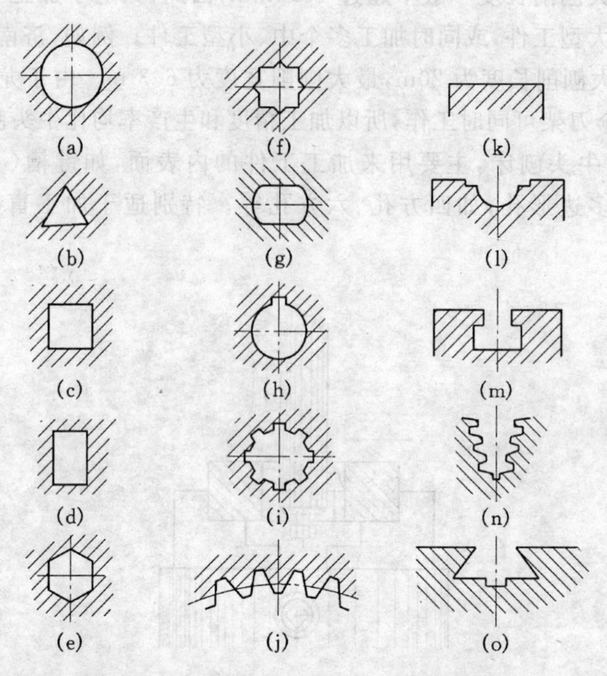

图 3-43　拉削加工的各种表面举例

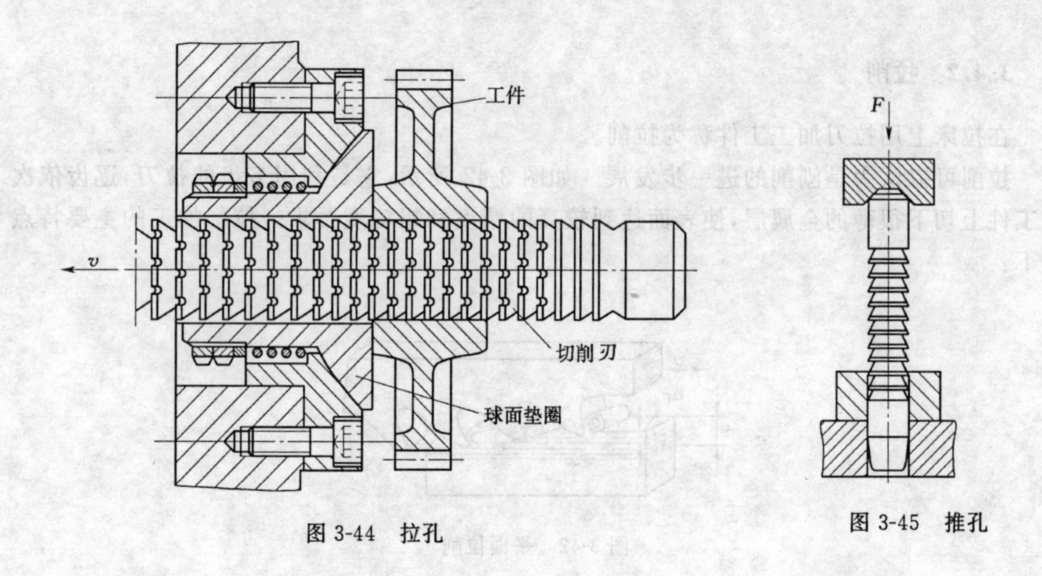

图 3-44　拉孔

图 3-45　推孔

(3) 加工精度较高、表面粗糙度较小。如图 3-46 所示，拉刀具有校准部分，其作用是校准尺寸，修光表面，并可作为精切齿的后备刀齿。校准齿的切削量很小，只切去工件材料的弹性恢复量。另外，拉削的切削速度一般较低(目前 $v<18\text{m/min}$)，每个切削齿的切削厚度较小，因而切削过程比较平稳，并可避免积屑瘤的不利影响。所以，拉削加工可以达到较高的精度和较小的表面粗糙度。一般拉孔的精度为 IT8～IT7，表面粗糙度 R_a 值为 0.4～0.8μm。

(4) 拉床简单。拉削只有一个主运动，即拉刀的直线运动。进给运动是靠拉刀的后一

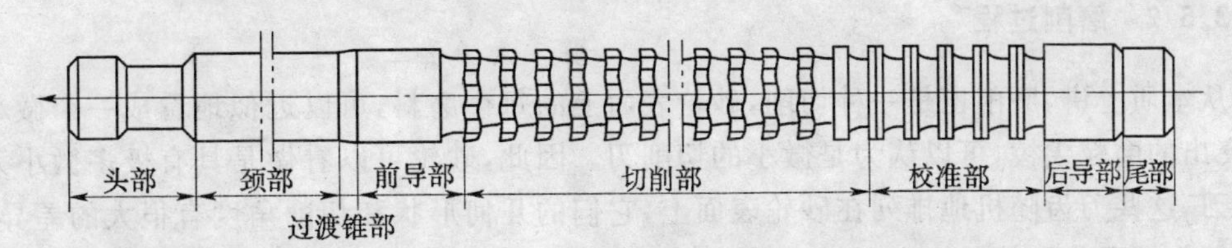

图 3-46　圆孔拉刀

个刀齿高出前一个刀齿来实现的，刀齿的高出量称为齿升量 a_f。所以拉床的结构简单，操作也较方便。

(5) 拉刀寿命长。由于拉削时切削速度较低，刀具磨损慢，刃磨一次，可以加工数以千计的工件；一把拉刀又可以重磨多次，故拉刀的寿命长。

虽然拉削具有以上优点，但是由于拉刀结构比一般孔加工刀具复杂，制造困难，成本高，所以仅适用于成批或大量生产。在单件、小批生产中，对于某些精度要求较高、形状特殊的成形表面，用其他方法加工困难时，也有采用拉削加工的。但对于盲孔、深孔、阶梯和有障碍的外表面，则不能用拉削加工。

推削加工时，为避免推刀弯曲，其长度比较短($L/D<12\sim15$)，总的金属切除量较少。所以只适用于加工余量较小的各种形状的内表面，或者用来修整工件热处理后(硬度低于 HRC 45)的变形量，其应用范围远不如拉削广泛。

3.5　磨削加工

磨削加工是零件精加工的主要方法。磨削时可采用砂轮、油石、磨头、砂带等作磨具，其中砂轮是机械零件精加工最常见的磨具。本节主要介绍在磨床上利用砂轮进行的磨削加工。

3.5.1　砂轮

作为切削工具的砂轮，是由磨料(砂粒)加结合剂用烧结的方法而制成的多孔物体(见图 3-47)。由于磨料、结合剂及制造工艺等的不同，砂轮特性可能差别很大，对磨削的加工质量、生产效率和经济效益有着重要影响。砂轮的特性包括磨料、粒度、硬度、结合剂、组织以及形状和尺寸等。

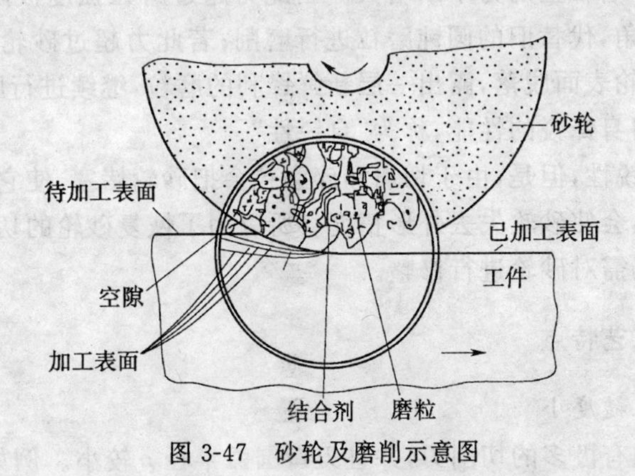

图 3-47　砂轮及磨削示意图

3.5.2 磨削过程

从本质上讲,磨削也是一种切削,砂轮表面上的每个磨料,可以近似地看成一个微小刀齿;突出的磨粒尖棱,可以认为是微小的切削刃。因此,砂轮可以看做是具有极多微小刀齿的铣刀,这些刀齿随机地排列在砂轮表面上,它们的几何形状和切削角度有很大的差异,各自的工作情况相差甚远。磨削时,比较锋利且比较凸出的磨粒,可以获得较大的切削硬度,从而切下切屑;不太凸出或磨钝的磨粒,只是在工件表面上刻划出细小的沟痕,工件材料则被挤向磨粒两旁,在沟痕两边形成隆起(见图 3-48);比较凹下的磨粒,既不切削也不刻划工件,只是从工件表面滑擦而过。即使比较锋利且突出的磨粒,其切削过程大致也可分为三个阶段(见图 3-48)。第一阶段,磨粒从工件表面滑擦而过,只有弹性变形而无切屑。第二阶段,磨粒切入工件表面,刻划出沟痕并形成隆起。第三阶段,切削厚度增大到某一临界值,切下切屑。

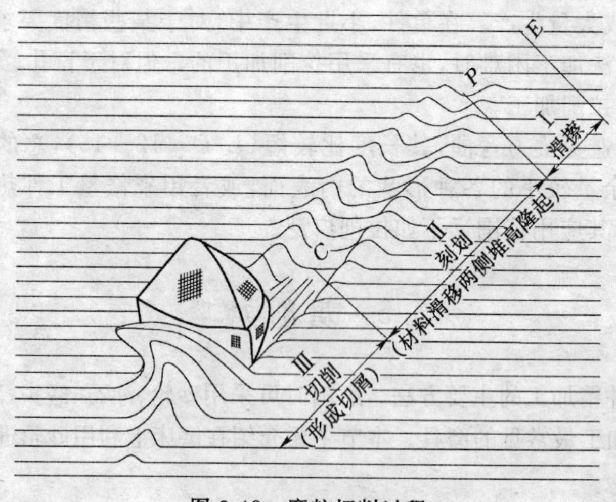

图 3-48　磨粒切削过程

由上述分析可知,砂轮的磨削过程,实际上就是切削、刻划和滑擦三种作用的结合。由于各磨粒的工作情况不同,所以磨削时除了产生正常的切屑外,还有金属微尘等。

磨削过程中,磨粒在高速、高压和高温的作用下,将逐渐磨损而变得圆钝。圆钝的磨粒,切削能力下降,作用于磨粒上的力不断增大。当此力超过磨粒强度极限时,磨粒就会破碎,产生新的较锋利的棱角,代替旧的圆钝磨粒进行磨削;若此力超过砂轮结合剂的粘结力时,圆钝的磨粒就会从砂轮表面脱落,露出一层新鲜锋利的磨粒,继续进行磨削。砂轮的这种自行推陈出新、以保持自身锋锐的性能,称为“自锐性”。

砂轮本身虽有自锐性,但是,由于切屑和碎磨粒会把砂轮堵塞,使它失去切削能力;磨粒随机脱落的不均匀性,会使砂轮失去外形精度。所以为了恢复砂轮的切削能力和外形精度,在磨削一定时间后,仍需对砂轮进行修整。

3.5.3 磨削的工艺特点

1. 精度高、表面粗糙度小

磨削时,砂轮表面有极多的切削刃,并且刃口圆弧半径 ρ 较小。例如粒度为 46# 的白刚玉磨粒，$\rho \approx 0.006 \sim 0.012$mm，而一般车刀和铣刀的 $\rho \approx 0.012 \sim 0.032$mm。磨粒上较锋利的切削刃，能够切下一层很薄的金属，切削厚度可以小到数微米，这是精密加工必须具备的条件之一。一般切削刀具的刃口圆弧半径虽然也可磨得小些，但不耐用，不能或难以进行经济的、稳定的精密加工。

磨削所用的磨床，比一般切削加工机床精度高，刚性及稳定性较好，并且具有控制小切削深度的微量进给出机构（见表 3-1），可以进行微量切削，从而保证了精密加工的实现。

表 3-1　**不同机床控制切深机构的刻度值 mm**

机床名称	立式铣床	车　床	平面磨床	外圆磨床	精密外圆磨床	内圆磨床
刻 度 值	0.05	0.02	0.01	0.005	0.002	0.002

磨削时，切削速度很高，如普通外圆磨削 $v \approx 30 \sim 35$m/s，高速磨削 $v > 50$m/s。当磨粒以很高的切削速度从工件表面切过时，同时有很多切削刃进行切削，每个磨刃仅从工件上切下极少量的金属，残留面积高度很小，有利于形成光洁的表面。

因此，磨削可以达到高的精度和小的粗糙度。一般磨削精度可达 IT7～IT6，表面粗糙度 R_a 值为 $0.2 \sim 0.8\mu$m，当采用小粗糙度磨削时，粗糙度 R_a 值可以达 $0.008 \sim 0.1\mu$m。

2. 砂轮有自锐作用

磨削过程中，砂轮的自锐作用是其他切削刀具所没有的。一般刀具的切削刃，如果磨钝或损坏，则切削不能继续进行，必须换刀或重磨。而砂轮由于本身的自锐性，使磨粒能够以较锋利的刃口对工件进行切削。实际生产中，有时就利用这一原理，进行强力连续磨削，以提高磨削加工的生产效率。

3. 径向分力 F_y 较大

磨削时的切削力同车削一样，也可以分解为三个互相垂直的分力 F_x、F_y 和 F_z。图 3-49 所示为纵磨外圆时的磨削力。在一般切削加工中，主切削力 F_z 较大，而磨削时，由于磨削深度和切削厚度均较小，所以 F_z 较小，F_x 则更小。但是，因为砂轮与工件的接触宽度较大，并且磨粒多以负前角进行切削，致使 F_y 较大，一般情况下，$F_y = (1.5 \sim 3)F_z$。

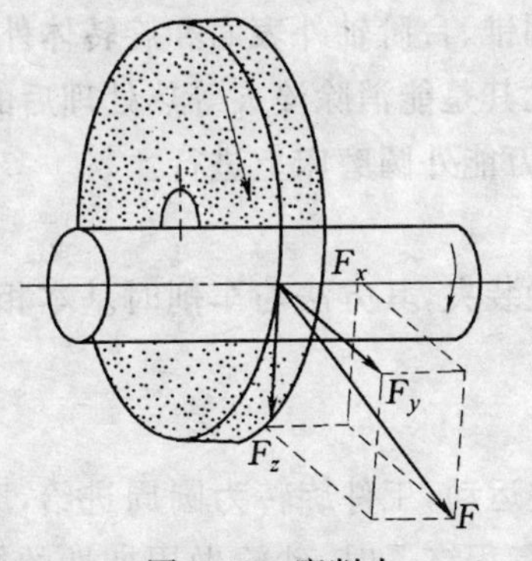

图 3-49　磨削力

径向分力 F_y 作用在工艺系统（机床—夹具—工件—刀具所组成的系统）刚性较差的方

向上,使工艺系统变形,影响工件的加工精度。例如,纵磨细长轴的外圆时,由于工件的弯曲而产生腰鼓形。另外,工艺系统的变形,会使实际磨削深度比名义值小,这将增加磨削时的走刀次数。在最后几次光磨走刀中,要少吃刀或不吃刀,即把磨削深度递减至零,以便逐步消除由于变形而产生的加工误差,但是,这样将降低磨削加工的效率。

4.不宜加工较软的有色金属

对一般有色金属零件,由于材料塑性较好,砂轮会很快被有色金属碎屑堵塞,使磨削无法进行,并划伤有色金属已加工表面。

5.磨削温度高

磨削时的切削速度为一般切削加工的10～20倍。在这样高的切削速度下,加上磨粒多为负前角切削,挤压和摩擦较严重,消耗功率大,产生的切削热多。又因为砂轮本身的传热性很差,大量的磨削热在短时间内传散不出去,在磨削区形成瞬时高温,有时高达800～1000℃。

高的磨削温度容易烧伤工件表面,使淬火钢件表面退火,硬度降低。即使由于切削液的浇注,可能发生二次淬火,也会在工件表层产生张应力及微裂纹,降低零件的表面质量和使用寿命。

高温下,工件材料将变软而容易堵塞砂轮,这不仅影响砂轮的耐用度,也影响工件的表面质量。

因此,在磨削过程中,应使用大量的切削液。磨削时加注切削液,除了冷却和润滑作用之外,还可以起到冲洗砂轮的作用。切削液将细碎的切屑以及碎裂或脱落的磨粒冲走,避免堵塞砂轮,可有效地提高工件的表面质量和砂轮的耐用度。

磨削钢件时,广泛应用的切削液是苏打水或乳化液。磨削铸铁、青铜等脆性材料时,一般不加切削液,而用吸尘器清除尘屑。

3.5.4 磨削的应用

磨削加工的应用范围很广,它可以加工各种外圆面、内孔、平面和成形面(如齿轮、螺纹等),如图3-50所示。此外还用于各种切削刀具的刃磨。

1.外圆磨削

外圆磨削是对工件圆柱、圆锥、台阶轴外表面和旋转体外曲面进行的磨削。磨削一般作为外圆车削后的精加工工序,尤其是能消除淬火等热处理后的氧化层和微小变形。

外圆磨削常在外圆磨床和万能外圆磨床上进行。

1) 在外圆磨床上磨外圆

磨削时,轴类工件常用顶尖装夹,其方法与车削时基本相同,顶尖安装(见图3-51)。磨削方法分为:

(1) 纵磨法(见图3-51(a))。

磨削时,砂轮高速旋转为主运动,工件旋转为圆周进给,磨床工作台作往复直线运动为纵向进给。每当工件一次往复行程终了时,砂轮做周期性的横向进给。每次磨削吃刀量很小,磨削余量是在多次往复行程中磨去的。

纵磨法的磨削力小,磨削热少,散热条件好,砂轮沿进给方向的后半宽度,等于是副偏角

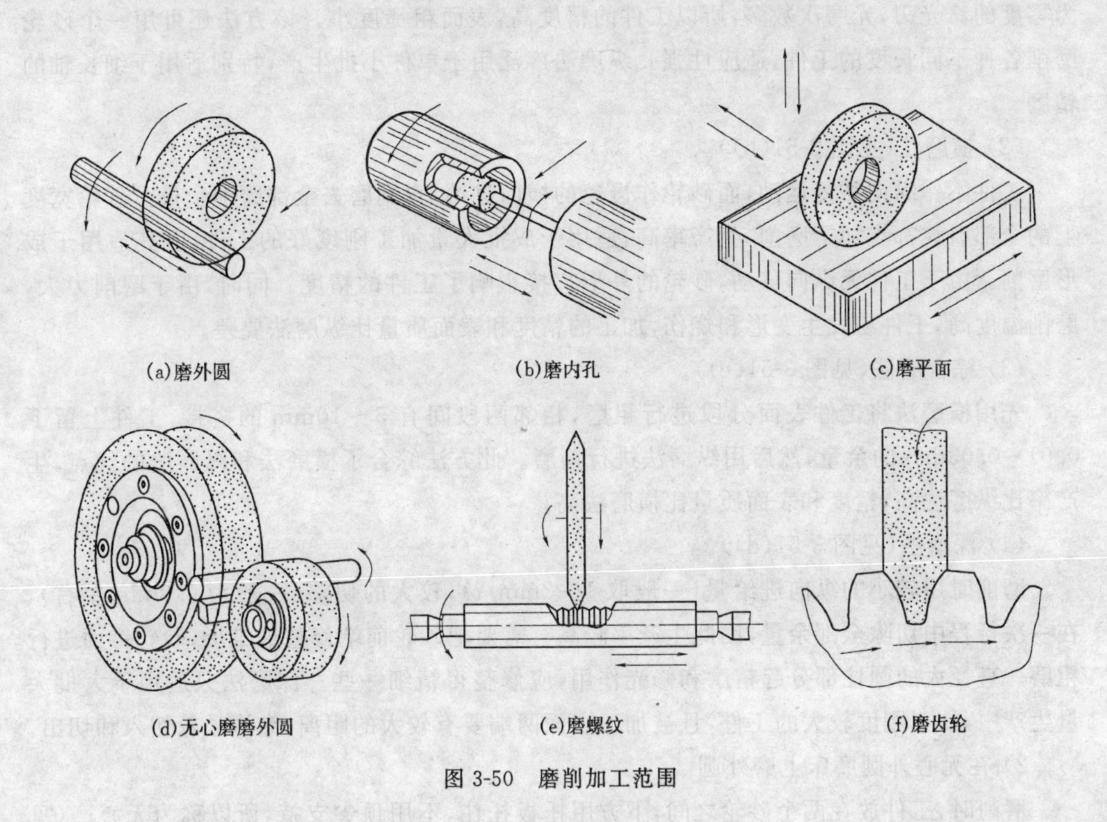

(a)磨外圆　(b)磨内孔　(c)磨平面

(d)无心磨磨外圆　(e)磨螺纹　(f)磨齿轮

图 3-50　磨削加工范围

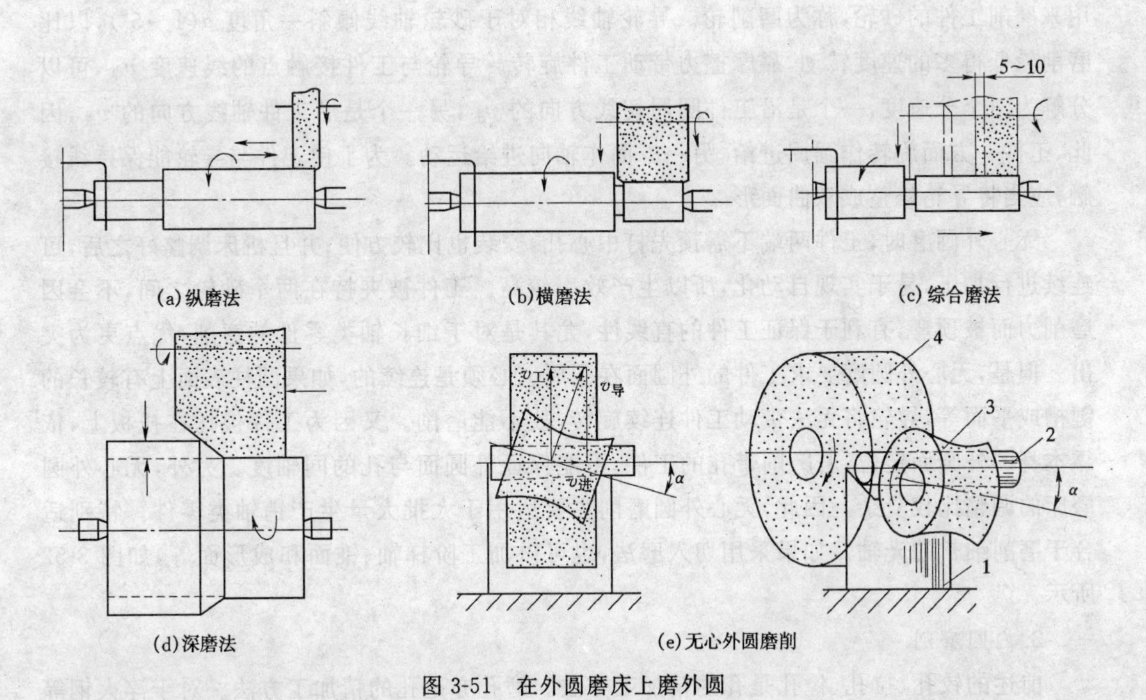

(a)纵磨法　(b)横磨法　(c)综合磨法

(d)深磨法　(e)无心外圆磨削

图 3-51　在外圆磨床上磨外圆

为零度的修光刃,光磨次数多,所以工件的精度高,表面粗糙度小。该方法还可用一个砂轮磨削各种不同长度的工件,适应性强。纵磨法广泛用于单件小批生产,特别适用于细长轴的精磨。

(2) 横磨法(见图 3-51(b))。

工件不作纵向往复运动,而砂轮作慢速的横向进给,直到磨去全部磨削余量。砂轮宽度上的全部磨粒都参加了磨削,生产率高,适用于成批大量加工刚度好的工件,尤其适用于成形磨削。由于工件无纵向移动,砂轮的外形直接影响了工件的精度。同时,由于磨削力大,磨削温度高,工件易发生变形和烧伤,加工的精度和表面质量比纵磨法要差。

(3) 综合磨法(见图 3-51(c))。

先用横磨法将工件表面分段进行粗磨,相邻两段间有 5～10mm 的搭接,工件上留下 0.01～0.03mm 的余量,然后用纵磨法进行精磨。此方法综合了横磨法和纵磨法的优点,生产率比纵磨法高,精度和表面质量比横磨法高。

(4) 深磨法(见图 3-51(d))。

磨削时用较小的纵向进给量(一般取 1～2mm/r),较大的切深(一般为 0.3mm 左右),在一次行程中切除全部余量,因此生产率较高。需要把砂轮前端修整成锥形,砂轮锥面进行粗磨。直径大的圆柱部分起精磨和修光作用,应修整得精细一些。深磨法只适用于大批大量生产中,加工刚度较大的工件,且被加工表面两端要有较大的距离,允许砂轮切入和切出。

2) 在无心外圆磨床上磨外圆

磨削时,工件放在两个砂轮之间,下方用托板托住,不用顶尖支持,所以称为无心磨(见图 3-51(e))。两个砂轮中较小的一个是用橡胶结合剂做的,磨粒较粗,称为导轮,另一个是用来磨削工件的砂轮,称为磨削轮。导轮轴线相对于砂轮轴线倾斜一角度 α(1～5°),以比磨削轮低得多的速度转动,靠摩擦力带动工件旋转。导轮与工件接触点的线速度 $v_{导}$,可以分解为两个分速度,一个是沿工件圆周切线方向的 $v_{工}$,另一个是沿工件轴线方向的 $v_{进}$,因此,工件一方面旋转作圆周进给,另一方面作轴向进给运动。为了使工件与导轮能保持线接触,应当将导轮修整成双曲面形。

无心外圆磨时,工件两端不需预先打中心孔,安装也比较方便;并且机床调整好之后,可连续进行加工,易于实现自动化,所以生产效率较高。工件被夹持在两个砂轮之间,不会因磨削力而被顶弯,有利于保证工件的直线性,尤其是对于细长轴类零件的磨削,优点更为突出。但是,无心外圆磨要求工件的外圆面在圆周上必须是连续的,如果圆柱表面上有较长的键槽或平面等,导轮将无法带动工件连续旋转,故不能磨削。又因为工件被托在托板上,依靠本身的外圆面定位,若磨削带孔的工件,不能保证外圆面与孔的同轴度。另外,无心外圆磨床的调整比较复杂。因此,无心外圆磨削主要适用于大批大量生产销轴类零件。特别适合于磨削细长的光轴。如果采用切入磨法,也可以加工阶梯轴、锥面和成形面等,如图 3-52 所示。

2. 内圆磨削

前述的铰孔、拉孔、镗孔是孔的精加工方法。磨孔亦是孔的精加工方法。对于淬火钢等硬材料,磨孔是唯一的精加工方法。

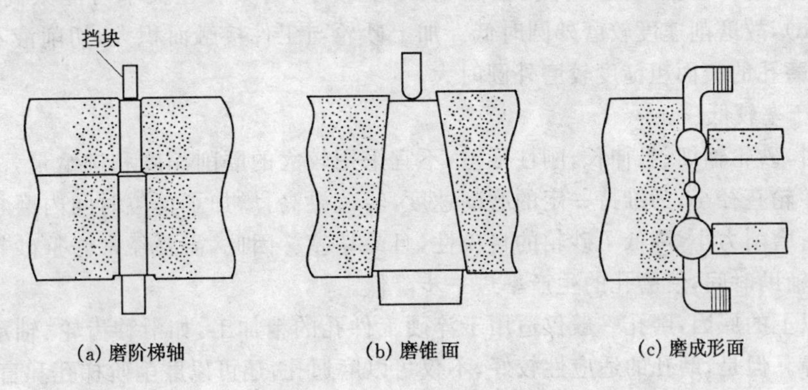

图 3-52　无心外圆磨削的应用

孔的磨削可以在内圆磨床上进行，也可以在万能外圆磨床上进行。目前应用的内圆磨床多是卡盘式的，该磨床可以加工圆柱孔、圆锥孔和成形内圆面等。纵磨圆柱孔时，工件安装在卡盘上（见图 3-53），在其旋转的同时，沿轴向做往复直线运动（即纵向进给运动）。装在砂轮架上的砂轮高速旋转，并在工件往复行程终了时，做周期性的横向进给。若磨圆锥孔，只需将磨床的头架在水平方向偏转半个锥角即可。

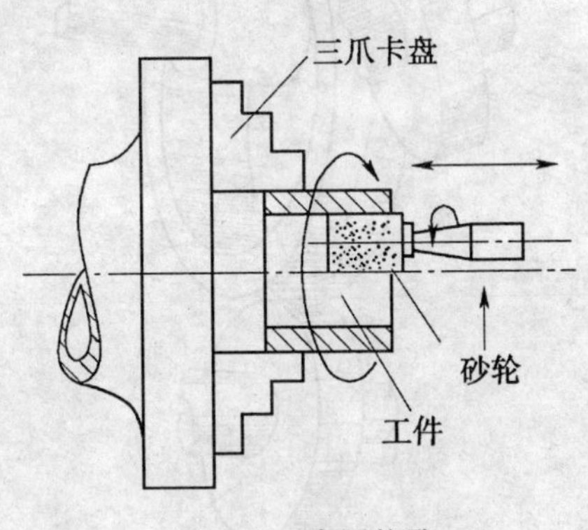

图 3-53　磨圆柱孔

与外圆磨削类似，内圆磨削也可以分为纵磨法和横磨法。鉴于砂轮轴的刚性较差，横磨法仅适用于磨削短孔及内成形面。更难以采用深磨法，所以，多数情况下是采用纵磨法。

磨孔与铰孔或拉孔比较，有如下特点：

(1) 可以加工淬硬的工件孔；

(2) 不仅能保证孔本身的尺寸精度和表面质量，还可提高孔的位置精度和轴线的直线度；

(3) 用同一个砂轮，可以磨削不同直径的孔，灵活性较大；

(4) 生产率比铰孔低，比拉孔更低。

磨孔与磨外圆比较，存在如下主要问题：

1) 表面粗糙度较大

由于磨孔时砂轮直径受工件孔径限制，一般较小，磨头转速又不可能太高(一般低于20000r/min)，故磨削速度较磨外圆时低。加上砂轮与工件接触面积大，切削液不易进入磨削区，所以磨孔的表面粗糙度较磨外圆时大。

2) 生产率较低

磨孔时，砂轮轴细、悬伸长，刚性很差，不宜采用较大的磨削深度和进给量，故生产率较低。由于砂轮直径小，为维持一定的磨削速度，转速要高，增加了单位时间内磨粒的切削次数，磨损快；磨削力小，降低了砂轮的自锐性，且易堵塞。因此，需要经常修整砂轮和更换砂轮，增加了辅助时间，使磨孔的生产率进一步降低。

由于以上的原因，磨孔一般仅适用于淬硬工件孔的精加工，如滑移齿轮、轴承环以及刀具上的孔等。但是，磨孔的适应性较好，不仅可以磨通孔，还可以磨削阶梯孔和盲孔等，因而在单件小批生产中应用较多，特别是对于非标准尺寸的孔，其精加工用磨削更为合适。

大批大量生产中，精加工短工件上要求与外圆面同轴的孔时，也可以采用无心磨法，如图 3-54 所示。

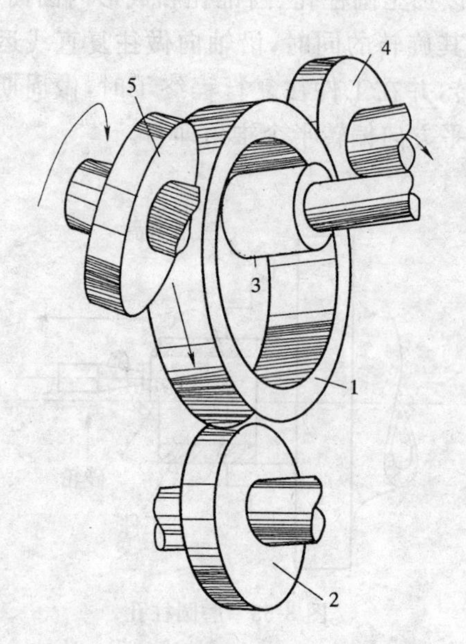

图 3-54 无心磨轴承环内孔的示意图

3. 平面磨削

平面磨削可作为车、铣、刨削平面之后的精加工，也可代替铣削和刨削。

1) 平面磨削方法

根据磨削时工作表面的差异，平面磨削有周磨和端磨两种方式。

(1) 周磨。周磨是利用砂轮的圆周面进行磨削，常用矩台卧轴平面磨床(见图 3-55)。磨削时砂轮与工件的接触面积小，磨削热少，排屑和冷却条件好，工件不易变形，砂轮磨损均匀，因此可获得较高的精度和较小的表面粗糙度 R_a 值，适用于批量生产中磨削精度较高的中小型零件，但生产率低。相同的小型零件可多件同时磨削，以提高生产率。

周磨达到的尺寸公差等级为 IT6～IT7，表面粗糙度 R_a 值为 0.8～0.2μm。

(2) 端磨。端磨是利用砂轮的端面进行磨削,常用矩台立轴平面磨床(见图3-56)。磨削时砂轮与工件的接触面积大,磨削热多,排屑和冷却条件差,砂轮各点圆周速度不同,磨损不均匀,因此磨削精度低,表面粗糙度 R_a 值大,但端磨时砂轮轴刚性好,可采用较大的磨削用量,生产率较高,故端磨常用于大批大量生产中。对支架、箱体及板块状零件的平面进行粗磨,以代替铣削和刨削。

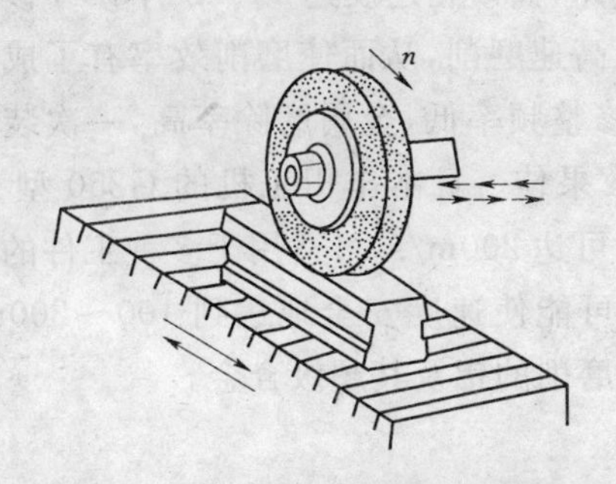

图3-55 矩台卧轴平面磨床周面磨削

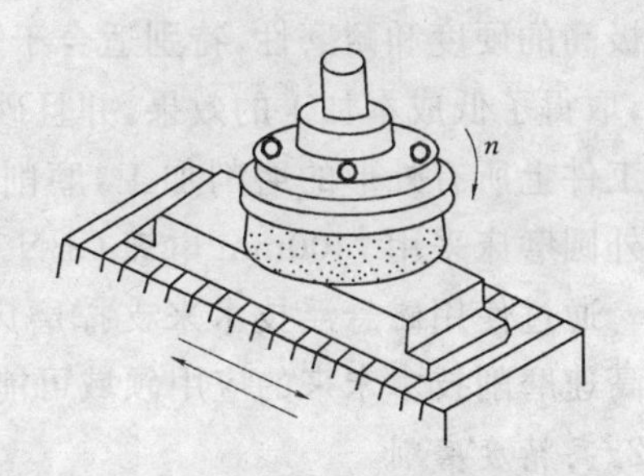

图3-56 矩台立轴平面磨床端面磨削

2) 平面磨削的工艺特点

(1) 平面磨床的结构简单,机床、砂轮和工件系统刚性较好,故加工质量和生产率比内、外圆磨削高。

(2) 平面磨床利用电磁吸盘装夹工件,有利于保证工件的平行度。此外电磁吸盘装卸工件方便迅速,可同时装夹多个工件,生产率高。但电磁吸盘只能适用于安装钢、铸铁等铁磁性材料制成的零件,对于铜、铜合金、铝等非铁磁性材料制成的零件应在电磁吸盘上安放一精密虎钳或简易夹具来装夹。

(3) 大批大量生产中,可用磨削来代替铣、刨削加工精确毛坯表面上的硬皮,既可提高生产率,又可有效地保证加工质量。

3.5.5 磨削技术新发展

磨削加工是机械制造中重要的加工工艺,随着机械产品精度、可靠性和寿命要求的不断提高,高硬度、高强度、高耐磨性的新型材料不断增多,对磨削加工提出了许多新的要求,当前磨削加工技术的发展方向是扩大使用超硬磨料磨具,开发精密和超精密磨削及高速、高效磨削工艺,研制高精度、高刚度的自动化磨床。

1. 高速和强力磨削

由于CBN砂轮的使用,强力磨削突破传统磨削的限制,生产率成倍提高,有些零件的毛坯不需要经过粗切加工,可直接磨削成为成品,这不仅提高了加工效率,同时还提高了加工质量。目前,磨削速度已经高达120m/s,大吃深缓进给的强力磨削也得到了广泛应用。在强力超高速磨削加工中,现代砂轮、砂轮传动装置和磨床,限制了磨削速度,其最大为25m/s。为了超过该限制,某些重要系统零部件需要优化。在开发设计相应的高速磨床时应该主要考虑动力特性、传动效率和安全测量装置,平衡系统在最大速度时必须能自动运转。开发高速砂轮时,考虑高的强度、材料性能的各向同性和较小的轮毂重量,是极为重要的因素。开发的专用高速砂轮的轮毂应该具有最小的径向膨胀,良好的阻尼特性和良好的导热性。适合于CBN高速磨削的磨床,应该具有诸如接触检测和振动监视以及平衡监视系统,这样才能保证操作安全。使用多层可修整砂轮,目前的磨削速度极限范围为130～150m/s,某些单层电镀砂轮,工业上使用的某些速度高达250m/s。但是,当前的砂轮设计,使进一步提高砂轮圆周速度已经达到了技术极限。

在外圆和平面磨削时,已经有许多机床采用CBN砂轮进行高速磨削获得成功。德国Junker公司的Quick Point CBN金刚石砂轮外圆磨床,其砂轮速度达140m/s,CBN砂轮由于其极高的硬度和耐磨性,特别适合于进行高速、超高速磨削,从而使磨削效率有了成倍的提高,取得了低成本加工的效果,并且砂轮寿命长,修整频率低,金属磨除率高,一次装夹可完成工件上所有外形的磨削加工,磨削力小,冷却效果佳。日本丰田工机的G250型CBN高速外圆磨床采用ϕ400mm电镀CBN砂轮,线速度可达200m/s,可适用于多种工件的磨削加工。通过使用磁悬浮技术来支撑磨床砂轮轴,有可能使速度安全地达到100～200m/s。这种高速磨削技术未来的应用领域可能是目前极难磨削的铝及其超级合金。

2. *高精度磨削*

现代高精度磨削技术的发展,使磨削尺寸精度达到0.1～0.3μm,表面粗糙度达到0.2～0.05μm,磨削表面变质层和残留应力均甚小,明显提高加工零件的质量。

3. *成形磨削*

成形磨削,特别是高精度的成形磨削,经常是生活中的关键问题。成形磨削有两个难题:一是砂轮质量,主要是砂轮必须同时具有良好的自砺性和形廓保持性,而这两者往往是有矛盾的。二是砂轮修整技术,即高效、经济的获得所要求的砂轮形廓和锐度,国外现已采用高精度金刚石滚轮来修整砂轮,并开发了连续修整成形磨削(在成形磨削过程中,对砂轮进行连续的形廓和磨粒修锐)新工艺,效果较好。

4. *砂带磨削*

砂带磨削是以砂带作为磨具并辅之以接触轮、张紧轮、驱动轮等组成的磨头组件对工件进行加工的一种磨削方法,如图3-57所示。砂带是用粘结剂将磨粒粘结在纸、布等挠性材料上制成的带状工具,其基本组成有基材、磨料和粘结剂。

与砂轮磨削相比,砂带磨削具有下列主要特点。

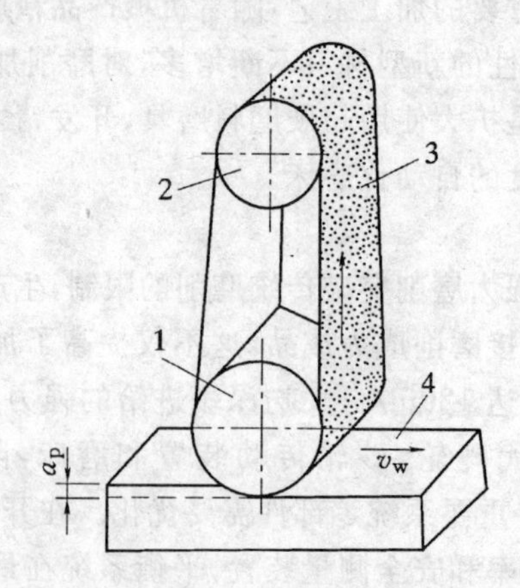

图3-57 砂带磨削

1—接触轮 2—张紧轮 3—砂带 4—工件

(1) 磨削效率高。主要表现在材料切除率高和机床功率利用率高。如钢材切除率已能达到 $700mm^3/s$,达到甚至超过了常规车削、铣削的生产效率,是砂轮磨削的4倍以上。

(2) 加工质量好。一般情况下,砂带磨削的加工精度比砂轮磨削略低,尺寸精度可达3μm,表面粗糙度 R_a 达1μm。但近年来,由于砂带制造技术的进步(如采用静电植砂等)和砂带机床制造水平的提高,砂带磨削已跨入了精密、超精密磨削的行列,尺寸精度最高可达0.1μm,工件表面粗糙度 R_a 最高可达0.01μm,即达镜面效果。

(3) 磨削热小。工件表面冷硬程度与残余应力仅为砂轮磨削的十分之一,即使干磨也不易烧伤工件,而且无微裂纹或金相组织的改变,具有"冷态磨削"之美称。

(4) 工艺灵活性大,适应性强。砂带磨削可以很方便地用于平面、外圆、内圆和异型曲面等的加工。

(5) 综合成本低。砂带磨床结构简单、投资少、操作简便,生产辅助时间少(如换新砂带不到1分钟即可),对工人技术要求不高,工作时安全可靠。

砂带磨削的诸多优点决定了其广泛的应用范围,并有万能磨削工艺之称。砂带磨削当前几乎遍及了所有的加工领域,它不但能加工金属材料,还可加工皮革、木材、橡胶、尼龙和塑料等非金属材料,特别对不锈钢、钛合金、镍合金等难加工材料更显示出其独特的优势。在加工尺寸方面,砂带磨削也远远超出砂轮磨削,据介绍,当前砂轮磨削的最大宽度仅为1m,而宽达4.9m的砂带磨床已经投入使用。在加工复杂曲面(如发动机汽轮机叶片、聚光镜灯碗、反射镜等)方面,砂带磨削的优势也是其他加工方法无法比拟的。

5. 砂轮制造技术

磨削加工最基本的特点之一,是磨料粒度很小,由于磨料的内聚性,使用普通的方法,难以制造出均匀一致的细粒度砂轮。应用电泳沉积10~20nm超细粒度磨料形成磨料粒,是值得注意的新技术。近年来低压化学气相沉积(CVD)金刚石膜,成长速度相当快。该种金刚石在磨削加工中可能会获得广泛应用。

在磨料方面,SG磨料是近年来的最大突破。它是一种新颖的陶瓷氧化铝磨料,以纯刚玉为原料,将其在水中与氧化镁之类媒介结合,产生块状胶凝物,干燥之后形成脆性物体。再将这种固体碾碎至所需粒度,在1300~1400℃温度下烧结而成。其硬度大大高于普通氧化铝,且韧性好,因此可在较高速度和较大载荷条件下运转,金属磨除率比普通氧化铝高3倍以上。它最大的优点是磨削区温度低,砂轮始终具有锋利的磨削刃,砂轮形状保持性好、时间长。为了生产出质量更高的砂轮,各国都在积极改进传统的粘结剂,以便生产出适合不同要求的CBN砂轮。

6. 自动磨削系统

虽然磨削技术有很大发展,但许多方面仍依赖于操作者的经验和技术熟练程度。为了稳定可靠地保证达到磨削质量要求,需开发出自动磨削系统,代替人工操作。包括开发先进的监测系统和工艺过程的智能控制;监测磨削工艺,使工艺过程最佳化;发现诸如由颤振造成的烧伤和表面粗糙度变差这样的故障;监测砂轮修整情况,以降低砂轮消耗,精确的决定修整时间。由监测系统得到的信息,监测磨后表面的完整性,可用来控制和优化磨削工艺。使用新型的计算机模拟,能够预示工件加工后表面的应力和变形,也可预示工件表面的化学变化。

7. 超精密磨床和磨削加工中心的发展

精密加工必须由高精度、高刚度的机床作保证。超精密磨床广泛采用油轴承、空气轴承和磁轴承实现磨床主轴的高速化和高精密化；利用静动压导轨、直线导轨、静动压丝杠实现导轨及进给机构的高速化和高精密化。同时在结构材料上，采用热稳定性、抗振动性强、耐磨性高的花岗岩、人造花岗岩、陶瓷、微晶玻璃等替代传统的铁系材料，极大地增加了机床的刚度，由日本丰田工机和中部大学共同研制的加工硬脆材料的超精密磨床，其定位精度为0.01μm，加工工件直径达到500mm，机床总重达34t，被认为是当今世界上最大级别的超精密磨床之一。

磨削加工中心(GC)与一般的NC、CNC磨床不同，它具备自动交换、自动修整磨削工具的机能，一次装夹即能完成各种磨削加工，实现了磨削加工的复合化与集约化，甚至可实现无人化连续自动生产，不但大大缩短加工时间，节约工装费用，而且机床具有更高的刚度，能更好地防止热变形，进一步提高加工精度。磨削加工中心是当今磨削技术进步的主要标志，也是今后磨床技术的发展方向。

思考题 3

1. 什么是金属切削加工？举出几个常用的切削加工方法？
2. 常见的工件安装方法有哪几种？
3. 简述车削加工的工艺特点有哪些？车削加工的应用以及主要目的有哪些？
4. 什么是铣削加工？铣削加工的铣刀有哪几种？
5. 试比较顺铣与逆铣，简述其各自的特点。
6. 试比较周铣与端铣法的加工方法，阐述其各自的特点。
7. 简述铣削加工的工艺特点有哪些。铣削加工的应用有哪些？
8. 什么是钻削加工？举出几个常用的钻削加工方法。
9. 试简述钻削加工的应用。
10. 什么是钻孔？钻孔加工的工艺特点有哪些？
11. 什么是扩孔？扩孔加工与钻孔加工的工艺特点有哪些不同之处？
12. 什么是铰孔？铰孔加工的工艺特点有哪些？
13. 为什么采用钻、扩、铰孔这三种不同的加工方法可以使其加工精度依次提高呢？
14. 什么是镗孔？单刃镗刀镗孔与浮动镗刀镗孔在加工工艺上有什么不同之处？
15. 为什么镗孔能纠正孔的轴线偏斜，而铰孔却不能？
16. 切削液有哪些作用？在加工中如何选用？
17. 什么是刨削？刨削加工的工艺特点有哪些？刨削加工经常应用在哪些方面？
18. 拉削加工的特点有哪些？在什么情况下不能用拉削加工？
19. 砂轮的特性主要由哪些因素决定？试简述磨削加工的过程以及工艺特点有哪些。
20. 磨削的加工范围有哪些？试比较其各自的特点。
21. 什么是无应力磨削加工？它有什么特点？
22. 砂带磨削的主要特点有哪些？它的应用范围有哪些？

第4章　典型表面加工分析

机器是由零件组成的,零件表面的结构形状各式各样,常见的典型表面有以下几种:外圆表面、内孔表面、平面、成形表面、螺纹表面等。这些表面按其在机器中的作用不同,即完成的功能不同,可分为两类:一是功能性表面,二是非功能性表面。功能性表面与其他零件表面有配合要求,它的精度和表面质量在机器运转中起重要作用,决定着机器的使用性能,设计时需视其功能要求确定合理的精度和表面质量要求。非功能性表面与其他零件表面无配合要求,其加工精度和表面质量要求不高。

零件表面的类型和要求不同,采用的加工方法也不一样,但无论何种表面,在设计其加工工艺时,都需遵循以下两个基本原则:

1. 粗、精加工分开

为保证零件表面的加工质量和生产效率,需将粗、精加工分开,以达到各自的目的与要求。

粗加工的目的是要求生产率高,在尽量短的时间内切除大部分余量,并为进一步加工提供定位基准及合适的余量。粗加工时,由于背吃刀量和进给量较大,产生的切削力和所需夹紧力也较大,故工艺系统的受力变形较大。又因粗加工切削温度高,也将引进工艺系统较大的热变形。此外,毛坯有内应力存在,还会因切除较厚一层金属,使内应力重新分布而发生变形。这都将破坏已加工表面的精度。

精加工的目的是对零件的主要表面进行最终加工,使其获得符合精度和表面粗糙度要求的表面。因此,只有粗、精加工分开,在粗加工后再进行精加工,才能保证工件表面的质量要求。

另外,先安排粗加工,可及时发现毛坯的缺陷(如铸铁的砂眼、气孔、裂纹、局部余量不足等),以便及时报废或修补,避免继续加工造成浪费。

2. 几种不同加工方法相配合

实际生产中,对于某一种零件的加工,往往不是在一台机床用一种加工方法完成的,而要根据零件的尺寸、形状、技术要求和生产批量,结合各种加工方法的工艺特点和适用范围及现有设备条件,综合考虑生产效率和经济效益,拟定合理的加工方案,将几种加工方法相配合,逐步完成零件各种表面的加工。

本章将讨论几种常见典型表面加工方法的综合运用。

4.1　外圆表面的加工

机器中常有轴类、套筒类、圆盘类零件,这些零件都有外圆柱表面,简称外圆表面。各种不同零件上的外圆表面或同一零件上不同部位的外圆表面,由于所起作用不同,技术要求也不一样,加工时,需要拟定合理的加工方案。

4.1.1 外圆表面的技术要求

外圆表面的技术要求,一般分为四个方面:

1.尺寸精度

指外圆表面直径和长度的尺寸精度。

2.形状精度

指外圆柱表面的圆度、圆柱度、素线直线度和轴线直线度。

3.位置精度

指外圆表面与其他表面(外圆表面或内孔表面)间的同轴度、对称度、位置度、径向圆跳动;与规定平面(端平面)间的垂直度、倾斜度等。

4.表面质量

指表面粗糙度,对某些重要零件的表面,还要求表层硬度、残余应力、显微组织等。

4.1.2 外圆面加工方案的分析

对于一般钢铁零件,外圆面加工的主要方法是车削和磨削。要求精度高、粗糙度小时,往往还要进行研磨、超级光磨等光整加工。对于某些精度要求不高,仅要求光亮的表面,可以通过抛光来获得,但在抛光前要达到较小的粗糙度。对于塑性较大的有色金属(如铜、铝合金等)零件,由于其精加工不宜用磨削,故常采用精细车削。

根据各种零件外圆表面的精度和表面粗糙度要求,其加工方案大致可分如下几类:

1.低精度外圆表面的加工

对于加工精度要求低、表面粗糙度值较大的各种零件的外圆表面(淬火钢件除外)。经粗车即可达到要求。尺寸精度达IT10～IT9,表面粗糙度 R_a 值不大于50～12.5μm。

2.中等精度外圆表面的加工

对于非淬火钢件、铸铁件及有色金属件外圆表面,粗车后再经一次半精车即可达到要求。尺寸精度达IT10～IT9,表面粗糙度 R_a 值不大于6.3～3.2μm。

3.较高精度外圆表面的加工

视工件材料和技术要求不同可有两个加工方案:

(1) 粗车—半精车—粗磨　此方案适用于加工精度较高的淬火钢件、非淬火钢件和铸铁件外圆表面。尺寸精度达IT8～IT7,表面粗糙度 R_a 值不大于1.6～0.8μm。

(2) 粗车—半精车—精车　此方案适用于铜、铝等有色金属件外圆表面的加工。由于有色金属塑性较大,其切屑易堵塞砂轮表面,影响加工质量,故以精车代替磨削。其加工精度与(1)同。

4.高精度外圆表面的加工

与上述"3"类似,视工件材料有两个方案:

(1) 粗车—半精车—粗磨—精磨　此方案适用于加工各种淬火、非淬火钢件和铸铁件。尺寸精度达IT6～IT5,表面粗糙度 R_a 值不大于0.4～0.2μm。

(2) 粗车—半精车—精车—精细车　此方案适用于加工有色金属工件,其尺寸精度达IT6～IT5,表面粗糙度 R_a 值不大于0.4～0.2μm。

5. 精密外圆表面的加工

对于更高精度的钢件和铸铁件，除车削、磨削外，还需增加研磨或超级光磨等光整加工工序，使尺寸精度达 IT5～IT3，表面粗糙度 R_a 值不大于 0.1～0.006μm。

此外，还需根据零件的结构、尺寸和技术要求的不同特点，选用相适应的加工方案。例如，对于坯料质量较高的精铸件、精锻件，可免去粗车工序；对于不便磨削的大直径外圆表面，需采用精车达到高精度要求；对于尺寸精度要求不高而要求光洁的表面，可采用抛光加工。图 4-1 给出了外圆面加工方案的框图，可作为拟定加工方案的依据和参考。

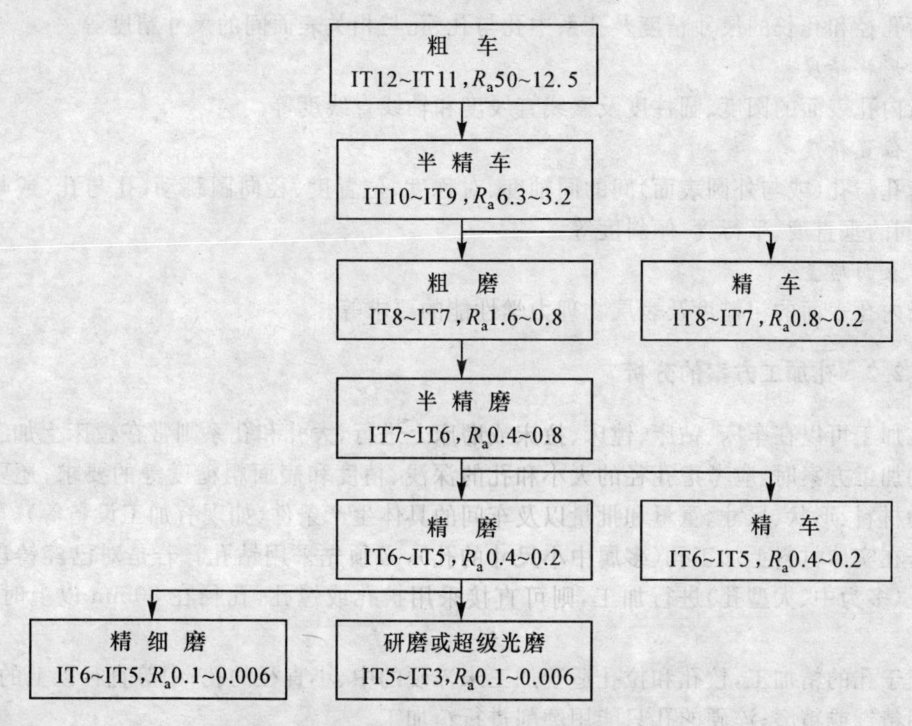

图 4-1　圆面加工方案框图（R_a 的单位为 μm）

4.2　内孔表面的加工

机器零件中，除外圆表面外，较多的便是内孔表面。它是盘套、支架、箱体等零件的主要组成表面之一，常见内孔表面有以下几种：

(1) 配合用孔。装配中有配合要求的孔。例如，与轴有配合要求的套筒孔、齿轮或带轮上的孔、车床尾座体孔、主轴箱箱体上的主轴和传动轴的轴承孔等。其中箱体上的孔往往构成孔系。这类孔的加工精度要求较高。

(2) 非配合用孔。装配中无配合要求的孔。例如，紧固螺栓用孔、油孔、内螺纹底孔、齿轮或带轮轮辐孔等。这类孔的加工精度要求不高。

(3) 深孔。长径比 $L/D>5\sim10$ 的孔称为深孔，例如，车床主轴上的轴向通孔。这类孔加工难度较大，对刀具和机床均有特殊要求。

(4) 圆锥孔。例如，车床主轴前端的锥孔、钻床刀杆的锥孔等。这类孔的加工精度和表面质量要求均较高。

本节仅讨论圆柱孔的加工。由于各种孔的作用不同、结构不同、技术要求不同,也需视具体生产条件拟定合理的加工方案。

4.2.1 内孔表面的技术要求

技术要求是拟定工艺方案的重要依据。与外圆表面类似,内孔表面的技术要求也有以下四个方面:

1.尺寸精度

指孔径和孔长的尺寸精度及孔系中孔与孔、孔与相关表面间的尺寸精度等。

2.形状精度

指内孔表面的圆度、圆柱度及素线直线度和轴线直线度等。

3.位置精度

指孔与孔(或与外圆表面)间的同轴度、对称度、位置度、径向圆跳动,孔与孔(或与相关平面)间的垂直度、平行度、倾斜度等。

4.表面质量

指内孔表面的粗糙度及表层物理力学性能的要求等。

4.2.2 孔加工方案的分析

孔加工可以在车床、钻床、镗床、拉床或磨床上进行,大孔和孔系则常在镗床上加工。拟定孔的加工方案时,应考虑孔径的大小和孔的深浅、精度和表面粗糙度等的要求;还要考虑工件的材料、形状、尺寸、重量和批量以及车间的具体生产条件(如现有加工设备等)。

若在实体材料上加工孔(多属中小尺寸的孔),必须先采用钻孔。若是对已经铸出或锻出的孔(多为中、大型孔)进行加工,则可直接采用扩孔或镗孔,孔径在 80mm 以上时,以镗孔为宜。

至于孔的精加工,铰孔和拉孔适于加工未淬硬的中、小直径的孔;中等直径以上的孔,可以采用精镗或精磨;淬硬的孔只能用磨削进行精加工。

在孔的光整加工方法中,珩磨多用于直径稍大的孔,研磨则对大孔和小孔都适用。

孔加工与外圆面加工相比,虽然在切削机理上有许多共同点,但是,在具体的加工条件上,却有着较大差异。孔加工刀具的尺寸,受所加工孔限制。一般呈细长状,刚性较差。加工孔时,刀具处在工件材料的包围之中,散热条件差,切屑不易排除,切削液难以进入切削区。因此,加工同样精度和表面粗糙度的孔,要比加工外圆面困难,成本也高。

根据各种零件内孔表面的尺寸、长径比、精度和表面粗糙度要求,在实体材料上加工内孔。其加工方案大致有以下几类:

1.低精度内孔表面的加工

对精度要求不高的未淬硬钢件、铸铁件及有色金属体,经一次钻孔即可达到要求。尺寸精度达 IT10 以下,表面粗糙度 R_a 值不大于 50～12.5μm。

2.中等精度内孔表面的加工

对于精度要求中等的未淬硬钢件、铸铁件及有色金属件,当孔径小于 30mm 时,采用钻孔后扩孔;孔径大于 30mm,采用钻孔后粗镗达到要求。尺寸精度达 IT10～IT9 表面粗糙度 R_a 值不大于 6.3～3.2μm。

3. 较高精度内孔表面的加工

对于精度要求较高的除淬硬钢外的零件内孔表面，当孔径小于 20mm 时，应采用钻孔后铰孔；孔径大于 20mm 时，视具体条件，先用下列方案之一

- 钻—扩—铰；
- 钻—粗镗—精镗；
- 钻—镗(或扩)—磨；
- 钻—拉。

4. 高精度内孔表面的加工

对于精度要求很高的内孔表面，当孔径小于 12mm 时，可采用钻—粗铰—精铰方案；孔径大于 12mm 时，视具体条件选用下列方案之一：

- 钻—扩(或镗)—粗铰—精铰；
- 钻—拉—精拉；
- 钻—扩(或镗)—粗磨—精。

尺寸精度达 IT7～IT6，表面粗糙度 R_a 值不大于 0.8～0.4μm。

5. 精密内孔表面的加工

对于精度要求更高的精密内孔表面，可在高精度内孔表面加工方案的基础上，视情况分别采用手铰、精细镗、精拉、精磨、研磨、珩磨、挤压或滚压等精细加工方法加工。尺寸精度达 IT6 以上，表面粗糙度 R_a 值不大于 0.4～0.025μm。图 4-2 给出了孔加工方案的框图，可以作为拟订方案的依据和参考。

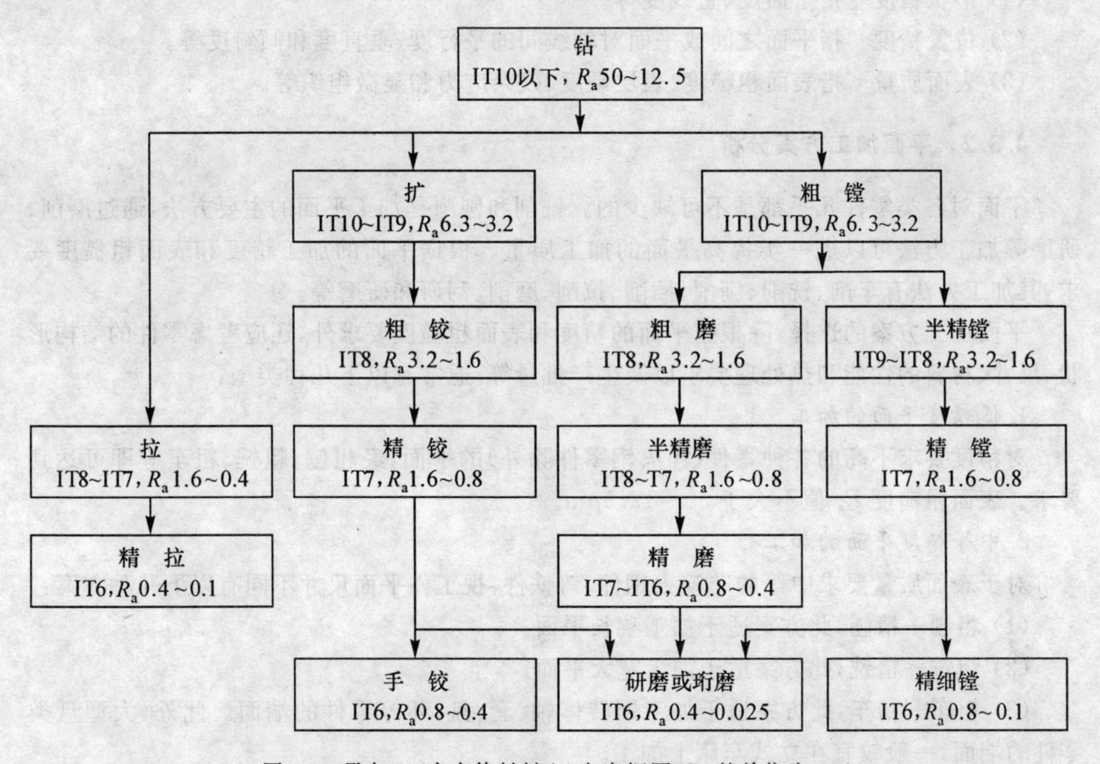

图 4-2　孔加工(在实体材料上)方案框图(R_a 的单位为 μm)

与外圆表面一样,内孔表面加工方案的拟订也与零件材料性质、热处理要求等有关。例如,有色金属零件精加工不宜采用磨削;钢件如需调质处理,在钻—铰方案中,应安排在钻削之后;在镗—磨方案中,安排在粗镗之后;淬火一般安排在磨削之前;渗氮则安排在粗磨和精磨之间,并注意渗氮前要调质处理。

4.3 平面的加工

平面是箱体、机座、机床床身和工作台零件的主要表面,也是其他零件的组成表面之一。根据其作用不同平面可分为以下几种:

(1) 非结合平面　这种平面不与任何零件相配合,一般无加工精度要求,只有当表面为了抗腐和美观时才进行加工,属低精度平面。

(2) 结合平面　这种平面多数用于零部件的连接面。如车床主轴箱、进给箱与床身的连接平面,一般要求精度和表面质量均较高。

(3) 导向平面　如各类机床的导轨面,这种平面的精度和表面质量要求极高。

(4) 精密量具表面　如钳工的平台、平尺的测量面和计量用量块的测量平面等。这种平面要求精度和表面质量均很高。

4.3.1 平面的技术要求

平面本身没有尺寸精度要求,其他技术要求主要有:

(1) 形状精度　指平面度、直线度等。

(2) 位置精度　指平面之间或平面对轴线间的平行度、垂直度和倾斜度等。

(3) 表面质量　指表面粗糙度、表层硬度、残余应力和显微组织等。

4.3.2 平面加工方案分析

平面对各类零件几乎都是不可缺少的。铣削和刨削是加工平面的主要方法,通过磨削、研磨等加工方法可以进一步提高平面的加工质量。根据平面的加工精度和表面粗糙度要求,其加工方法有车削、铣削、刨削、插削、拉削、磨削、刮研和研磨等。

平面加工方案的选择,除根据平面的精度和表面粗糙度要求外,还应考虑零件的结构形状、尺寸、材料的性能和热处理要求以及生产批量等,通常有以下几种类型:

1. 低精度平面的加工

对精度要求不高的各种零件(淬火钢零件除外)的平面,经粗刨、粗铣、粗车等即可达到要求。表面粗糙度 R_a 值不大于 50～12.5μm。

2. 中等精度平面的加工

对于表面质量要求中等的非淬火钢件、铸铁件,视工件平面尺寸不同有以下几种方案:

(1) 粗刨—精刨,此方案适于加工狭长平面。

(2) 粗铣—精铣,此方案适于加工宽大平面。

(3) 粗车—精车,此方案适于加工回转体轴、套、盘、环等零件的端面。此外,大型盘类零件的端面,一般较宜在立式车床上加工。

(4) 粗插—精插,此方案适于封闭的内平面加工。

上述各种加工表面粗糙度 R_a 值不大于 6.3～1.6μm。

3. 高精度平面的加工

与上述"2"类似，视工件材料和平面尺寸不同，有以下五种方案：

(1) 粗刨—精刨—宽刃精刨花(代刮研)，此方案适于加工未淬火钢件、铸铁件、有色金属等材料的狭长平面。

(2) 粗铣—精铣—高速精铣，此方案适于加工未淬火钢件、铸铁件、有色金属等材料的宽平面。

(3) 粗铣(粗刨)—精铣(精刨)—磨削，此方案适于加工淬火钢件和非淬火钢件、铸铁件的各种平面。

(4) 粗插—精插—磨削，此方案适于加工回转体零件的台肩平面。其较小台肩平面采用普通外圆磨床加工；较大台肩平面用行星磨加工。

(5) 粗铣—拉削，此方案适用于大批大量生产除淬火钢件以外的各种金属零件，不仅生产率很高，而且加工质量也较高。

上述各种加工表面粗糙度 R_a 值不大于 0.8～0.2μm。

4. 精密平面的加工

对于有更高精度要求的平面，可在磨削后分别采用研磨、抛光等工序，使表面粗糙度 R_a 值不大于 0.4～0.12μm。图 4-3 给出了平面加工方案的框图，可以作为拟定加工方案的依据和参考。

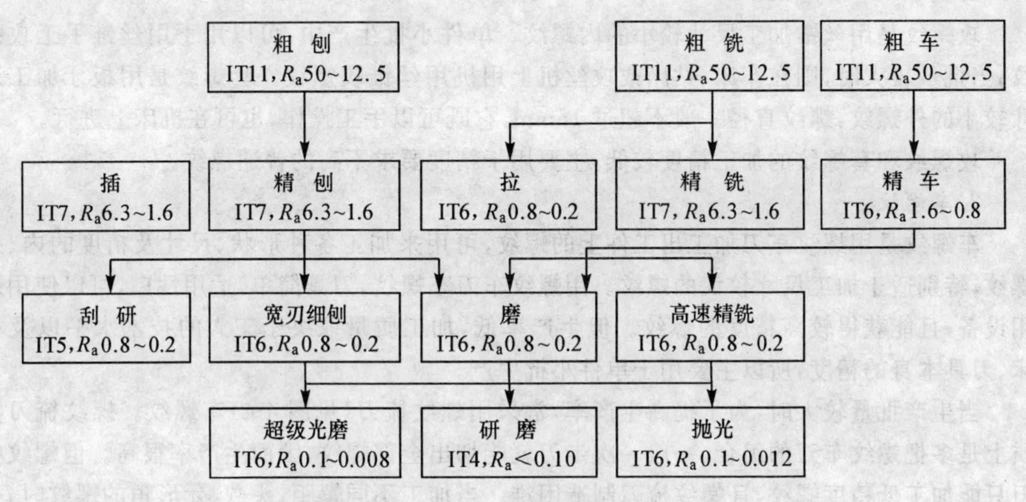

图 4-3　平面加工方案框图(R_a 的单位为 μm)

4.4　螺纹表面的加工

螺纹也是零件上常见的表面之一，它有多种形式，若按用途的不同，可分为如下两类：

(1) 紧固螺纹　用于零部件间的紧固和联结。为保证联结可靠，要求这类螺纹具备条件有自锁性。常用的有普通三角形螺纹(牙形角 60°为米制螺纹、牙形角 55°为英制螺纹)、圆柱管螺纹和圆锥管螺纹(牙形角 55°或 60°)。

(2) 传动螺纹　用于传递运动,将旋转运动转变为直线运动。除了要保证传递运动的准确性外,还需传递一定的动力、位移。常用的牙型有梯形、矩形和锯齿形,如机床的丝杠、蜗杆等。其中锯齿形螺纹用于传递单向动力。

4.4.1　螺纹表面的表面要求

螺纹表面与其他表面一样,有一定的尺寸精度、形位精度和表面质量要求。此外,视其工件条件与用途的不同,还有其他相应的技术要求。

用于固定联结的紧固螺纹,只要求可旋入性和联结的可靠性,故一般只对中径和顶径(外螺纹的大径、内螺纹的小径)提出精度要求;对于无传动精度要求的传动螺纹,也只对中径和顶径精度提出要求;对有传动精度要求的传动螺纹和读数螺纹,除要求中径和顶径的精度外,还对螺距和牙型半角的精度有较高要求。同时为了保证传动精度、读数精度、耐磨及螺纹接触良好性,对螺纹表面的粗糙度、硬度和尺寸稳定性等也有较高的要求。

4.4.2　螺纹表面的加工方法

螺纹表面的加工方法很多,常用的有攻螺纹、套螺纹、车螺纹、铣螺纹、磨螺纹、研磨和无屑加工(搓丝、滚丝)等。它们各有特点,需视螺纹的形状、尺寸、精度、表面粗糙度、工件材料和热处理以及生产批量的不同合理选择。

本节仅介绍螺纹表面的几种常用加工方法:

1. 攻螺纹和套螺纹

攻螺纹是用丝锥加工尺寸较小的内螺纹。单件小批生产中,可以用手用丝锥手工攻螺纹;当批量较大时,则在车床、钻床或攻丝机上用机用丝锥攻螺纹。套螺纹是用板牙加工尺寸较小的外螺纹,螺纹直径一般不超过 16mm,它既可以手工操作,也可在机床上进行。

攻螺纹和套螺纹的加工精度较低,主要用于精度要求不高的普通螺纹。

2. 车螺纹

车螺纹是用螺纹车刀加工出工件上的螺纹,可用来加工各种形状、尺寸及精度的内、外螺纹,特别适于加工尺寸较大的螺纹。用螺纹车刀车螺纹,刀具简单,适用性广,可以使用通用设备,且能获得较高精度的螺纹。但生产率低,加工质量取决于工人的技术水平以及机床、刀具本身的精度,所以主要用于单件小批生产。

当生产批量较大时,为了提高生产率,常采用螺纹梳刀(见图 4-4)车螺纹。螺纹梳刀实质上是多把螺纹车刀的组合,一般一次走刀就能切出全部螺纹,因而生产率很高。但螺纹梳刀只能加工低精度螺纹,且螺纹梳刀制造困难。当加工不同螺距、头数、牙形角的螺纹时,必须更换相应的螺纹梳刀,故只适用于成批生产。此外,对螺纹附近有轴肩的工件,也不能用螺纹梳刀加工螺纹。

3. 铣螺纹

铣螺纹是在专用的螺纹铣床上用螺纹铣刀加工螺纹的方法。根据铣刀结构的不同,铣螺纹可分为下述两种:

(1) 用盘状螺纹铣刀铣螺纹(见图 4-5)。这种方法一般用于加工螺距较大的传动螺纹,如丝杠、蜗杆等梯形螺纹。加工时,铣刀轴线必须相对于工件轴线转动一个螺旋升角 λ。由于加工精度较低,通常只作为粗加工,然后再用车削进行精加工。

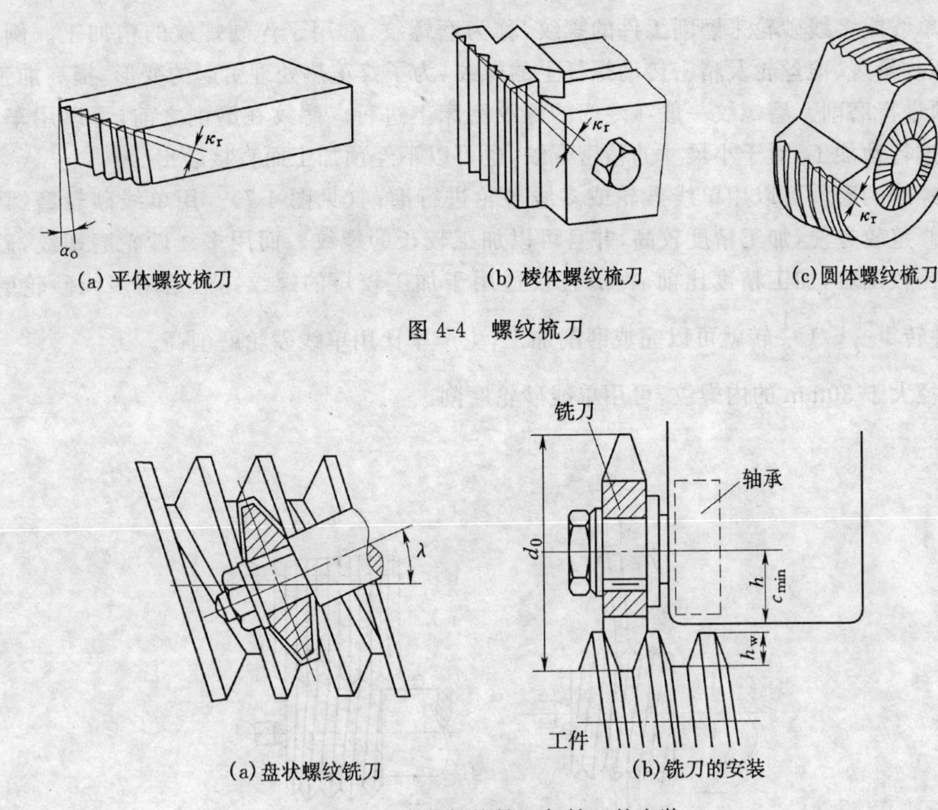

(a) 平体螺纹梳刀　(b) 棱体螺纹梳刀　(c) 圆体螺纹梳刀

图 4-4　螺纹梳刀

(a) 盘状螺纹铣刀　(b) 铣刀的安装

图 4-5　盘状螺纹铣刀与铣刀的安装

(2) 用梳状螺纹铣刀铣螺纹(见图 4-6)。铣螺纹时,铣刀、工件除按箭头方向旋转外,铣刀还作缓慢的轴向移动。在工件转动一周的同时铣刀应沿轴线移动一个螺距,工件只需要转一周多一点就可切出全部螺纹,因此,生产率较高。但该法其加工精度低,并需专用机床。这种方法适用于成批生产的、加工工件短而螺距又不大的三角形内、外螺纹,还可以加工靠近轴肩或盲孔底部的螺纹,且不需要退刀槽。

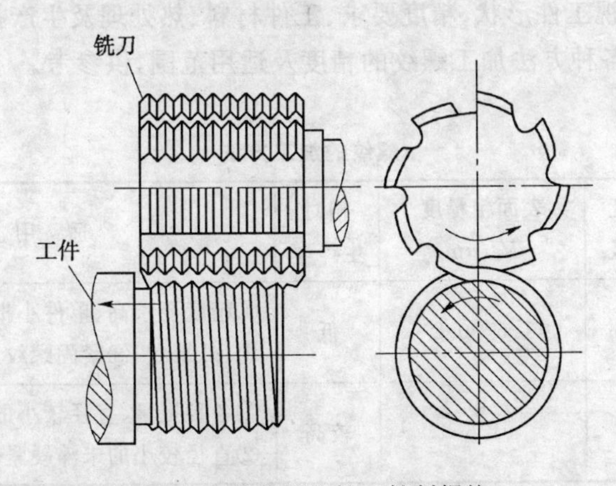

图 4-6　梳状螺纹铣刀铣削螺纹

4. 磨螺纹

用单线或多线砂轮来磨削工件的螺纹,称为磨螺纹,常用于淬硬螺纹的精加工。例如,丝锥、螺纹量规、滚丝轮及精密传动螺杆上的螺纹,为了修正热处理引起的变形,提高加工精度,必须进行磨削。磨螺纹一般在专门的螺纹磨床上进行。螺纹在磨削之前,可以用车、铣等方法进行预加工,对于小尺寸的精密螺纹,也可以不经预加工而直接磨出。

外螺纹的磨削可以用单线砂轮或多线砂轮进行磨削(见图 4-7)。用单线砂轮磨螺纹,砂轮的修整较方便,加工精度较高,并且可以加工较长的螺纹。而用多线砂轮磨螺纹,砂轮的修整比较困难,加工精度比前者低,且仅适用于加工较短的螺纹。但是用多线砂轮磨削时,工件转 $1\frac{1}{3}\sim1\frac{1}{2}$转就可以完成磨削加工,生产率比用单线砂轮磨削高。

直径大于 30mm 的内螺纹,可用单线砂轮磨削。

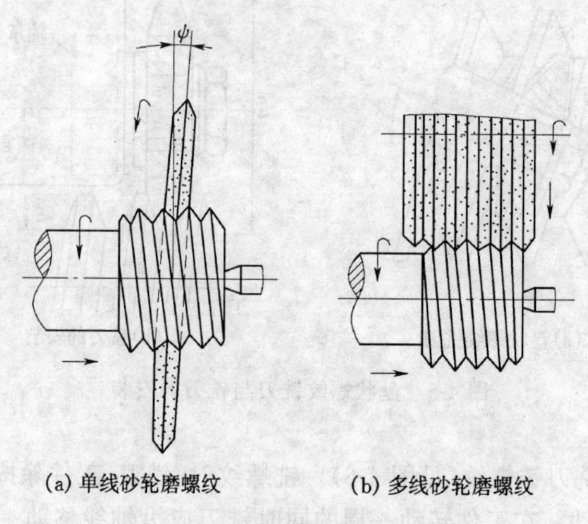

图 4-7 砂轮磨螺纹

4.4.3 螺纹加工方法的选择

螺纹加工方法应视工件形状、精度要求、工件材料、热处理及生产批量等,综合考虑合理选择。表 4-1 列出了各种方法加工螺纹的精度及适用范围,供参考。

表 4-1 螺纹的加工方法

加工方法	精度等级	表面粗糙度 $R_a/\mu m$	相对生产率	适用范围
车削螺纹	6	1.6~0.8	低	①精度要求高、单件小批生产;②各种未淬硬的内、外螺纹;③紧固螺纹和传动螺纹
攻螺纹套螺纹(机、手)	6~7	1.6	较高	①各种批量、直径较小的内、外螺纹;②直径较小的未淬硬紧固螺纹

续表

加工方法		精度等级	表面粗糙度 $R_a/\mu m$	相对生产率	适用范围
铣削螺纹	盘状铣刀 梳形铣刀	7～6	1.6	较高	①成批、大量生产；②各种精度且未淬硬的内、外螺纹；③紧固螺纹和传动螺纹
	旋风铣	7～6	1.6	高	①成批、大量生产；②大、中直径的外螺纹；③大直径的内螺纹
滚压螺纹	搓丝	6	1.6～0.8	最高	①高生产率、生产直径小于 40mm 的外螺纹；②成批、大量生产；③材料塑性较好的外螺纹；④螺钉标准件用此法加工
	滚丝	5～6	0.8～0.2	很高	
磨削螺纹	单线磨	4～5	0.4～0.1	一般	①各种批量；②淬硬螺纹；③精度高、生产率较低
	多线磨	5	0.4～0.2	高	①各种批量；②淬硬螺纹；③精度稍低、生产率较高；④螺距较小的短螺纹
研　磨		4～5	减小至原有的 1/2～1/4	低	常用于精度高、表面质量好的螺纹终加工，批量不限

4.5　成形表面的加工

许多机械零件上都具有成形表面。例如，机床的操作手柄、内燃机凸轮轴的凸轮、汽轮机的叶片、花键、模具型腔、螺旋桨等。

成形表面的形式很多，归纳起来有回转式成形面、直线式成形面、立体式成形面及曲线凸轮表面等。成形表面大都是为实现某种特定功能而专门设计的，因此，其表面形状的技术要求是十分重要的。加工时，应根据零件的尺寸、形状及生产批量来拟定加工方案，但首先应满足其表面形状的要求。

4.5.1　成形表面的技术要求

与其表面相似，成形表面的技术要求是零件上成形表面各部位的尺寸精度和形状精度；成形表面与其他表面间的平行度、垂直度、同轴度、对称度等的位置精度和表面质量。表面质量是指表面粗糙度、表层显微组织、表面硬度等。

4.5.2　成形表面的加工特点

1. 成形表面的形成

(1) 回转成形面，是以一条曲线为母线，绕一固定轴线旋转而形成的表面，如机床手柄、手轮、圆球、圆弧面等。回转成形面一般多用车削加工。

(2) 直线成形面，是以一条直线为母线，沿一条封闭的或不封闭曲线平行移动而形成的表面,又称成形沟槽。沟槽形式分直线形、圆弧形,如直槽、螺旋槽、齿轮齿形、凸圆弧、凹圆弧等。直线成形面一般多用铣削、刨削加工。

(3) 立体成形面。又称空间曲面。各个不同截面上具有不同的轮廓形状,是一个复杂的空间曲面,如各种模具的型腔、汽轮机和水轮机的叶片、飞机和船舶的螺旋桨等。这类成形表面的加工相当复杂,除用仿形法外,还可用数控机床和电火花机床加工。

2. 成形表面加工方法

成形表面的加工一般采用车削、刨削、铣削、拉削或磨削。根据批量的大小和材料性能的不同,以及成形表面的特点,成形表面的加工方法归纳起来有两种基本形式:

1) 利用成形刀具加工

即用切削刃形状与工件廓形相符合的刀具,直接加工出成形面。

(1) 车削成形表面。图 4-8 是用成形车刀车削成形表面的示意图。成形车刀的刃形与工件表面母线形状一致,加工时,车刀只作横向进给运动。

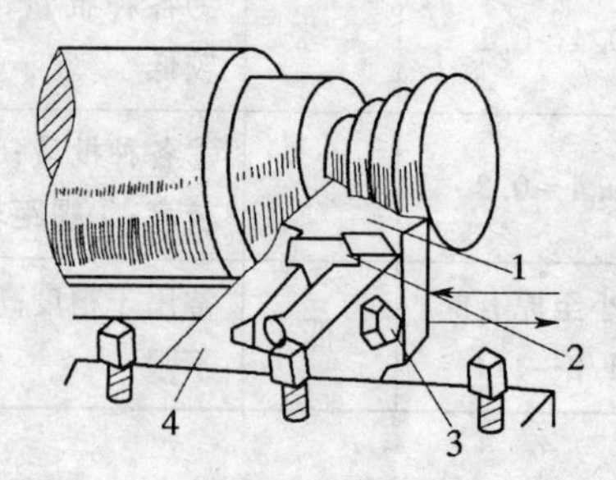

图 4-8 用成形车刀车削成形表面

1—成形刀 2—燕尾 3—夹紧螺钉 4—夹持体

成形车刀切削刃较宽,切削时容易振动,应采用较小的切削用量。此法操作简便,机床的运动和结构比较简单,生产率高,加工质量稳定,但刀具制造困难,成本高,故只适用于成批生产中加工轴向尺寸较小的回转体成形面。单件小批生产时,在卧式车床上加工;批量大时,多在自动或半自动车床上加工。

(2) 刨削成形表面。图 4-9 是用成形刨刀刨削成形表面的示意图。成形刨刀的结构与成形车刀类似。

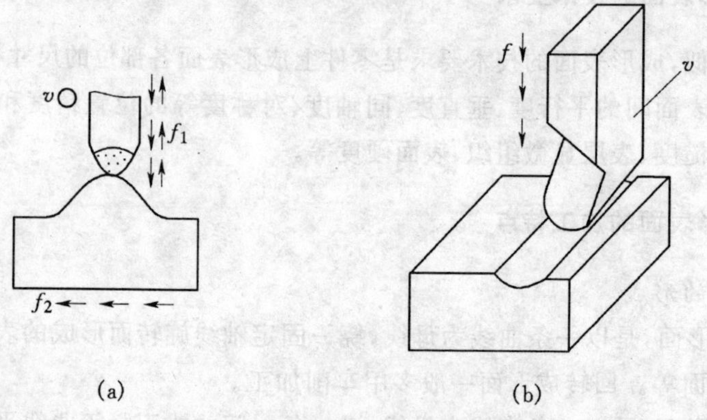

图 4-9 成形刨刀刨削成形表面

由于刨削有较大的冲击力，容易引起振动，故这种方法只适用于加工尺寸小、形状简单的直线成形表面，且加工重量较轻，效率较低。

(3) 铣削成形表面。图4-10是用成形铣刀铣削凸圆弧的示意图。这种铣削方法一般在卧式铣床上用盘状成形铣刀进行。

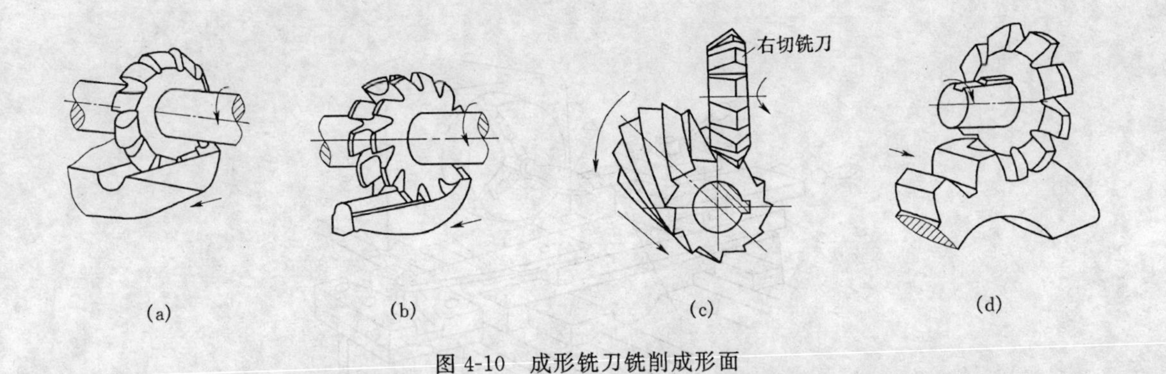

图4-10　成形铣刀铣削成形面

成形铣刀在生产中应用较广。铣削的生产率较高，常用于成批生产中加工尺寸较小的直线成形表面。

(4) 拉削成形表面。拉削除了能加工圆孔和平面外，还可以加工直线成形表面，如图3-43所示。与刨削和铣削相比，拉削成形表面不仅加工精度较高，表面粗糙度值小，而且生产率很高；但成形拉刀制造要复杂得多，费用更高。故拉削成形表面宜用于成批和大量生产中。

(5) 磨削成形表面。图4-11是用成形砂轮磨削成形表面的示意图。与金属成形刀具相似，先修整砂轮，使它具有与工件成形表面相反的轮廓形状，然后用其磨削成形表面。这种方法在外圆磨床上可以磨削回转体成形表面，在平面磨床上可以磨削直线成形外表面。

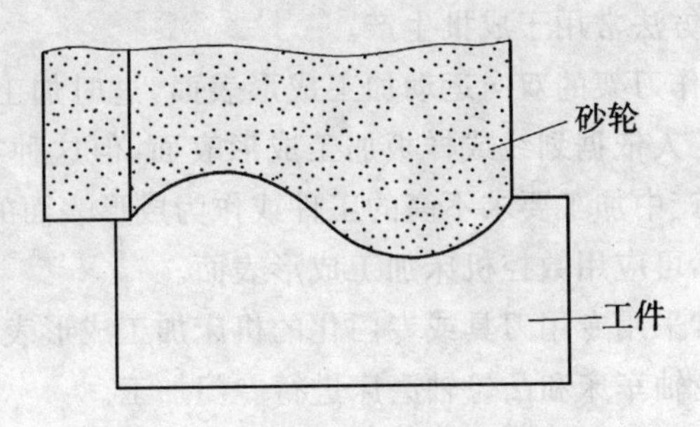

图4-11　成形砂轮磨削成形表面

磨削成形表面主要用于精度高、粗糙度小的成形表面，尤其是经淬火后的精密成形表面(如凸轮、靠模和冲模等零件的工作面)的精加工。

用成形刀具加工成形表面，具有加工质量稳定、操作简便、生产率高等优点。但刀具制造和刃磨比较复杂(特别是成形铣刀和拉刀)，成本高。而且，这种方法的应用受工件成形表面形状和尺寸的限制，不宜用于加工刚性差、成形面较宽的工件，只适用于成形表面精度要求较高、尺寸较小、零件批量较大的场合。

2）利用刀具与工件间特定的相对运动加工

用靠模装置车削成形表面如图 4-12 所示。把车床的中滑板丝杠与螺母脱开，并将拉板 3 固定在中滑板上，另一端与滚柱 5 连接。当床鞍作纵向移动时，滚柱 5 沿着靠模 4 的曲线槽移动，使车刀作相应的移动，车削出工件 1 的成形表面。

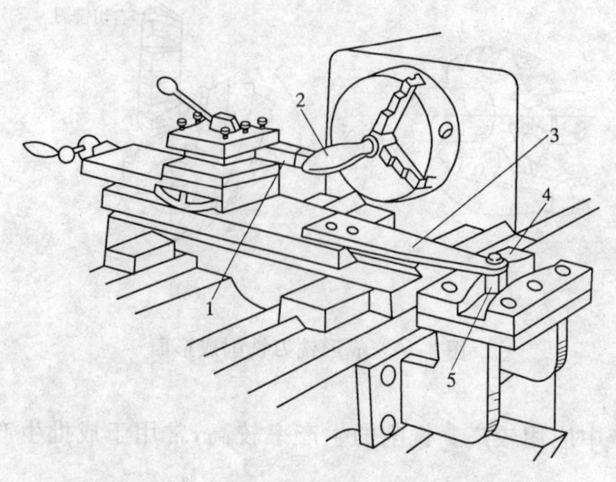

图 4-12　用靠模法加工成形表面

1—车刀　2—工件　3—拉板　4—靠模　5—滚柱

用随动系统靠模装置可以在仿形车床和仿形铣床上加工成形表面。它适合于尺寸较大或精度要求较高或形状特别复杂的成形表面加工。此外，还可用手动、液压仿形、电气仿形或数控装置等，来控制刀具与工件之间特定的相对运动。

利用刀具和工件作特定的相对运动来加工成形表面，刀具比较简单，并且加工成形表面的尺寸范围较大，生产率较高，加工精度也较高。但是，机床的运动和结构较复杂，靠模制造困难，成本也高，故这种方法常用于成批生产。

工人用双手同时操作刀架的双向运动加工成形表面，这时加工精度由工人的技术水平来决定。此外，还可由工人依据划线或样板加工成形表面，但这种方法的质量和效率较低，故只适宜在单件小批生产中加工要求不高的工件或作为成形表面的粗加工工序。为了保证加工质量和提高生产率，可应用数控机床加工成形表面。

大批大量生产中，常采用专用刀具或专门化的机床加工成形表面。例如，汽车发动机中的凸轮轴，就是采用凸轮轴车床和凸轮轴磨床进行专门加工。

4.6　齿轮齿形的加工

齿轮广泛用于机床、汽车、拖拉机、工程机械及精密仪器等，作为传递运动和动力的重要零件。因此，齿轮加工在机械制造中占有重要地位。

齿轮的结构多种多样，常见的有圆柱齿轮、圆锥齿轮及蜗杆蜗轮等，其中以圆柱齿轮应用最广。一般机械上所用的齿轮，多为渐开线齿形；仪表中的齿轮，常为摆线齿形；矿山机械、重型机械中的齿轮，有时采用圆弧齿形等。本节仅介绍渐开线圆柱齿轮齿形的加工。

4.6.1　圆柱齿轮传动的精度要求

对于齿轮，除了有尺寸精度、形位精度和表面质量的要求外，根据齿轮传动特点和不同用途，还对齿轮传动性能提出了如下精度要求：

1. 传递运动的准确性

作为传动零件的齿轮，要求它能准确地传递运动，即保证主动轮转过一定角度，从动轮按传动比关系准确地转过一个相应的角度。这就要求齿轮在每转一转的过程中，转角误差的最大值不能超过一定的限度。

2. 传动的平稳性

在传动运动过程中，特别是高速转动的齿轮，不希望出现冲击、振动和噪声，这就要求齿轮工作平稳。因此，必须限制齿轮转动瞬时传动比的变化，也就是要限制较小范围内的转角误差。

3. 载荷分布的均匀性

齿轮在传递动力时，为了不致因接触不均匀使接触应力过大，引起齿面过早磨损，就要求齿轮工作时齿面接触均匀，并保证有一定的接触面积和要求的接触位置。

4. 传动侧隙

在齿轮传动中，互相啮合的一对轮齿的非工作面之间应留有一定的间隙，以便贮存润滑油并使工作齿面形成油膜，减少磨损；同时齿侧间隙还可以补偿由于温度、弹性变形以及齿轮制造和装配所引起的间隙减小，防止卡死。但是齿侧间隙也不能过大，对于要求正反转的传动齿轮，侧隙过大就会引起换向冲击，产生噪声；对于正反转的分度齿轮，侧隙过大就会产生过大的“空程”，使分度精度降低。可见齿轮的工作条件不同，要求的齿侧间隙也不同。

根据齿轮传动的工作条件对精度的不同要求，我国制定并颁布了国家标准《渐开线圆柱齿轮精度 GB 10095—88》，对齿轮和齿轮副规定了 12 个精度等级，1 级精度最高，12 级精度最低。1 级和 2 级是有待发展的精度等级；3～5 级为高精度级；6～8 级为中等精度等级；9～12级为低精度级。按齿轮控制的各项误差对传动性能的主要影响，将齿轮的各项公差与极限偏差分成三个公差组：第Ⅰ公差组主要控制齿轮在一转内回转角的全部误差，它主要影响传递运动准确性；第Ⅱ公差组主要控制齿轮在一个齿距范围内的转角误差，它主要影响传动的工作平稳性；第Ⅲ公差组主要控制具体化的接触痕迹，它影响齿轮受载后载荷分布的均匀性。此外，独立于齿轮精度外，规定了齿轮副齿侧间隙，它是用齿厚极限偏差来控制的，标准规定了 14 种齿厚极限偏差，代号分别为 C、D、E、F、G、H、J、K、L、M、N、P、R、S，从 D 起其偏差值依次递增。

由于齿轮的工作条件不同，对三个公差组的要求是不同的。例如，分度机构的齿轮，主要要求传递运动准确；机床主轴箱的高速齿轮，则传动的平稳性就要求高些；而对重型设备的低速重载下的传动齿轮，因齿轮受力较大，其载荷分布均匀则要求高些。所以，标准中允许对三个公差组精度选择不一样的等级。但在同一公差组内，各项公差和极限偏差保持相同的精度等级。

4.6.2　齿轮齿形加工方法的分析

齿形加工是齿轮加工的核心和关键，目前制造齿轮主要是用切削加工，也可以用铸造或辗压(热轧、冷轧)等方法。铸造齿轮的精度低、表面粗糙;辗压齿轮生产率高、机械性能好,但精度较低,仍未被广泛采用。

用切削加工的方法加工齿轮齿形,若按加工原理的不同,可以分为如下两大类:

(1) 成形法(也称仿形法)。是指用于被切齿轮齿间形状相符的成形刀具,直接切出齿形的加工方法,如铣齿、成形法磨齿等。

(2) 展成法(也称范成法或包络法)。是指利用齿轮刀具与被切齿轮的啮合运动(或称展成运动),切出齿形的加工方法,如插齿、滚齿、剃齿和展成法磨齿等。

1. 铣齿

就是利用成形齿轮铣刀,在万能铣床上加工齿轮齿形的方法(见图 4-13)。加工时,工件安装在分度头上,用盘形齿轮铣刀($m<10\sim16$ 时)或指形齿轮铣刀(一般 $m>10$),对齿轮的齿间进行铣削。当加工完一个齿间后,进行分度,再铣下一个齿间。

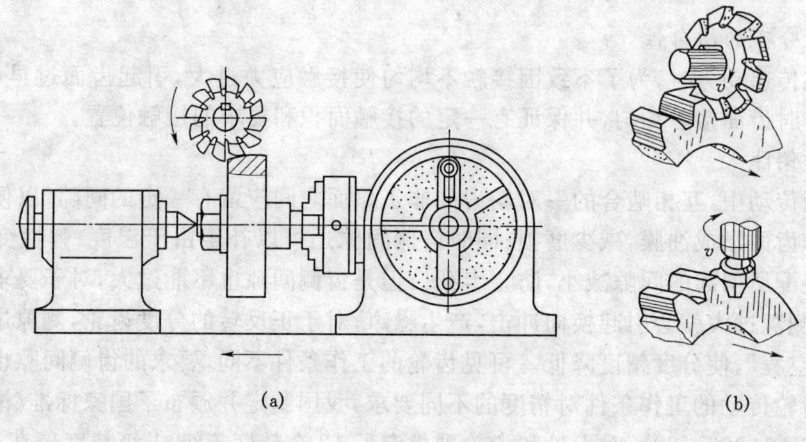

图 4-13 铣齿

铣齿具有如下特点:

(1) 成本较低 铣齿可以在一般的铣床上进行,刀具也比其他齿轮刀具简单,因而加工成本较低。

(2) 生产率较低 由于铣刀每切一个齿间,都要重复消耗切入、切出、退刀以及分度等辅助时间,所以生产率较低。

(3) 精度较低 模数相同而齿数不同的齿轮,其齿形渐开线的形状是不同的,齿数愈多,渐开线的曲率半径愈大。铣切齿形的精度主要取决于铣刀的齿形精度,从理论上讲,同一模数每种齿数的齿轮,都应该用专门的铣刀加工。这样就需要很多规格的铣刀,使生产成本大为增加。为了降低加工成本,实际生产中,把同一模数的齿轮按齿数划分成若干组,通常分为 8 组或 15 组,每组采用同一个刀号的铣刀加工。表 4-2 列出了分成 8 组时,各号铣刀加工的齿数范围。各号铣刀的齿形是按该组内最小齿数齿轮的齿形设计和制造的,加工其他齿数的齿轮时,只能获得近似齿形,产生齿形误差。另外,铣床所用的分度头,是通用附件,分度精度不高,所以,铣齿的加工精度较低。

表 4-2　齿轮铣刀的分号

铣刀号数	1	2	3	4	5	6	7	8
能铣制的齿数范围	12～13	14～16	17～20	21～25	26～34	35～54	55～134	135 以上

铣齿不但可以加工直齿、斜齿和人字齿圆柱齿轮，而且还可以加工齿条和锥齿轮等。但由于上述特点，它仅适用于单件小批生产或维修工作中加工精度不高的低速齿轮。

2. 插齿

插齿属于展成法加工，用插齿刀在插齿机上加工齿轮的齿形，它是按一对圆柱齿轮相啮合的原理进行加工的。如图 4-14 所示，相啮合的一对圆柱齿轮，其中一个是工件，另一个用高速钢制成，并于淬火后轮齿上磨出前角和后角，形成切削刃，再具有必要的切削运动，即可在工件上切出齿形来，后者就是加工齿轮用的插齿刀。

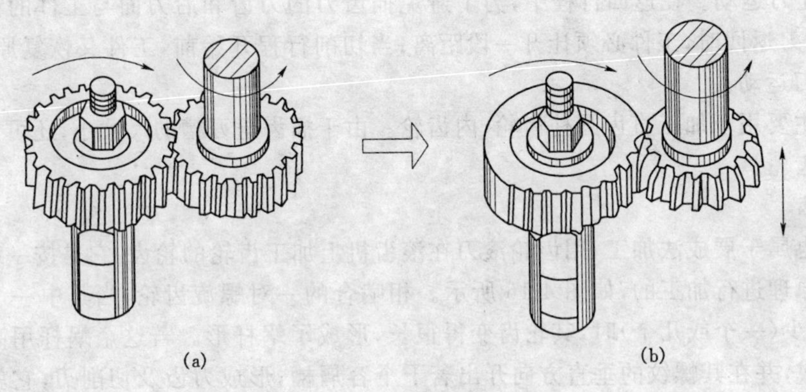

图 4-14　插齿的加工原理

(a)相啮合的一对齿轮　(b)插齿

插直齿圆柱齿轮时，用直齿插齿刀。插齿(见图 4-15)时的运动有：

(1) 主运动。主运动即插齿刀的上下往复直线运动，以每分钟往复行程次数来表示(str/min)。

(2) 分齿运动(展成运动)。分齿运动即插齿刀和工件之间强制地按速比保持一对齿轮啮合关系的运动，即

$$\frac{n_{工}}{n_{刀}}=\frac{Z_{刀}}{Z_{工}}$$

式中：$n_{工}$、$n_{刀}$——工件和插齿刀的转速，r/min；

$Z_{工}$、$Z_{刀}$——工件和插齿刀的齿数。

(3) 圆周进给运动。圆周进给运动即分齿运动过程中插齿刀每往复一次其分度圆周所转过的弧长(mm/str)。它反映插齿刀和齿轮坯转动的快慢，决定每切一刀的金属切除和包络渐开线齿形的切线数目，从而影响齿面的表面粗糙度 R_a 值。

(4) 径向进给运动。开始插齿时，插齿刀要逐渐切至全齿深，插齿刀每往复一次径向移动的距离，称为径向进给量。当切至全齿深时，径向进给运动停止，分齿运动仍继续进行，直至加工完成。

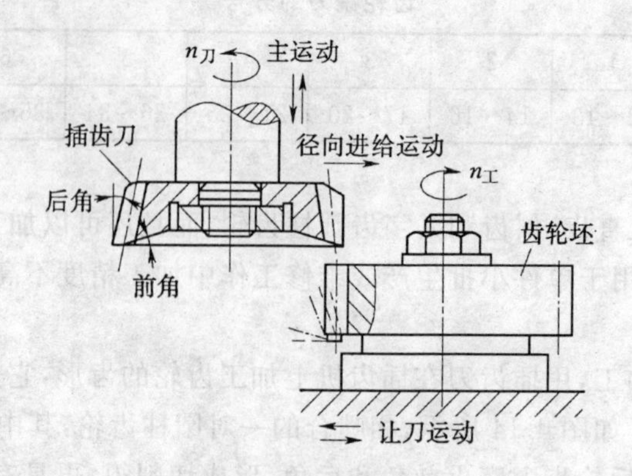

图 4-15 插齿加工

(5) 让刀运动。在返回行程中,为了避免插齿刀的刀齿和后刀面与工件的齿面发生摩擦,在插齿刀返回时,工件必须让开一段距离;当切削行程开始前,工件又恢复原位,这种运动称为让刀运动。

插齿主要用于加工直齿圆柱齿轮、内齿轮。由于插齿退刀槽的尺寸小,还可用于加工双联或多联齿轮。

3. 滚齿

滚齿也属于展成法加工,用齿轮滚刀在滚齿机上加工齿轮的轮齿,它是按一对螺旋齿轮相啮合的原理进行加工的,如图 4-16 所示。相啮合的一对螺旋齿轮,当其中一个螺旋角很大、齿数很少(一个或几个)时,其轮齿变得很长,形成了蜗杆形。若这个蜗杆用高速钢等刀具材料制成,并在其螺纹的垂直方向开出若干个容屑槽,形成刀齿及切削刃,它就变成了齿轮滚刀。

滚齿(见图 4-17)时的运动有:

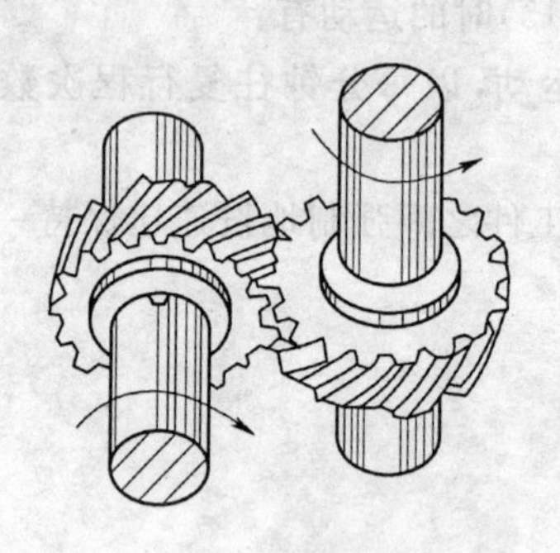

图 4-16 滚齿的加工原理

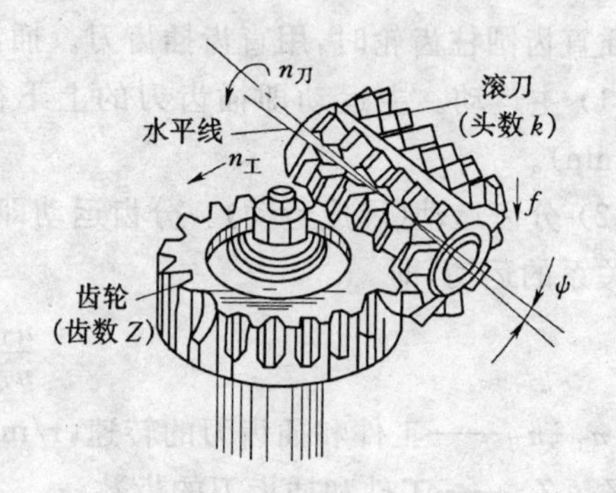

图 4-17 滚齿加工

(1) 主运动。主运动是指滚刀的高速旋转,转速以 $n_刀$(r/min)表示。

(2) 分齿运动(展成运动)。分齿运动指滚刀与被切齿轮之间强制地按速比保持一对螺旋齿轮啮合关系的运动,即

$$\frac{n_工}{n_刀}=\frac{k}{Z_工}$$

式中：$n_{工}$、$n_{刀}$——工件和齿轮滚刀的转速，r/min；

k——齿轮滚刀的头数；

$Z_{工}$——工件的齿数。

(3) 垂直进给运动。为了在齿轮的全齿宽上切出齿形，齿轮滚刀需要沿工件的轴向作进给运动。工件每转一转齿轮滚刀移动的距离，称为垂直进给量。当全部轮齿沿齿宽方向都滚切完毕后，垂直进给停止，加工完成。

加工螺旋齿轮时，除上述三个运动外，在滚切的过程中，工件还需要有一个附加税的转动，即根据螺旋齿轮 β 和导程 L 的关系，在滚刀垂直进给 L 距离的同时，工件多转或少转一转，这个附加的转动，可以通过调整滚齿机有关挂轮而得到。

在滚齿机上用蜗轮滚刀还可滚切蜗轮。

4. 插齿、滚齿和铣齿的比较

(1) 插齿和滚齿的精度基本相同，且都比铣齿高。插齿刀的制造、刃磨及检验均比滚刀方便，容易制造得较精确，但插齿机的分齿传动链比滚齿机复杂，增加了传动误差。综合两方面，插齿和滚齿的精度基本相同。

由于插齿机和滚齿机的结构与传动机构都是按加工齿轮的要求而专门设计和制造的，分齿运动的精度高于万能分度头的分齿精度。插齿刀和齿轮滚刀的精度也比齿轮铣刀的精度高，不存在像齿轮铣刀那样因分组而带来的齿形误差。因此，插齿和滚齿的精度都比铣齿高。

一般情况下，插齿和滚齿可获得 8～7 级精度的齿轮，若采用精密插齿或滚齿，可以得到 6 级精度的齿轮，而铣齿仅能达到 9 级精度。

(2) 插齿齿面的表面粗糙度 R_a 值较小。插齿时，插齿刀沿齿宽连续地切下切屑，而在滚齿和铣齿时，轮齿齿宽是由刀具多次断续切削而成，并且在插齿过程中，包络齿形的切线数量比较多，所以插齿的齿面表面粗糙度 R_a 值较小。

(3) 插齿的生产率低于滚齿而高于铣齿。插齿的主运动为往复直线运动，插齿刀有空行程，所以插齿的生产率低于滚齿。此外，插齿和滚齿的分齿运动是在切削过程中连续进行的，省去了铣齿时的单独分度时间，所以插齿和滚齿的生产率都比铣齿高。

(4) 插齿刀和齿轮滚刀加工齿轮齿数范围较大。插齿和滚齿都是按展成原理进行加工的，同一模数的插齿刀或齿轮滚刀，可以加工模数相同而齿数不同的齿轮，不像铣齿那样，每个刀号的铣刀，适于加工的齿轮齿数范围较小。

在齿轮齿形的加工中，滚齿应用最为广泛，它不但能加工直齿圆柱齿轮，还可以加工螺旋齿轮、蜗轮等，但一般不能加工内齿轮和相距很近的多联齿轮。插齿的应用也比较广，它可以加工直齿和螺旋齿圆柱齿轮，但生产率没有滚齿高，多用于加工用滚刀难以加工的内齿轮、相距较近的多联齿轮或带有台肩的齿轮等。

尽管滚齿和插齿所使用的刀具及机床比铣齿复杂、成本高，但由于加工质量好，生产率高，在成批和大量生产中仍可收到很好的经济效果。有时在单件小批生产中，为保证加工质量，也常常采用插齿或滚齿加工。

4.6.3　圆柱齿轮齿形的精加工

对于精度高于 7 级、表面粗糙度 R_a 值小于 0.8μm 或齿面需要淬火的齿轮，在铣齿、插齿、滚齿后,还需进行齿形的精加工。常用的精加工方法有剃齿、珩齿和磨齿。

1. 剃齿

1) 剃齿原理及运动

剃齿是利用一对交错轴斜齿轮啮合原理,在剃齿机上"自由啮合"的展成加工方法。

剃齿刀如图 4-18(a)所示,其外形很像斜齿圆柱齿轮,齿形精度很高,在轮齿两侧渐开线方向开有很多小槽,以形成切削刃,材料一般为高速钢,经淬火后成为剃齿刀。

图 4-18(b)为加工直齿圆柱齿轮的示意图。剃齿刀安装在剃齿机的主轴上,其圆周速度为 v_o,工件安装在机床工作台的心轴上,与剃齿刀保持啮合,并由剃齿刀带动旋转,两者间是一种"自由啮合"。为了使剃齿刀和工件的齿向一致,应使剃齿刀的轴线偏斜一角度 β_o,其数值等于剃齿刀的螺旋角。剃齿刀的圆周速度 v_o 分解为两个分速度:一个是沿工件圆周切线方向的分速度 v_w,它带动工件旋转,刀具与工件间不像插齿、滚齿那样靠同床传动链强制保持啮合运动,这就是"自由啮合"含义所在;另一个是沿齿轮工件轴线的分速度 v,即剃齿的切削速度,它使啮合齿面间产生相对滑动,正是这种相对滑动,使剃齿刀从工件上切下头发丝状的极细切屑,剃齿由此而得名,从而提高齿形精度和降低齿面粗糙度值。

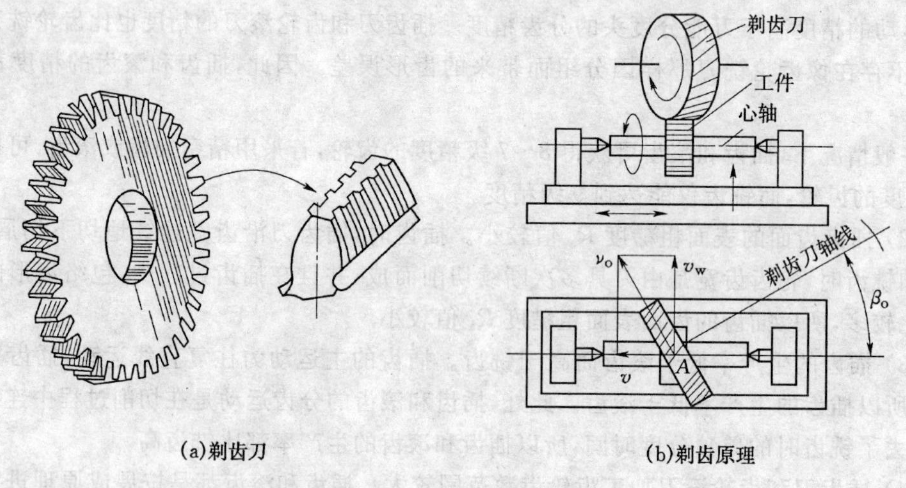

图 4-18 剃齿刀与剃齿运动

为剃出齿宽,工作台带动工件做往复直线进给。在工作台每一往复行程终了时,剃齿刀对工件还要做径向进给(0.02~0.04mm/往复行程),以达到所需的齿厚。

剃齿过程中,剃齿刀还要时而正转,时而反转,以剃削轮齿的两个侧面。

2) 剃齿工艺特点及应用

(1) 剃齿质量高。剃齿主要是提高齿形精度和齿向精度,降低齿面粗糙度值。剃齿后的齿轮精度可达 7 级~6 级,齿面粗糙度 R_a 值可达 0.8~0.2μm。由于剃齿刀与工件为"自由啮合",故剃齿不能修正分齿误差,而滚齿分齿精度比插齿高,所以剃齿前的齿轮多用滚齿加工。

(2) 生产率高。剃齿是多刃连续切削,剃齿余量小,一般仅为 0.08~0.2mm,且剃齿刀与被切齿轮间无复杂的传动链联系,故剃齿机结构简单,调整方便,辅助时间少。

(3) 刀具费用高。剃齿刀形状复杂，要求精度高，所以剃齿刀的制造成本及刃磨费用较高。

(4) 只能剃削硬度低的齿轮。因剃齿刀用高速钢制造，虽经淬火，也不能加工淬硬的齿轮，只能加工 35HRC 以下的直齿和斜齿圆柱齿轮。

剃齿通常用于大批大量生产中的齿轮齿形精加工，在汽车、拖拉机及机床制造等行业中应用很广泛。

2. 珩齿

珩齿是在珩齿机上用珩磨轮对淬火后齿轮进行光整加工的方法。珩齿的主要作用是去除淬火后轮齿上的氧化皮及少量的热变形，以降低齿面粗糙度 R_a 值。

珩齿原理和运动与剃齿相同，只是用珩磨轮代替了剃齿刀。如图 4-19 所示的珩磨轮是由磨料和环氧树脂等材料浇铸或热压在钢制轮芯上、具有较高精度的斜齿轮。磨料一般为白色氧化铝，有时也用黑色碳化硅。粒度在 $80^{\#}\sim120^{\#}$ 之间。

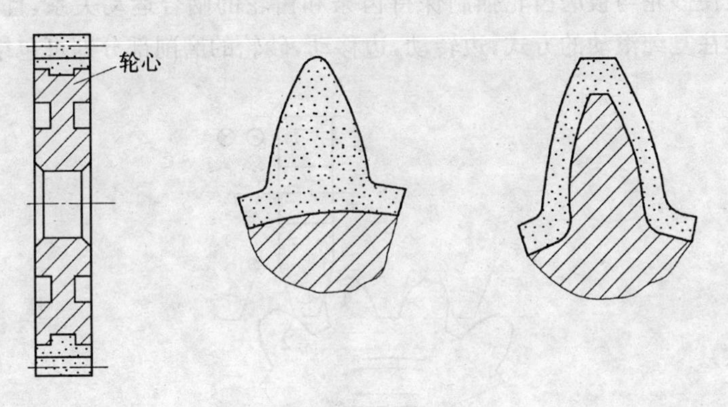

图 4-19　珩磨轮

珩齿时，珩磨轮高速旋转(1000～2000r/min)，同时沿齿向和渐开线方向产生滑动进行切削。珩齿过程具有磨、剃、抛光等综合作用，刀痕复杂、细密，所以齿面粗糙度 R_a 值可达 0.8～0.2μm。但珩齿对齿形和齿向精度改善不大，也不能提高分齿精度。

因珩齿余量小，为 0.01～0.02mm，且多为一次切除，生产率很高，一般珩磨一个齿轮只需 1min 左右。

3. 磨齿

磨齿在磨齿机上用砂轮对淬火或未淬火的轮齿进行精加工的一种常用方法。按其原理磨齿可分为成形法磨齿和展成法磨齿两种。

1) 成形法磨齿

如图 4-20 所示，成形法磨齿和成形法铣齿原理相同，其砂轮应修整成与被磨削齿轮的齿槽相吻合的渐开线齿形。用此砂轮对已经滚齿或插齿的齿轮齿槽逐个进行磨削。

由于成形砂轮修整不仅复杂，且经渐开线砂轮修整器修整的砂轮廓形具有一定误差，所以成形法磨齿精度较低，精度可达 6 级。但成形法磨齿生产率较展成法磨齿高近 10 倍。另外，成形法磨齿可在花键磨床或工具磨床上进行，设备费用较低。

成形法磨齿余量一般为 0.1～0.4mm。

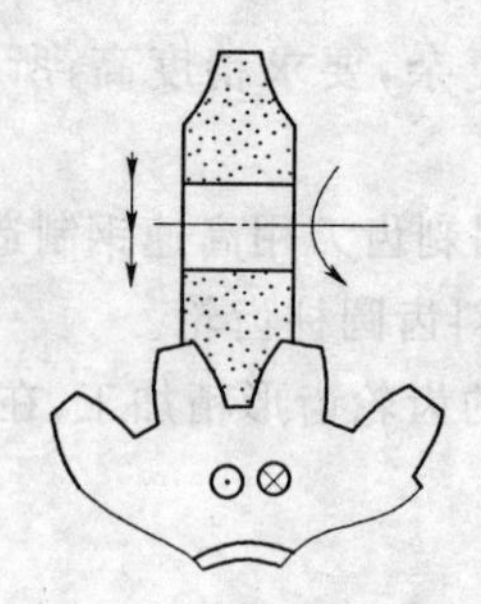

图 4-20　成形法磨齿

2) 展成法磨齿

生产中常用的展成法有锥面砂轮磨齿和双碟形砂轮磨齿两种方法。

(1) 锥面砂轮磨齿。如图 4-21 所示,将砂轮的磨削部分修整为锥面,以构成假想的齿条齿面。其原理是使砂轮与被磨齿轮强制保持齿条和齿轮的啮合运动关系,且使被磨齿轮沿假想的固定齿条作往复纯滚动的方式,边转动,边移动,砂轮的磨削部分即可包络渐开线齿形。

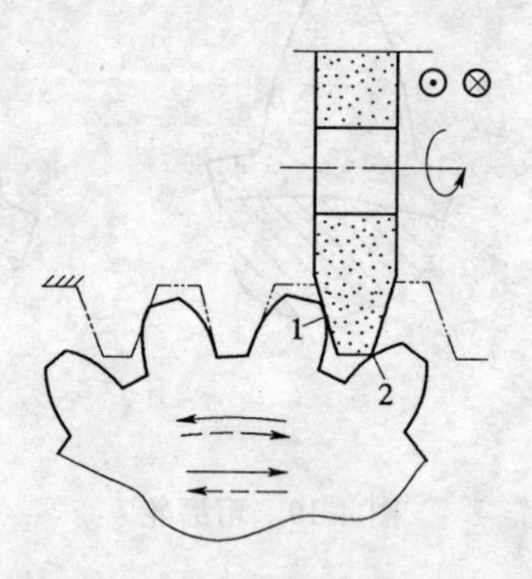

图 4-21　锥面砂轮磨齿

在磨齿机上以锥形砂轮磨削直齿圆柱齿轮时,需要以下几个运动:

① 主运动。指砂轮的高速旋转。

② 被磨齿轮的往复运动。指强制被磨齿轮按速比关系沿固定不动的假想齿条所作的纯滚动,也即展成运动,被磨齿轮时而向右滚动,时而向左滚动是为了在一次分齿运动中分别磨削齿槽两个齿面 1 和 2。

③ 砂轮的往复进给运动。为了磨出齿宽,砂轮沿工件轴线方向所作的往复进给运动。

④ 分度运动。指磨完一个齿槽后,砂轮自动退离,被磨齿轮转过 $1/z$ 圈(z 为磨削齿轮齿数),磨削相邻的另一个齿槽。

(2) 双碟形砂轮磨齿。磨齿原理与锥形砂轮磨齿相同。如图 4-22 所示,两个碟形砂轮(2)倾斜成一定角度,使其端面构成假想齿条的两个齿外侧面(或一个齿的两个侧面)。工作时,两个砂轮在一次分齿后,可同时磨削被磨齿轮一两个不同齿槽的不同齿面(或同一个齿槽的两个侧面)。

此种方法磨齿是被磨齿轮沿其轴向往复进给以磨出齿宽,其他的运动与锥形砂轮磨具相同。

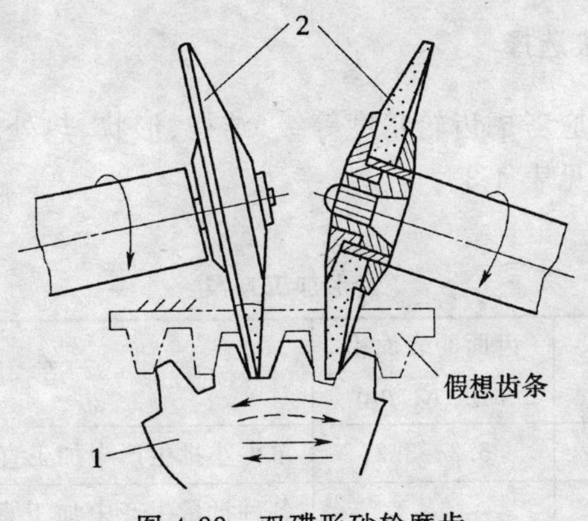

图 4-22　双碟形砂轮磨齿
1—工件　2—碟形砂轮

上述展成法磨齿中，锥形砂轮磨齿，其砂轮刚性好于碟形砂轮，可采用较大切削用量，生产率较高，但锥形砂轮直径小，磨损快且不均匀，加工精度一般为 5 级～6 级。双碟形砂轮传动环节少，传动误差小，砂轮修整精度高，磨损后可通过机床的自动补偿装置进行补偿，加工精度可达 4 级。

两种磨齿方法的表面粗糙度 R_a 值可达 0.4～0.2μm。

4.6.4　研齿

研齿是用研磨轮在研齿机上对齿轮进行光整加工的方法，加工原理是使工件与轻微制动的研磨轮作无间隙的自由啮合。并在啮合的齿面间加工研磨剂，利用齿面的相对滑动，从被研齿轮的齿面上切除一层极薄的金属，达到减小表面粗糙度 R_a 值和校正齿轮部分误差的目的。

如图 4-23 所示，工件放在三个研磨轮之间，同时与三个研磨轮啮合。研磨直齿圆柱齿轮时，三个研磨轮中，一个是直齿圆柱齿轮，另两个是螺旋角相反的斜齿圆柱齿轮。研齿时，工件带动研磨轮旋转，并沿轴向作快速往复运动，以便研磨全齿宽上的齿面。研磨一定时间后，改变旋转方向，研磨另一齿面。

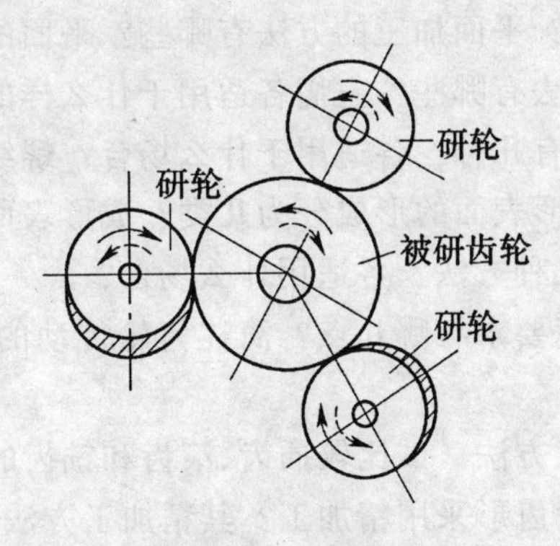

图 4-23　研齿

研齿对齿轮精度的提高作用不大，研齿能减小齿面的表面粗糙度 R_a 值，同时稍微修正齿形、齿向误差，主要用于淬硬齿面的精加工。

4.6.5 齿形加工方法选择

齿形加工方法的选择应考虑齿轮精度等级、结构、形状、热处理和生产批量等因素。常用的圆柱齿轮形加工方案见表 4-3。

表 4-3 齿形加工方案

加工方案		精度等级	齿面的表面粗糙度 $R_a/\mu m$	适用范围
成形法铣齿		9级以下	6.3～3.2	单件小批生产中加工直齿和螺旋齿轮及齿条
展成法	滚齿	8～7	3.2～1.6	各种批量生产中加工直齿、斜齿外啮合圆柱齿轮和蜗轮
	插齿	8～7	1.6	各种批量生产中加工内圆柱齿轮、双联齿轮、扇形齿轮、短齿条等。但插削斜齿轮只适于大批量生产
	剃齿	7～6	0.8～0.4	大批量生产中滚齿或插齿后未经淬火的齿轮精加工
	珩齿	7～6	1.6～0.4	大批量生产中高频淬火后齿形的精加工
	磨齿	6～3	0.8～0.2	单件小批生产中淬硬或不淬硬齿形的精加工
	研齿		0.4～0.2	淬硬齿轮的齿形精加工,可有效地减小齿面的 R_a 值

思考题 4

1. 什么是功能性表面？它与工件的成形有什么关系？

2. 在制定工件的加工工艺时必须遵循什么原则？

3. 外圆表面加工的相关技术要求有哪几个方面？其加工的方法有哪些？它们各适用于什么样的场合？

4. 常见的内孔表面有哪几种？内孔表面的技术要求有哪些？

5. 高精度内孔表面的加工有哪几种方法？精密内孔表面的加工有哪几种方法？

6. 常见的平面有哪几种？平面加工的方法有哪些？平面的技术要求有哪些？

7. 高精度平面的加工方法有哪些？它们各适用于什么样的场合？

8. 精密螺纹的加工方法有几种？各适用于什么场合？螺纹滚动加工具有什么特点？

9. 什么是表面质量？成形表面的形成分为几类？成形表面的技术要求是什么？

10. 成形表面的加工有几种方法？各适用什么场合？

11. 圆柱齿轮传动的精度要求有哪几点？简述齿轮传动的工作条件对精度的要求有哪些不同之处。

12. 简述常用的齿轮加工方法。试比较插齿、滚齿和铣齿的工艺特点以及加工范围。

13. 对什么样的圆柱齿轮齿形采用精加工？其精加工方法有哪几种？

14. 试比较珩齿与剃齿的加工方法，简述其各自的特点。

15. 试比较成形法磨齿与展成法磨齿的加工方法，简述其各自的特点。

16. 什么是研齿？为什么要进行研齿？其主要的目的是什么？

第 5 章　机械加工工艺规程设计

在前面有关章节中讨论了机器零件切削加工中的各种基本方法。在实际生产中，由于机器零件的形状、尺寸、表面质量等技术要求及生产类型和材料的不同，一般不能在一台机床上用一种加工方法完成一个零件的加工，对零件各组成表面经常需要选择几种不同的加工方法，并按照一定的顺序将这些加工方法组合起来，逐步完成零件的加工。机械加工工艺规程就是规定产品或零部件机械加工工艺过程和操作方法等的工艺文件。工艺规程体现了生产规模的大小、工艺水平的高低、解决各种工艺问题的方法和手段等。

工艺过程制定得是否合理，对产品质量、生产效率和经济效益均有很大的影响。因此，必须根据零件的具体要求和实际的加工条件，制定合理的工艺过程。

5.1　基本概念

5.1.1　机械产品的生产过程和机械加工工艺过程

1. 生产过程

机械产品的生产过程是指由原材料到生产出成品的全部劳动过程的总和，它包括毛坯的制造、原材料的运输和保存、生产准备和技术准备、零件的机械加工及热处理、产品的装配、检验、试车、油漆、包装等。

直接生产过程：被加工对象的尺寸、形状或性能、位置产生一定的变化。如：零件的机械加工、热处理、装配等。

间接生产过程：不使加工对象产生直接变化。如：工装夹具的制造、工件的运输、设备的维护等。

2. 机械加工工艺过程

工艺是使各种原材料、半成品成为成品的方法和过程。

机械加工工艺过程是生产过程的一部分，是对零件采用各种加工方法，直接用于改变毛坯的形状、尺寸、表面粗糙度以及力学物理性能，使之成为合格零件的全部劳动过程。

机械加工工艺过程由一系列工序、安装、工位、工步和走刀等组成。

1）工序

机械加工工艺过程中，一个或一组工人在一个工作地点，对一个或一组工件连续完成的那部分工艺过程，称为工序。据此可知，只要操作者、工作地点、加工对象和加工的连续性等要素中有一项发生改变，则成为另一工序。同样的加工内容可以有不同的工序安排。如图 5-1 所示的阶梯轴，根据生产批量可采用两种不同的工序安排，在单件小批量生产时可将粗加工和精加工安排在一道工序中完成；而在大批大量生产中则应将粗加工和精加工分在两道工序中完成。其加工过程见表 5-1。

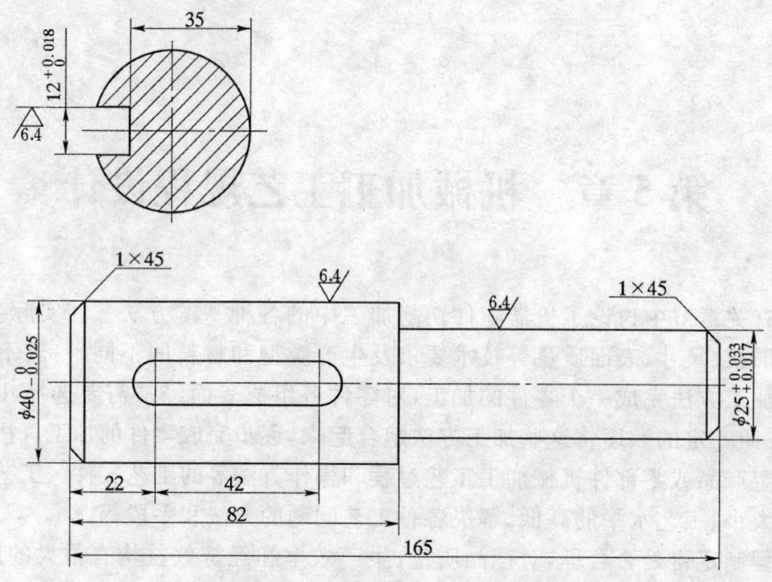

图 5-1 阶梯轴毛坯及零件图

工序是工艺过程的基本组成部分。由零件加工的工序数,就可以知道工作面积的大小、工人的数量和设备的数量。因此,工序是制订劳动定额、配备工人和设备数量,安排生产计划和进行质量检验的基本单元。

表 5-1 阶梯轴工序安排方案

工序号	方案 1:单件小批量生产工序安排	方案 2:大批大量生产工序安排
	工 序 名 称	
1	车端面,打中心孔,车外圆,切退刀槽	铣端面,打中心孔
2	铣键槽	粗车外圆
3	磨外圆,去毛刺	精车外圆,倒角,切退刀槽
4		铣键槽
5		磨外圆
6		去毛刺

2) 安装

安装是工件经一次装夹后所完成的那部分工序内容。一道工序中工件的安装可能是一次,也可能要装夹数次。例如表 5-1 的方案 1 中的工序 1,在一次装夹后尚需三次调头装夹,才能完成全部的工序内容,因此该工序共有四个安装;表 5-1 的方案 2 的工序 2,在一次装夹中完成全部工序内容,故该工序只有一个安装。

由于安装将会增加零件各加工表面间的位置误差及装卸辅助时间,故每一工序中安装次数要尽可能少。

3) 工位

在工件的一次安装中,工件在相对机床所占据一固定位置中完成的那部分安装的内容称为工位。在一次安装中可以只有一个工位，也可能有多个工位。图 5-2 所示为在三轴钻床上利用回转夹具，在一次安装中连续完成钻孔、扩孔、铰孔等工艺过程。采用多工位加工，可减少安装次数，缩短辅助时间。

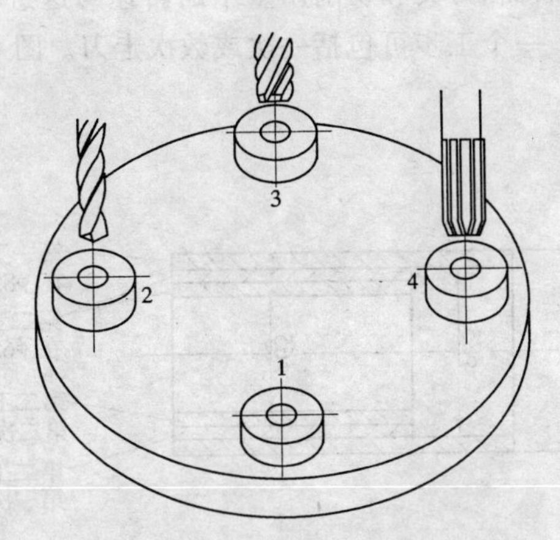

图 5-2　多工位加工

工位 1—装卸工件　工位 2—钻孔

工位 3—扩孔　工位 4—铰孔

4）工步

在不改变加工表面、切削刀具和切削用量的条件下所完成的那部分工位的内容称为工步。如图 5-3 所示为在六角自动车床上加工零件的工序，它包括六个工步。

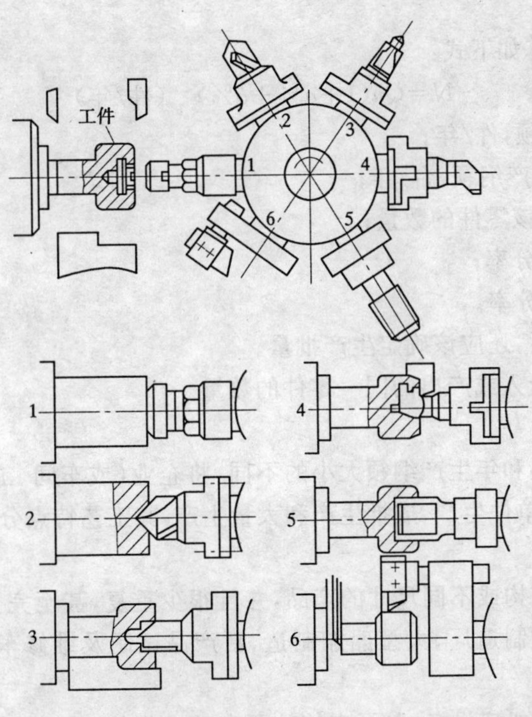

图 5-3　包括六个工步的工序

用几把刀同时分别加工几个表面的工步称为复合工步。复合工步在工艺规程中写作一个工步。

5）走刀

在一个工步中，当加工表面、刀具和切削用量中的转速与送进量保持不变时，切去一层金属的加工过程称为走刀。一个工步可包括一次或数次走刀。图 5-4 所示为通过三次走刀加工出阶梯轴的过程。

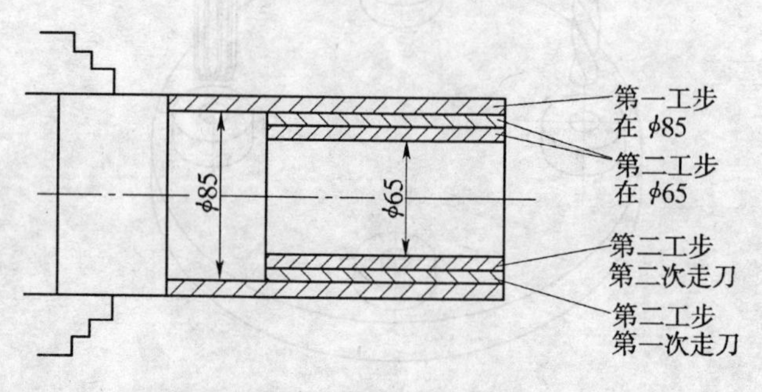

图 5-4 用棒料加工阶梯轴

5.1.2 生产纲领和生产类型

1. 生产纲领

生产纲领是指企业在计划期内应当生产的产品产量和进度计划。计划期为一年的生产纲领称为年生产纲领。生产纲领不同，企业各生产地点的专业化程度、所用的工艺方法、机床设备等亦不相同。

年生产纲领的计算如下式：

$$N=Qn(1+a\%+b\%) \quad (件/年)$$

式中：N——年生产纲领，件/年；

Q——产品的年生产纲领，台/年；

n——每台设备上该零件的数量；

$a\%$——备品的百分率；

$b\%$——废品的百分率。

生产纲领确定以后，还应该确定生产批量。

生产批量是一次投入或产出的同一零件的数量。

2. 生产类型

根据产品零件大小和年生产纲领大小的不同，将企业（或车间、工段、班组）生产分为三种不同的生产类型，即单件生产、成批生产和大量生产，其工艺特点分述如下。

1）单件生产

单个地制造不同结构或不同尺寸的产品，并且很少重复，甚至完全不重复的生产，称为单件生产。如重型机械制造厂、大型船舶制造、新产品试制及维修车间的生产等均属单件生产。

单件生产中所用的机床设备，除了有特殊要求的工作外，绝大多数采用普通机床，按机床种类及大小采用“机群式”排列。多用标准附件，极少采用专用夹具，靠划线及试切法保证尺寸精度。零件的加工质量和生产率主要取决于工人的技术熟练程度。所用的工艺规程文件比较简单，一般只有工艺过程综合卡。

2）成批生产

成批制造相同的工件，生产呈周期性的重复，称为成批生产。每批制造相同工件的数量称为批量。按批量大小，成批生产又分为大批、中批和小批生产三种。大批生产在工艺方面类似大量生产，小批生产在工艺方面类似单件生产，故实际生产中，成批生产通常仅指中批生产。

成批生产中，既采用通用机床和通用工艺装备，也有专用高效机床和大量的专用工艺设备。车间中按加工零件类别分工段排列机床。广泛采用调整法加工，部分采用划线法，因而对工人的操作技术水平可较单件生产为低。各种零件一般均有较详细的工艺规程文件，对于关键零件则有详细的工艺规程卡。

3）大量生产

一种产品的生产纲领很大，多数工作地点经常重复地进行一种工件某一工序的加工，称为大量生产。如汽车、拖拉机、轴承等制造厂都属大量生产。

大量生产中，广泛采用专用机床、自动机床、自动生产线及专用工艺装备。车间内机床设备按零件加工工艺先后顺序排列，采用流水线生产的组织形式。对工人的技术水平要求较低。各种加工零件都有详细的工艺规程卡。

目前，生产类型的划分尚无严格标准，表 5-2 可供参考。

表 5-2　**各种生产类型的生产纲领**

生产类型	零件的年生产纲领（件/年）		
	重型机械	中型机械	轻型机械
单件生产	≤5	≤20	≤100
小批生产	>5～100	>20～200	>100～500
中批生产	>100～300	>200～500	>500～5000
大批生产	>300～1000	>500～5000	>5000～50000
大量生产	>1000	>5000	>50000

5.1.3　机械加工工艺规程

把工艺过程的有关内容，用工艺文件的形式写出来，称为机械加工工艺规程。机械加工工艺规程的详细程度与生产类型有关。

1. 工艺规程的种类

机械加工工艺规程被填写成表格（卡片）形式，各厂所用的机械加工工艺规程的具体格式虽不统一，但大同小异。单件小批生产中，一般只编制工艺过程卡（参见表 5-3），对于关键零件或复杂零件则编制较详细的工艺规程卡片；在成批生产中多采用机械加工工艺卡（参见表 5-4）；在大批大量生产中，则要求有完整详细的工艺规程文件，往往每一个工序都要编制机械加工工序卡片（参见表 5-5）。对自动及半自动机床，则要求有机床调整卡，对检验工序则要求有检验工序卡等。

表 5-3 **工艺过程卡片**

<table>
<tr><td rowspan="4">(工厂名)</td><td rowspan="4">机械加工工艺过程卡片</td><td colspan="2">产品名称及型号</td><td></td><td>零件名称</td><td></td><td colspan="2">零件图号</td><td colspan="2"></td></tr>
<tr><td rowspan="3">材料</td><td>名称</td><td></td><td rowspan="2">毛坯</td><td>种类</td><td rowspan="2">零件重量(kg)</td><td>毛重</td><td></td><td>第 页</td></tr>
<tr><td>牌号</td><td></td><td>尺寸</td><td>净重</td><td></td><td>共 页</td></tr>
<tr><td>性能</td><td></td><td colspan="2">每料件数</td><td colspan="2">每台件数</td><td>每批件数</td><td></td></tr>
</table>

<table>
<tr><td rowspan="2">工序号</td><td rowspan="2">工序内容</td><td rowspan="2">加工车间</td><td rowspan="2">设备名称及编号</td><td colspan="3">工艺装备及编号</td><td rowspan="2">技术等级</td><td colspan="2">时间定额(min)</td></tr>
<tr><td>夹具</td><td>刀具</td><td>量具</td><td>单件</td><td>准备—终结</td></tr>
<tr><td></td><td></td><td></td><td></td><td></td><td></td><td></td><td></td><td></td><td></td></tr>
<tr><td rowspan="3">更改内容</td><td colspan="9"></td></tr>
<tr><td colspan="9"></td></tr>
<tr><td colspan="9"></td></tr>
</table>

<table>
<tr><td>编制</td><td></td><td>抄写</td><td></td><td>校对</td><td></td><td>审核</td><td></td><td>批准</td><td></td></tr>
</table>

表 5-4 **机械加工工艺卡**

<table>
<tr><td rowspan="4">(工厂名)</td><td rowspan="4">机械加工工艺卡片</td><td colspan="2">产品名称及型号</td><td></td><td>零件名称</td><td></td><td colspan="2">零件图号</td><td colspan="2"></td></tr>
<tr><td rowspan="3">材料</td><td>名称</td><td></td><td rowspan="2">毛坯</td><td>种类</td><td rowspan="2">零件重量(kg)</td><td>毛重</td><td></td><td>第 页</td></tr>
<tr><td>牌号</td><td></td><td>尺寸</td><td>净重</td><td></td><td>共 页</td></tr>
<tr><td>性能</td><td></td><td colspan="2">每料件数</td><td colspan="2">每台件数</td><td>每批件数</td><td></td></tr>
</table>

<table>
<tr><td rowspan="2">工序</td><td rowspan="2">安装</td><td rowspan="2">工步</td><td rowspan="2">工序内容</td><td rowspan="2">同时加工零件数</td><td colspan="4">切削用量</td><td rowspan="2">设备名称及编号</td><td colspan="3">工艺装备及编号</td><td rowspan="2">技术等级</td><td colspan="2">工时定额(min)</td></tr>
<tr><td>背吃刀量(mm)</td><td>切削速度(m/min)</td><td>切削速度(r/min)或双行程数/min</td><td>进给量(mm/r 或 mm/min)</td><td>夹具</td><td>刀具</td><td>量具</td><td>单件</td><td>准备—终结</td></tr>
<tr><td></td><td></td><td></td><td></td><td></td><td></td><td></td><td></td><td></td><td></td><td></td><td></td><td></td><td></td><td></td><td></td></tr>
<tr><td rowspan="3">更改内容</td><td colspan="15"></td></tr>
<tr><td colspan="15"></td></tr>
<tr><td colspan="15"></td></tr>
</table>

<table>
<tr><td>编制</td><td></td><td>抄写</td><td></td><td>校对</td><td></td><td>审核</td><td></td><td>批准</td><td></td></tr>
</table>

表 5-5　**机械加工工序卡**

(工厂名)	机械加工工序卡片	产品名称及型号	零件名称	零件图号	工序名称	工序号	第　页
							共　页
(画工序简图处)			车　间	工　段	材料名称	材料牌号	力学性能
			同时加工件数	每料件数	技术等级	单件时间(min)	准备—终结时间(min)
			设备名称	设备编号	夹具名称	夹具编号	工件液
			更改内容				

工步号	工步内容	计算数据(mm)			走刀次数	切削用量				工时定额(min)			刀具量具及辅助				
		直径或长度	进给长度	单边余量		背吃刀量(mm)	进给量(mm/r或mm/min)	切削速度(r/min或双行程数/min)	切削速度(m/min)	基本时间	辅助时间	工作地点服务时间	工步号	名称	规格	编号	数量

编制		抄写		校对		审核		批准	

2. 机械加工工艺规程的作用

正确的机械加工工艺规程是根据长期的生产实践和科学实验的经验总结，结合具体的生产条件而制定的，并通过生产实践不断改进和完善。其作用主要表现在：

(1) 机械加工工艺规程是生产的计划、调度、工人操作、质量检查的依据。一切生产人员都应严格执行、认真贯彻机械加工工艺规程，不得违反工艺规程或任意改变工艺规程所规定的内容。

在新产品投入生产之前，必须根据工艺规程进行有关的技术准备和生产准备工作。

(2) 在新建或扩建、改建机械制造厂的工作中，根据产品零件的工艺规程及其他资料，可以统计出所建车间应配备的机床设备的种类和数量，进一步计算出所需的车间面积和人员数量，确定车间的平面布置和厂房基建的具体要求，从而提出有根据的筹建、扩建计划。

3. 制订机械加工工艺规程的原则

设计机械加工工艺规程应遵循如下原则:

(1) 必须可靠地保证零件图纸上所有技术要求的实现。工艺规程中要充分考虑和采用一切必要的措施确保产品质量。

(2) 用最低的工艺成本获得规定的生产纲领。也就是说在满足生产纲领的前提下,人力、物力消耗最少。

(3) 尽量减轻工人的劳动强度,保障生产安全,创造良好、文明的劳动条件。

4. 制订机械加工工艺规程所需的原始资料

制订零件的机械加工工艺规程时,应具备下列原始资料:

(1) 产品的所有技术文件。包括产品的全套图纸,产品验收的质量标准,以及产品生产纲领。

(2) 毛坯图。单件小批生产时,一般不绘制毛坯图,但需要了解毛坯的形状、尺寸及机械性能。成批、大量生产时,铸、锻、焊、冲压等到毛坯制造都要有毛坯图。

(3) 生产条件。如果是现有工厂,应了解工厂的设备、刀具、夹具、量具、生产面积、工人的技术水平,以及专用设备、工艺装备的制造能力等;如果是新建工厂,则应对国内外现有生产技术,加工设备和工艺装备的性能规格有所了解。

(4) 技术资料。包括各种有关手册、标准及工艺资料等。

5. 制订机械加工工艺规程的步骤

(1) 分析零件图和装配图。熟悉产品的性能、用途和工作条件;了解零件的各项技术要求,找出主要的技术要求和关键技术问题,并提出必要的改进意见;审查零件的结构工艺性。

(2) 根据零件的生产纲领决定生产类型。这里主要是指定出零件的生产批量(在成批生产时)或生产节奏(指生产一个零件的时间,在流水线生产时采用)。

(3) 选择毛坯的种类和制造方法。选择毛坯的种类和制造方法时,应同时考虑机械加工成本和毛坯制造成本,以达到降低零件生产总成本的目的。必须充分注意到采用新工艺、新技术、新材料的可能性。提高毛坯的质量,往往可以大大地节约机械加工劳动量,比采用某些高生产率的机械加工工艺措施更为有效。

(4) 拟订工艺路线。工艺路线的拟订包括选择定位基准、确定各零件表面的加工方法、划分加工阶段、合理安排加工顺序和组合工序等。

(5) 工序设计。包括确定各工序的设备、刀具、夹具、量具和辅助工具;确定加工余量、计算工序尺寸及其公差、确定切削用量、计算工时定额;确定各主要工序的技术要求及检验方法。

(6) 填写工艺文件。

5.2 工件加工时的装夹与基准

5.2.1 工件的装夹

在设计机械加工工艺时,要考虑的最重要的问题之一是怎样将工件装夹在机床上或夹具中。这里装夹有两个含义,即定位和夹紧。

定位是指使工件在机床或夹具中占有某一正确位置。夹紧是指工件定位后将其固定，使其在加工过程中保持定位不变的操作。

不同零件在不同生产条件下在机床或夹具上有不同的装夹方法，主要有三种方式。

1. 直接找正法

工件安放在机床工作台或夹具上，由操作工人利用划线盘、角尺、千分表或用眼睛直接找正某些有相互位置要求的表面，然后夹紧工件，称为直接找正。例如，在四爪卡盘上加工一个有台阶的短轴(见图 5-5)，要求待加工表面 B 与表面 A 同轴。若同轴度要求不高，可用划线盘找正；若同轴度要求较高，则可用百分表找正，以保证表面 B 与表面 A 同轴要求。

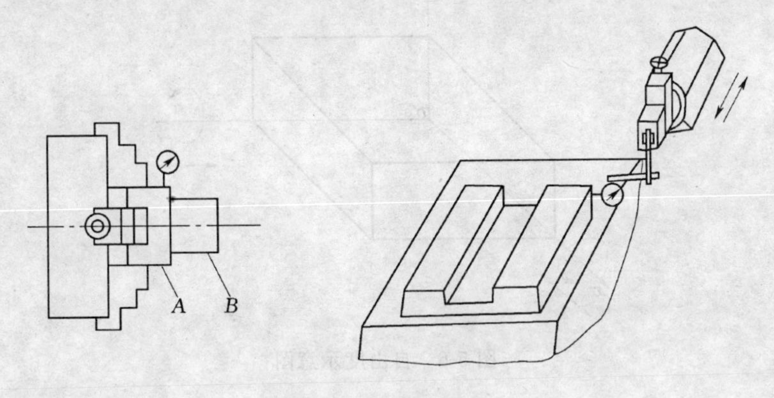

图 5-5　直接找正法

直接找正法的定位精度和找正效率取决于要求的加工精度、找正工具和工人技术水平。其生产率较低，一般仅适于单件小批生产或精度要求较高、形状简单的零件。

2. 划线找正法

对于形状复杂、公差较大的铸件、锻件坯料的加工，采用直接找正法往往会顾此失彼，这时可按零件图在待加工坯料上画出中心线、对称线及待加工表面的位置线，然后按此线作基准找正工件在机床上的位置。

这种方法能保证工件相关表面间位置精度，且可通过划线调整加工余量，但需要技术水平较高的划线工人，且定位精度低(一般只能达到 0.2～0.5mm)，生产效率低，因此这种方法只适用于单件小批生产，毛坯精度较低，以及大型工件等不宜使用夹具的加工情况中。

3. 夹具定位法

用夹具使工件获得正确位置的方法。不需找正即可迅速可靠地保证工件在机床上相对刀具有一正确位置。夹具相对于机床和刀具的位置在工件装夹前已调整好，所以在装夹工件时一般不需找正定位，就能保证工件在机床上的定位。

夹具定位法定位效率高，也比较容易保证加工精度的要求(定位精度一般可达 0.01mm)，因此在各种加工类型中都有应用。

5.2.2　工件的定位

工件无论采用哪种方法装夹，都必须使工件在机床上定位，以保证被加工表面的精度。定位的理论依据是六点定位原理。

1. 六点定位原理

任何一个不受任何约束的刚体在空间均有六个独立的运动。如图 5-6 所示物体,可沿空间三个互相垂直的坐标轴 x、y、z 移动和绕 x、y、z 三个坐标轴转动。用 X_y、Y_y、Z_y 分别表示沿 x、y、z 三个坐标轴的移动,用 X_r、Y_r、Z_r 分别表示沿 x、y、z 三个坐标轴的转动。上述六个独立的运动称为六个自由度。物体的自由度可理解为物体在位置上的不确定。若采用约束消除物体的六个自由度,则物体被完全定位。

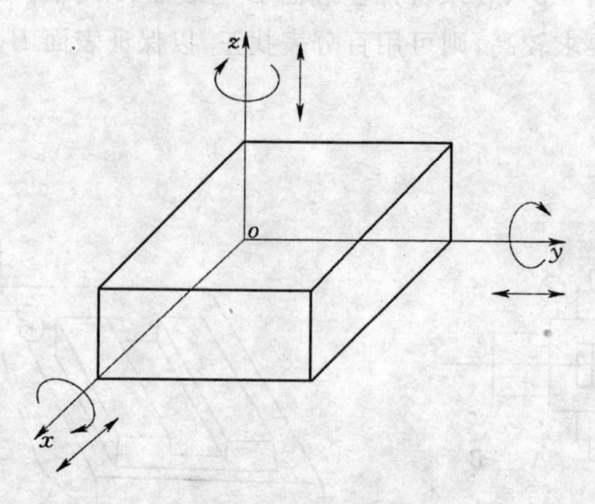

图 5-6 自由度示意图

在机械加工中,要完全确定工件的正确位置,必须用六个支承点限制工件的六个自由度,称为工件的"六点定位原理"。

如图 5-7 所示,一个六方体在空间定位时,可在 $x-y$ 平面上设置三个不共线的支撑点 1,2,3 约束 X_r、Y_r、Z_y 三个自由度;在 $x-z$ 平面上设置二个支撑点 4,5 约束 Y_y、Z_r 两个自由度;在 $z-y$ 平面上设置一个支撑点 6 约束 X_y 一个自由度。这就完全约束了物体在空间的六个自由度。

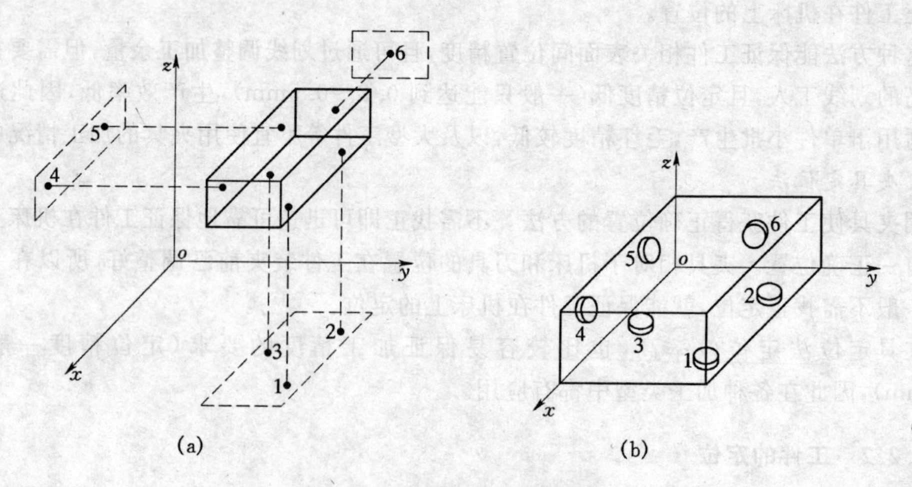

图 5-7 长方体工件的定位分析

2. 六点定位原理的应用

1）定位元件及其约束的自由度

在工件的定位中，用具体定位元件来代替上述约束点。常用的定位元件有：支承钉、支承板、长销、短销、菱销、长 V 形块、短 V 形块、长定位套、短定位套等。分析上述各种定位元件限制自由度的情况，以及这些定位元件的各种组合限制自由度的情况是非常重要的。将各种定位元件及其组合约束自由度的情况列于表 5-6。

表 5-6　**常用定位元件所限制的自由度分析**

工作的定位面	定位元件类型	定位元件	定位简图	约束的自由度	说　明
平面	支承钉	一个支承钉	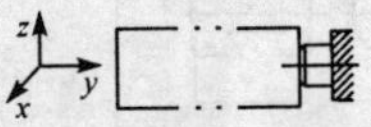	X_y	
		两个支承钉	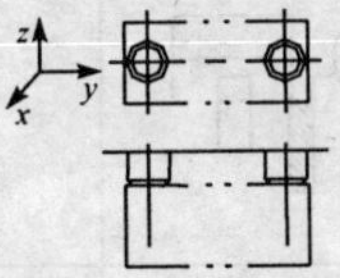	Y_y，Z_r	
		三个支承钉	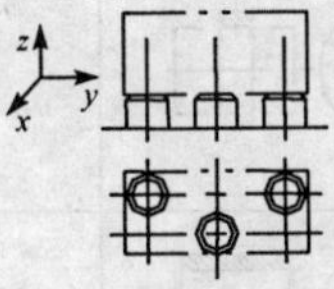	Z_y，X_r，Y_r	
	支承板	一块条形支承板	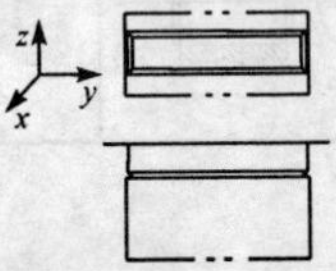	Y_y，Z_r	
		两块条形支承板	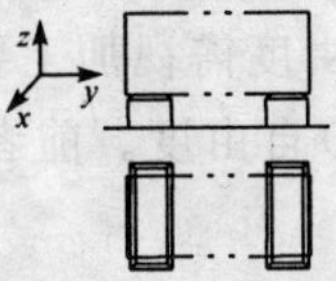	Z_y，X_r，Y_r	较大面积的矩形支承板其定位作用与两块条形支承板相同
圆孔	圆柱销	短圆柱销	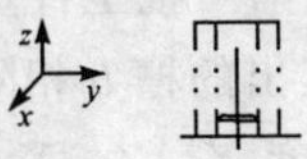		短圆柱销与长圆柱销的区分可根据其约束自由度的情况来确定
		长圆柱销	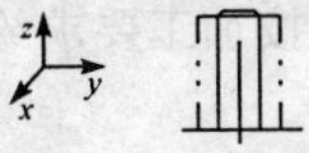		
		菱销	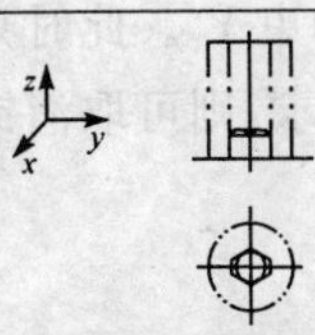		菱销约束自由度的方向与其最大直径方向一致
	圆锥销	固定锥销	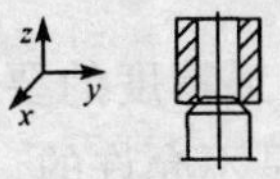		锥顶尖约束自由度的情况与圆锥销相同

续表

工作的定位面	定位元件类型	定位元件	定位简图	约束的自由度	说　明
		浮动锥销	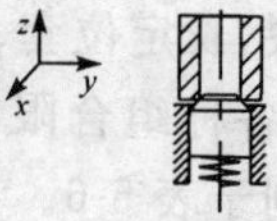		
外圆柱面	V形块	短V形块	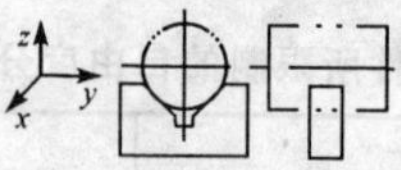		
		长V形块	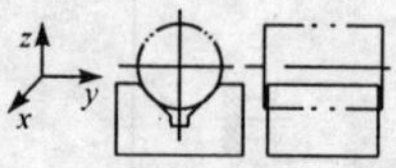		
		活动V形块	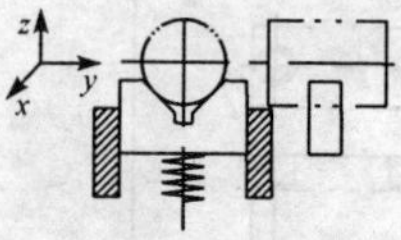		
	定位套	短定位套			
		长定位套	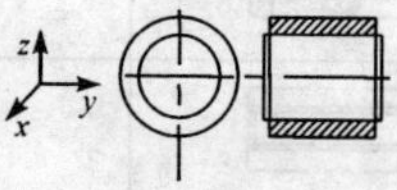		两个相距一定距离的短定位套的作用相当于一个长定位套

2）完全定位和不完全定位

在机械加工中，要限制工件的哪些自由度需视加工要求而定，有时需要限制六个自由度，有时只需限制 1 个或几个（少于 6 个）自由度。前者称为完全定位，后者称为不完全定位。

例如，图 5-8 所示的工序是在铣床上铣削一批工件上的沟槽，除须对称于轴的中心线、距轴端保证尺寸 a 外，还须与上道工序加工出的槽 b 相隔 180°。所以，采用两个 V 形块 1、销 2 和销 3 定位。V 形块 1 约束四个自由度 X_y，Z_y，X_r，Z_r，销 2 约束一个自由度 Y_r，销 3 约束一个自由度 Y_y。可见此定位元件组合按加工要求约束了工件的六个自由度，也就是工件被完全定位。

如果轴上没有槽 b，则可取消销 2，不约束 Y_r。此时只需约束工件的 5 个自由度。

如果轴上没有槽 b，也没有尺寸 a 的要求，则可取消销 2 和销 3，不必约束 Y_y，Y_r。此时只需约束工件的四个自由度。

这两种情况均属不完全定位。

3）过定位和欠定位

欠定位　工件在定位时，为满足工件加工精度的要求，必须约束的自由度没有被约束，这样的定位称为欠定位。在加工中欠定位是不允许的。如图 5.8 中，若有尺寸 a 的要求，而

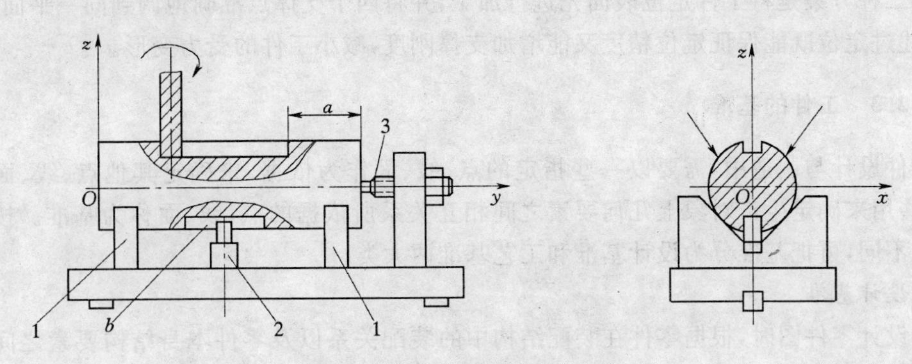

图 5-8　完全定位和不完全定位

在定位时没有约束 Y_y，则工件欠定位，尺寸 a 的要求无法满足。

过定位　工件在定位时，同一自由度被两个或更多的定位支承点约束，这样的定位称为过定位。由于过定位有利于增加工件的刚性或传递切削运动和动力，所以在实际生产中时有采用。但过定位会对工件的定位精度产生影响，因此，采用过定位时，工件的定位表面需进行加工；定位元件的尺寸、形状和位置都要做得比较精确，以减小过定位对工件位置尺寸的影响。

例如图 5-9 为平面定位时的过定位情况。按六点定位原理，应该采用三点，限制 Z_y、X_r、Y_r 三个自由度，但图中却采用了四点约束。若工件定位面未经过加工，表面粗糙，则实际上只可能有三个支撑点与定位面接触，而实际是哪些支撑点接触，将与重力、夹紧力和切削力等因素有关，定位不稳定。如果靠夹紧力强行让定位面与四个支撑点接触，则工件和支撑点将产生变形，产生加工误差。为此可以采取下述两种方案加以改进。

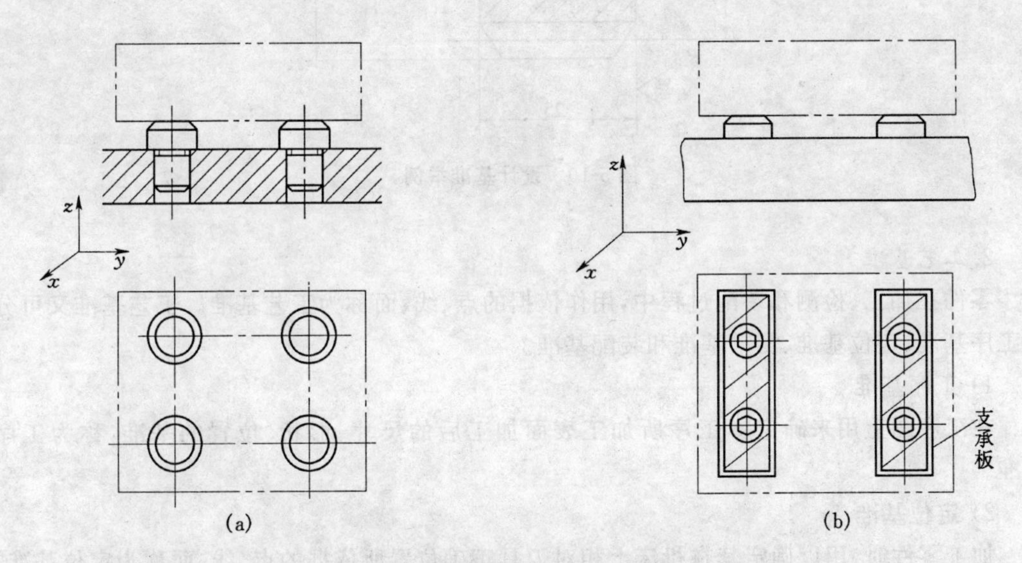

图 5-9　平面定位时的过定位

第一种方案是消除过定位。将四个支撑点改为三个支撑点并重新布置。也可将四个支撑点之一改为辅助支撑；辅助支撑只起支撑作用，不起定位作用。

第二种方案是将工件定位表面先进行加工,并将四个支撑点准确地调到同一平面内,这样,上述过定位既能保证定位精度又能增加支撑刚度,减小工件的受力变形。

5.2.3 工件的基准

零件设计与制造中,需要以一些指定的点、线、面作为依据,来确定其他点、线、面的位置,这些用来确定生产对象上几何要素之间相互关系所依据的点、线、面称为基准。按照基准作用不同,可把基准分为设计基准和工艺基准两大类。

1. 设计基准

在设计零件图时,根据零件在装配结构中的装配关系以及零件本身结构要素之间的相互位置关系,用以标注尺寸和各表面相互位置关系所依据的点、线、面,称为设计基准。简单地说,设计图样上所采用的基准就是设计基准。如图 5-10 所示,齿轮的内孔、外圆和分度圆的设计基准是齿轮的轴心线。

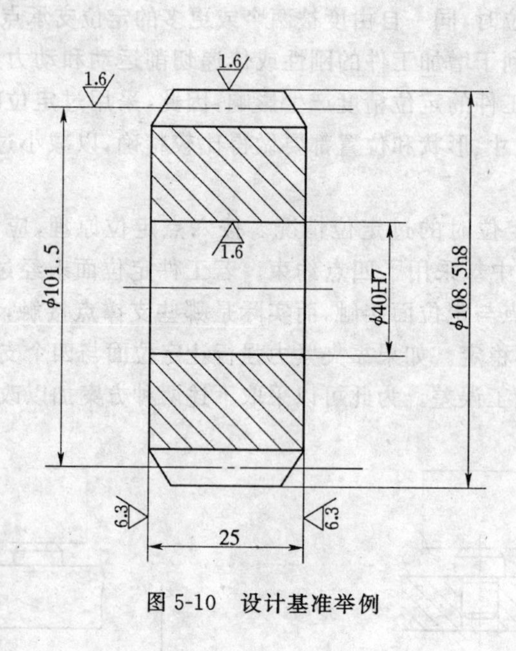

图 5-10 设计基准举例

2. 工艺基准

零件在加工、检测和装配过程中,用作依据的点、线、面称为工艺基准。工艺基准又可分为工序基准、定位基准、测量基准和装配基准。

1) 工序基准

在工序图上用来确定本工序所加工表面加工后的尺寸、形状、位置的基准,称为工序基准。

2) 定位基准

加工零件时,用以确定其在机床上相对刀具正确位置所依据的点、线、面称为定位基准。使用夹具安装时,定位基准为工件上与夹具定位元件相接触的表面。定位基准还可以进一步分为:粗基准、精基准、附加基准。

粗基准和精基准　未经过机械加工的定位基准称为粗基准;经过机械加工的定位基准

称为精基准。

附加基准　根据零件加工要求而专门设计的定位基准称为附加基准。

3）测量基准

在加工中或加工后用以测量已加工表面形状、尺寸及其相对位置误差所依据的点、线、面称为测量基准。

4）装配基准

在装配时用以确定零件或部件在产品中的位置所依据的点、线、面称为装配基础。

必须指出，作为工艺基准的点、线、面，总是由具体的表面体现的，该表面称为基准面。如图 5-10 所示齿轮孔的轴心线并不具体存在，而是由内孔表面来体现，故内孔是齿轮的定位度量、装配基准面。

5.2.4　工件定位基准的选择

定位基准选择得是否合理，对保证零件精度、安排加工顺序有着决定性影响。

1. 粗基准的选择

首先，用图 5-11 的例子来说明粗基准的选择对加工的影响。

图 5-11 所示的毛坯，由于在铸造时内孔 2 与外圆 1 之间有偏心，如果选择外圆 1 作为粗基准（用三爪卡盘装夹外圆）加工内孔，由于此时外圆 1 的中心线与机床主轴的回转中心线重合，所以加工后的孔 2 与外圆 1 同轴，即加工后孔的壁厚是均的，但内孔的加工余量是不均匀的，如图 5-11(a)所示；如果选择内孔 2 作为粗基准（用四爪卡盘夹持外圆 1，然后按内孔 2 找正），由于此时内孔 2 的中心线与机床主轴的回转中心重合，所以孔 2 的加工余量是均匀的，但加工后的内孔 2 与外圆 1 不同轴，即加工后的壁厚是不均匀的，如图 5-11(b)所示。

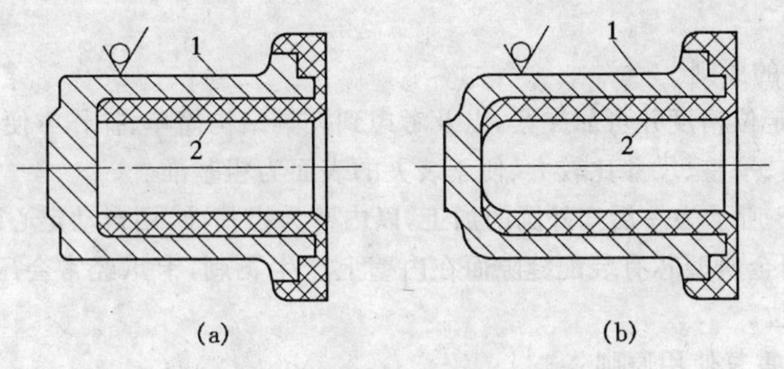

图 5-11　两种粗基准选择的比较

1—外圈　2—内孔

由此可见，粗基准的选择将影响到加工面与不加工面的相互位置，或影响到加工余量的分配。因此粗基准的选择应遵循如下原则：

1）保证相互位置要求的原则

当要求保证工件上加工表面与不加工表面的相互位置要求时，应选择不加工表面作为粗基准。这样既可使零件加工表面与不加工表面间具有较高位置精度，又可在一次安装中加工出尽可能多的加工表面。

如图 5-11(1)所示,以不加工的外圆表面作为粗基准,可保证各加工表面与外圆表面有较高的同轴度或垂直度,且可在一次安装中完成绝大部分要加工表面的加工。

当零件有两个以上的不加工表面时,则应选择与加工表面位置精度要求较高的表面为粗基准。

2) 保证加工表面加工余量合理分配的原则

当要求保证工件某重要表面余量均匀时,应选取该表面的毛坯面为粗基准,这可保证作为粗基准的表面加工时余量均匀。如机床床身的加工中,其导轨面要求耐磨性好,希望加工时只切去较小而均匀的一层余量,使其表层保留均匀一致的金相组织和较高的物理力学性能。因此,首先选择导轨面为粗基准加工床腿底平面,然后以床腿底平面为精基准加工导轨面(见图 5-12(a));否则,将造成导轨面加工余量不均匀(见图 5-12(b))。

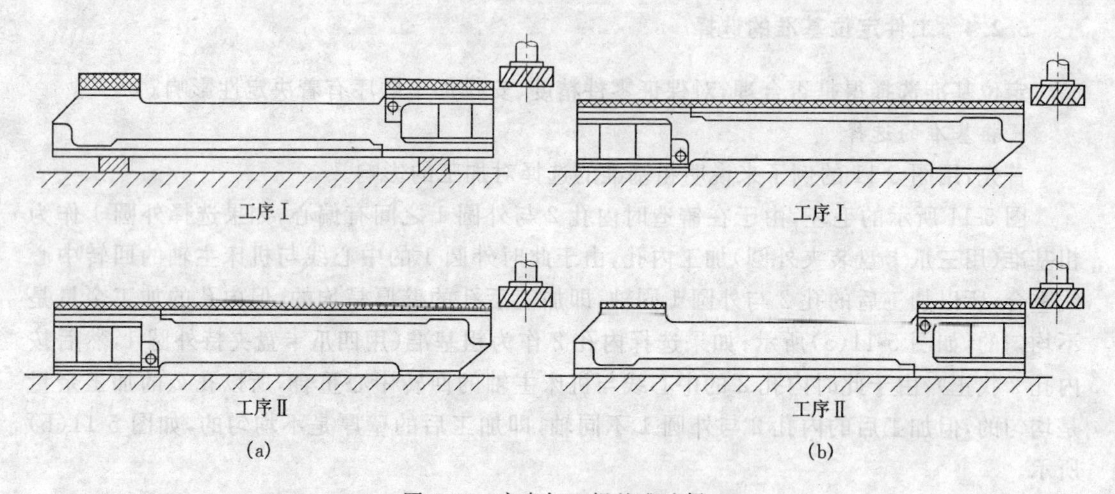

图 5-12 床身加工粗基准选择

3) 便于装夹的原则

为保证零件定位精度并可靠夹紧,以及考虑到夹具结构简单、操作方便,应选择无毛刺、浇口、冒口的光洁、平整、尺寸比较大、便于装夹的表面为粗基准。

例如,图 5-13 所示为一活塞外圆的加工,以内壁为粗基准,用自动定心装置来保证工件的壁厚均匀,但因金属型芯有装配缝隙而在内壁上产生飞刺,卡爪经常会压在飞刺上,造成工件不能正确定位。

4) 粗基准不重复使用原则

因粗基准是未经过加工的毛坯面,定位精度较低,若在两次装夹中重复使用同一粗基准,就会造成相当大的定位误差。因此,若有已加工表面可用来定位,则不应再选用粗基准面定位。

但是,当毛坯是精密铸件或精密锻件时,毛坯的质量很高,而加工精度要求不高,这时可以重复使用某一粗基准。又如当定位基准的主要基面是精基面而且可用以保证工件的精确定位,则用来约束另一些自由度的定位基面可以再选用粗基面。另外,若某些自由度的约束没有精基面时,选用粗基面来约束这些自由度,不属于重复使用粗基准。

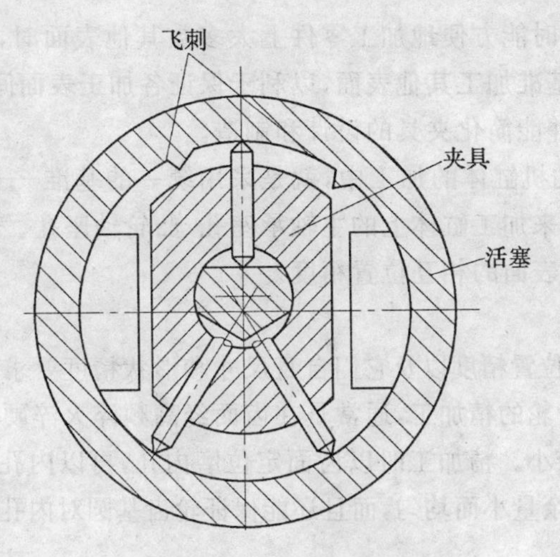

图 5-13　活塞加工粗基准选择

2. 精基准的选择

精基准的选择应从保证零件的加工精度，特别是加工表面的相互位置精度来考虑，同时也要考虑装夹方便，夹具结构简单。其选择一般应遵循如下原则：

1）基准重合原则

应尽量选择设计基准为精基准，即定位基准与设计基准重合。特别是在最后精加工时，更应遵循这个原则。这可避免由于基准不重合产生的定位误差。

如图 5-14 所示零件，表面 1、3 均已加工过。加工表面 2 时，若以表面 3 作为定位基准（见图 5-14(a)），则定位基准与设计基准重合，无定位误差；若以表面 1 作为定位基准，将使尺寸 B 的总误差除本身的加工误差外，还包括尺寸 A 的公差。这是由于定位基准与设计基准不重合而产生了定位误差。因此，精基准应尽可能选择设计基准，以避免产生定位误差。当然，该原则并非经常能够实现，上例中的零件，采用基准重合原则，定位、夹紧均不方便，而以表面 1 定位，装夹方便可靠，但要计算由此引起的定位误差。

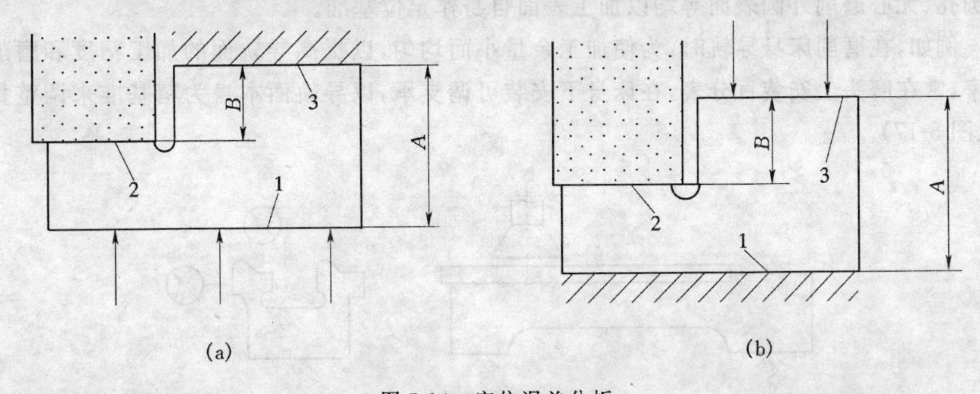

图 5-14　定位误差分析

2) 基准统一原则

当以某精基准定位时能方便地加工零件上大多数其他表面时,应尽早将此表面加工出来,然后以此表面为精基准加工其他表面,以利于保证各加工表面间的位置精度。避免因基准变换所产生的误差,并能简化夹具的设计和制造。

图 5-15 所示的发动机缸体的加工中,就是采用统一的基准——底面 A 及底面 A 上的两个工艺孔作为精基准来加工缸体上的主轴承座孔、凸轮轴座孔、气缸孔等加工面。这样就很好地保证了这些加工表面的相互位置精度。

3) 互为基准原则

当两表面间的相互位置精度以及它们自身尺寸和形状精度要求都很高时,则可采取互为基准原则。例如,精密齿轮的精加工,通常是在齿面经高频淬火淬硬后再磨削齿面及内孔,因淬硬层较薄,磨削余量较小。精加工时以齿面定位磨内孔,再以内孔定位磨齿面(见图5-16)。这样加工不但保证磨齿余量小而均匀,而且还能保证轮齿基圆对内孔有较高的同轴度。

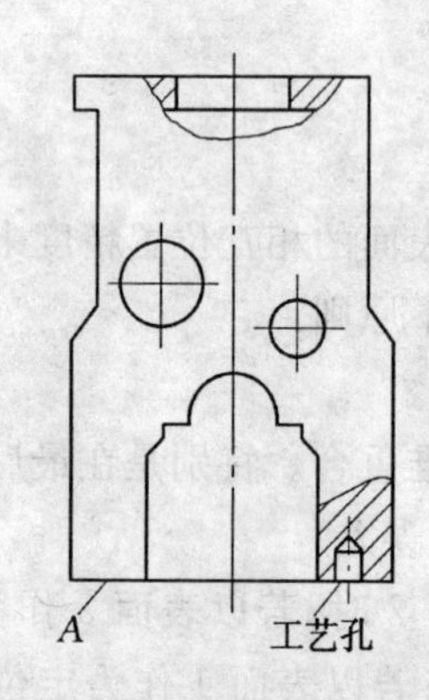

图 5-15 发动机缸体的精基准

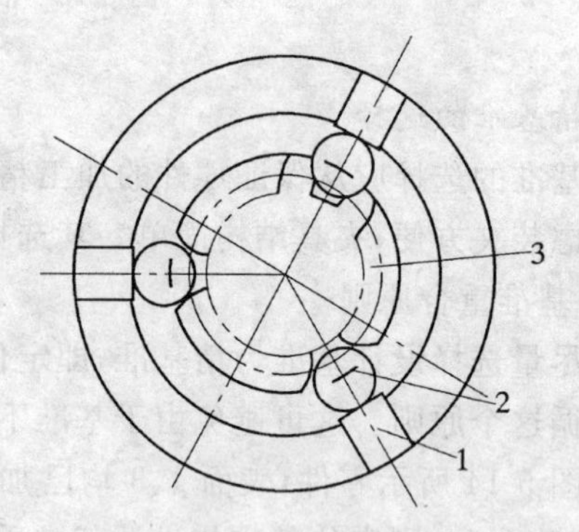

图 5-16 以齿面定位加工内孔

4) 自为基准原则

某些精加工或光整加工工序要求加工余量小而均匀,在加工时就应尽量选择被加工表面自身作为精基准,即遵循自为基准原则。如磨削床身导轨面、浮动铰刀铰孔、拉刀自由拉削圆孔、无心磨削外圆表面等均以加工表面自身作定位基准。

例如,在磨削床身导轨时,为使加工余量小而均匀,以提高导轨面的加工精度和磨削生产率,常在磨头上安装百分表,在床身下安装可调支承,以导轨面本身为精基准来调整找正(见图 5-17)。

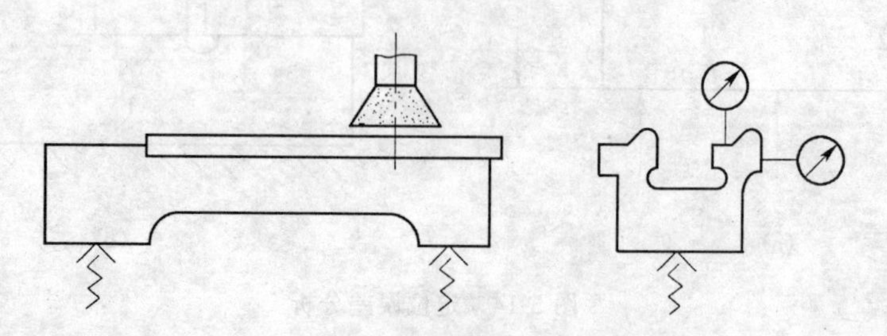

图 5-17 机床床身导轨面自为基准

在实际生产中，定位基准的选择要完全符合上述原则是困难的，往往会出现相互矛盾的情况。例如，保证了基准统一原则，就不一定符合基准重合原则。因此，应根据生产实际的具体情况，抓住主要问题，综合考虑，选择合理的定位基准。

5.3 工艺路线的制定

制定零件的机械加工工艺路线是根据工件的结构形状、精度要求、生产类型、材料及硬度等，将工件加工所需各工序按顺序排列出来。主要包括：选定各被加工表面的加工方法；划分加工阶段；安排加工顺序；确定工序的集中与分散。

5.3.1 加工方法的选择

零件表面的加工要求通常都不是通过一次加工能满足的，而达到同样的加工精度要求也可有多种加工方法可供选择。制定工艺路线，首先要确定工件上各加工表面的加工方法和加工次数。在进行这一工作时，要综合考虑下面几方面的因素：

1. 加工方法的经济精度及表面粗糙度

各种加工方法（车、铣、刨、磨、钻、镗、铰等）所能达到的加工精度和表面粗糙度，都是在一定范围内的。一种加工方法其加工精度越高，表面粗糙度值越小，则其加工成本也会越高。加工方法的经济精度是指在正常加工条件下（采用符合质量标准的设备、工艺装备和标准技术等级的工人）所能保证的加工精度。

生产上加工精度的高低是用加工误差的大小来表示的。统计资料表明，加工误差与加工成本成反比的关系。如图 5-18 所示，当加工精度超过 A 点后，即使再增加成本，加工精度也很难再提高；同样，当加工精度低于 B 点后，即使再降低加工精度，加工成本也降低极少。曲线中的 AB 段，加工精度与加工成本是相适应的，属于经济精度的范围。而在 A 点左侧，B 点右侧加工都不经济。

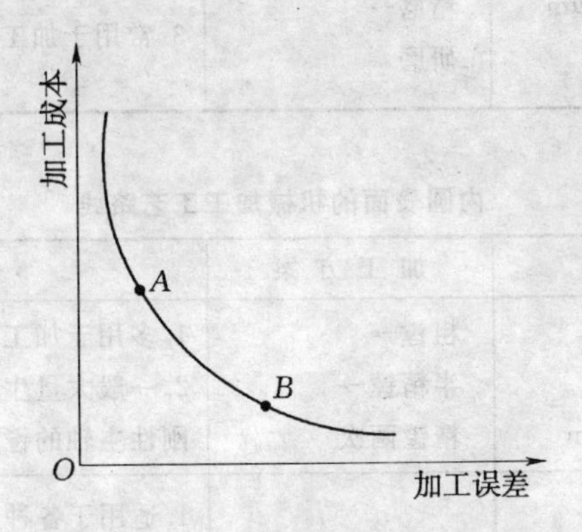

图 5-18　加工误差与加工成本关系图

各种加工方法能达到的经济精度和表面粗糙度可以从机械加工工艺手册中查到。

应该指出，随着机械工业的发展，各种加工方法所能达到的加工精度也在不断提高。因此，各种加工方法的经济精度指标是与特定的发展阶段相对应的。

2.加工方法的选择

机械零件都是由一些简单的几何表面如外圆、孔、平面或成形表面等组合而成的。根据这些表面所要求的加工精度的粗糙度以及零件结构的特点，选用相应的加工方案来予以保证。表5-7～表5-9分别给出了对不同加工精度和表面粗糙度要求的外圆面、内圆面(孔)、平面的典型加工工艺路线。

表5-7 外圆表面的机械加工工艺路线

加工表面	加工要求	加工方案	说明
外圆	IT7 表面粗糙度 R_a为1.6～0.8μm	粗车→ 半粗车→ 精车	1.适用于加工除淬火钢以外的各种金属； 2.若对加工的精度要求较低，可只选粗车，或粗车→半精车
	IT6 表面粗糙度 R_a为0.4～0.2μm	粗车→ 半粗车→ 粗磨→ 精磨	1.加工淬火钢件，但也可用于加工未淬火钢件或铸铁件； 2.不宜用于加工有色金属(因切屑易于堵塞砂轮)
	IT5～IT6 表面粗糙度 R_a为1.25～0.01μm	粗车→ 半粗车→ 精车→ 金刚石车	适用于加工有色金属材料工件
	IT5 表面粗糙度 R_a为0.1～0.01μm	粗车→ 半粗车→ 粗磨→ 精磨→ 研磨	1.适用于加工淬火钢，不适用于加工有色金属； 2.可用镜面磨削代替研磨作终加工工序； 3.常用于加工精密机床之主轴颈外圆

表5-8 内圆表面的机械加工工艺路线

加工表面	加工要求	加工方案	说明
内圆	IT7～IT8 表面粗糙度 R_a为1.6～0.8μm	粗镗→ 半精镗→ 精镗两次	1.多用于加工毛坯上已铸出或锻出的孔； 2.一般大量生产中，用浮动镗杆加镗模或用刚性主轴的镗床来加工
	IT7 表面粗糙度 R_a为1.6～0.8μm	钻→ 扩→ 粗铰→ 精铰	1.适用于各种生产类型； 2.常用于加工未淬火钢件和铸件上的中、小孔(小于φ50mm)，也可用于加工有色金属件(但表面粗糙度不易保证)； 3.在单件小批生产时用手铰(精度可更高，表面粗糙度更小)

续表

加工表面	加工要求	加工方案	说明
内圆	IT6～IT7 表面粗糙度 R_a 为 0.4～0.1μm	粗镗（或扩孔）→ 半精镗→ 粗磨→ 精磨	1. 主要适用于加工精度和表面粗糙度要求较高的淬火钢件，对铸铁或未淬火钢则磨孔生产率不高； 2. 当孔的要求更高时，可在粗磨之后再进行珩磨或研磨
	IT7 表面粗糙度 R_a 为 0.8～0.4μm	钻（或扩孔）→ 拉（或推孔）	1. 主要适于大批大量生产盘套类零件； 2. 只适用于中、小零件的中小尺寸的通孔，且孔的长度一般不宜超过孔径的3～4倍
	IT6～IT7 表面粗糙度 R_a 为 0.2～0.1μm	钻（或粗镗）→ 扩（或半精镗）→ 精镗→ 金刚镗→ 脉冲滚挤	1. 特别适于成批、大批、大量生产有色金属零件上的中小尺寸孔； 2. 也可用于铸铁箱体孔上的加工，但滚挤效果通常不如有色金属显著； 3. 位置精度要求很高的孔系

表 5-9　　平面的机械加工工艺路线

加工表面	加工要求	加工方案	说明
平面	IT7～IT8 表面粗糙度 R_a 为 2.5～1.6μm	粗刨→ 半精刨→ 精刨	1. 因刨削生产率较低故常用于单件和中小件生产； 2. 加工一般精度的未淬硬表面； 3. 因调整方便故适应性较大，可在工件的一次装夹中完成若干平面、斜面、槽等加工
	IT5～IT6 表面粗糙度 R_a 为 0.8～0.1μm	粗刨（铣）→ 半精刨（铣）→ 精刨（铣）→ 刮研	1. 刮研可达很高精度（指平面度、表面接触斑点数、配合精度）； 2. 因劳动量大、效率低，故只适用于单件、小批生产
	IT5 表面粗糙度 R_a 为 0.8～0.2μm	粗刨（铣）→ 半精刨（铣）→ 精刨（铣）→ 宽刀低速精刨	1. 适用于加工批量较大、要求较高的不淬硬平面； 2. 宽刀低速精刨多用于平面或机床床身、导轨加工
	IT6～IT7 表面粗糙度 R_a 为 1.25～0.16μm	粗铣→ 半精铣→ 精铣→ 高速铣	1. 大批大量生产中一般平面加工的典型方案； 2. 高速铣能达到的精度和表面粗糙度较好，生产率也较高

续表

加工表面	加工要求	加工方案	说明
平面	IT5～IT6 表面粗糙度 R_a 为 0.8～0.2μm	粗铣→ 半精铣→ 粗磨→ 精磨	1. 适用于加工精度要求较高的淬硬和不淬硬平面； 2. 对要求更高的平面可后续增加滚压或研磨、砂带磨等工序
	IT8 表面粗糙度 R_a 为 0.8～0.2μm	1. 粗铣→ 拉削 2. 拉削	1. 生产率很高，适用于加工中、小平面的大量生产； 2. 对沟、台阶面的加工优点突出
	IT6～IT8 表面粗糙度 R_a 为 5～1.25μm	粗车→ 半精车→ 粗车→ 精磨	1. 适用于回转零件端面的加工； 2. 若为要求较高的有色金属件表面加工，则用精车和金刚石代替磨削

在选择加工方法时应考虑的主要问题有：

(1) 所选择的加工方法能否达到零件精度的要求。

(2) 零件材料的可加工性如何。硬度很低而韧性较大的金属材料应采用切削加工的方法，而不宜采用磨削加工的方法。淬火钢、耐热钢因硬度高很难切削，故最好采用磨削的方法加工。

(3) 生产批量对加工方法的要求。大批大量生产时应尽量采用先进的加工方法和高效的机床设备。在单件小批生产中一般多采用通用机床和常规加工方法。为了提高企业的竞争力，也应该注意采用数控机床、柔性加工系统以及成组技术等先进的技术和工艺装备。

(4) 本厂的工艺能力和现有的加工设备的加工经济精度。选择加工方法不能脱离本厂的设备现状和工人的技术水平。既要充分利用现有的设备，也要注意不断地对现有设备进行技术改造。

5.3.2 工序顺序的安排

合理安排加工顺序，不但关系到加工质量能否保证，而且对提高生产率、降低加工成本也有重要影响。

1. 机械加工工序的安排

排列切削加工工序一般应遵循以下原则：

(1) 先加工基准表面，后加工其他表面，即基准先行原则。这条原则有两个含义：一是工艺路线开始安排的加工面应该是选作定位基准的精基准面，然后再以精基准定位加工其他表面；二是当加工精度要求很高时，精加工前一般应先精修一下精基准。例如，精度要求较高的轴类零件(机床的主轴、丝杠、汽车发动机的曲轴等)，其第一道工序就是铣端面打中心孔，然后再以中心孔定位加工其他表面。对于箱体零件(如机床的主轴箱、汽车发动机的汽缸体等)，也是先安排定位基准面的加工(多为一个大平面，两销孔)。

(2) 先加工平面，后加工孔，即“先面后孔”原则。这条原则的含义：一是当零件上有较大的平面可作定位基准时，可先加工出来作定位面，以面定位加工孔，这样可以保证定位的稳定、准确，装夹工件往往也比较方便；二是在毛坯上钻孔，容易使钻头引偏，若该平面需要加工，则应安排在钻孔工序之前。

(3) 先加工主要表面，后加工次要表面，即“先主后次”原则。零件的主要表面指工作表面、装配基面等，这些表面一般都是表面质量和精度要求比较高的表面，它们的加工工序比较多，而且其加工质量对整个零件的加工质量影响很大，因此应首先安排加工。次要表面指非工作表面、键槽、螺钉孔、螺纹孔等，这些表面的精度要求低，其加工可适当安排在后面加工。与主要表面有位置关系要求的次要表面的加工，一般应安排在相应的主要表面半精加工之后，最后精加工或光整加工之前。

(4) 先安排粗加工，后安排精加工，即“先粗后精，粗精分开”原则。加工质量要求较高的零件，各个表面的加工顺序应按照粗加工、半精加工、精加工、光整加工的过程依次安排。

2. 热处理工序的安排

(1) 预备处理。为改善金属组织和切削性能而进行的热处理，如退火、正火等。通常安排在切削加工之前。调质也可作为预备热处理，但若以提高力学性能为目的，则应放在粗、精加工之间进行。

(2) 时效处理。为消除坯料制造和切削加工中残留在工件内的应力对加工精度的影响，需时效处理。大而结构复杂的铸件或要求精度很高的非铸件类工件，需在粗加工前后各安排一次人工时效；对一般铸件，只需在粗加工前或后安排一次人工时效。

(3) 最终处理。为提高零件表层硬度或强度进行的热处理，如淬火、渗氮等处理，一般应安排在工艺过程后期，该表面最终加工之前。氮化处理前应调质。

(4) 表面镀层及发蓝等工序一般应在该零件机械加工完毕后进行。

3. 检验工序的安排

检验是保证质量的主要措施，在加工过程中，除每道工序的操作者自检外，在下列情况下还需安排检验工序：

(1) 零件从一个车间送往另一个车间的前后；

(2) 粗加工阶段之后，精加工前；

(3) 关键工序前后；

(4) 全部加工完成后。

特种性能检验，如 X 射线检查、超声波探伤检查等用于检查工件内部质量的检验，一般安排在工艺过程开始的时候进行；荧光检查和磁力探伤检查主要用来检查工件表面质量，通常安排在精加工阶段进行；密封性检查、工件的平衡及重量检查，一般安排在工艺过程的最后进行。

4. 辅助工序的安排

辅助工序包括去毛刺、清洗、涂防锈油漆等。辅助工序应适当地穿插在工艺过程中进行。零件装配前，一般都应安排清洗工序，尤其是在研磨、珩磨等工序之后，要进行清洗，以防止砂粒嵌入工件表面，加剧工件的磨损。采用磁力夹紧的工序后，应安排去磁工序。

5.3.3 加工阶段的划分

1.加工阶段的划分

零件精度要求较高时,往往需要将加工过程按粗精分开的原则划分为几个阶段,其他表面的工艺过程根据同一原则作相应的划分,并分别安排到由主要表面所确定的各个加工阶段中去。一般分为粗加工、半精加工、精加工和光整加工等阶段。

(1) 粗加工阶段。粗加工阶段的主要任务是,切除工件各加工表面上的大部分余量,并加工出精基准。粗加工能达到的精度较低,一般在IT12以下、表面粗糙度值较大,R_a为50～12.5μm。其主要问题是提高生产率。

(2) 半精加工阶段。此阶段的主要任务是,消除主要表面粗加工后留下的误差,为精加工做好准备。并完成一些次在表面的加工。表面经半精加工后,精度可达IT10～IT12级,粗糙度R_a为6.3～3.2μm。

(3) 精加工阶段。此阶段的任务是,保证各主要加工表面达到图纸所规定的质量要求。表面经精加工后尺寸精度可达到IT7～IT10级和较低的表面粗糙度值,R_a为1.6～0.4μm。

(4) 光整加工阶段。对于精度要求很高(IT5级以上)、表面粗糙度值要求很低的零件,必须有光整加工阶段。光整加工的典型方法有珩磨、研磨、超精加工及无屑加工等。这些加工方法不但能提高表面层的物理机械性能、降低表面粗糙度值,而且能提高尺寸精度和形状精度,但一般都不能提高位置精度。

2.划分加工阶段的作用

(1) 保证加工质量。工件毛坯都存在内应力,切削加工也会使工件产生内应力,并使工件中的内应力重新分布引起工件变形。划分加工阶段后,一方面,各加工阶段之间有一停顿,可使工件内应力消除并充分变形,在后续的工序中逐步加以修正;另一方面,精加工中工件被切除的金属层较薄,由此引起的变形也较小。

工件粗加工时要切除较厚的金属层,因切削力大,夹紧力大,切削热多,工件内应力大,故变形也大,加工精度不高。因此,必须通过精加工等阶段提高加工精度,保证加工质量。

(2) 合理使用设备。粗加工可在功率大、精度低、刚性好的机床上进行,充分发挥设备潜力,提高劳动生产率。精加工可安排在精度高的机床上进行,以确保零件的加工精度要求,同时有利于设备精度的保持,延长设备使用寿命。

(3) 及早发现毛坯缺陷。粗加工切除了各加工表面大部分切削余量,可及早发现毛坯缺陷(如裂纹、气孔、夹砂、余量不足等),以便及时报废或修补,避免继续加工所造成的浪费。

(4) 热处理工序的需要。很多工件在加工过程中需要安排热处理,热处理工序的插入,使加工过程自然划分为不同的阶段。一般热处理工序前安排粗加工,为热处理提供一定精度的表面;热处理后安排精加工,以修正热处理产生的变形。例如,精密主轴的加工中,在粗加工后安排去应力时效处理,半精加工后进行淬火,精加工后有冷处理及低温回火,最后再进行光整加工 。

应该指出,加工阶段的划分是对一种工件的整个加工过程而言的,不能简单地以某一工序的性质或某一表面加工特点来确定。同时,加工阶段的划分并不是绝对的,对加工精度要求不高、批量又小或受设备条件限制时,往往粗、精加工安排在同一工序;对某些大型零件的加工,考虑到运输、装夹困难,也常在同一机床上完成某些表面的粗、精加工。

5.3.4　工序的集中与分散

工序集中原则和工序分散原则，是制定工艺路线的两个不同的原则。

工序集中就是一种零件的加工只集中在少数几道工序里完成，工艺路线短，而每道工序所包含的加工内容却很多；工序分散则相反，一种零件的加工分得很细，工序多，工艺路线长，而每道工序所包含的加工内容却很少。

工序集中的特点：

1）减少工件装夹次数

当零件各加工表面相互位置精度要求较高时，最好在一次装夹中把各个表面都加工出来。这样既有利于保证这些表面的相互位置精度，又可以减少装卸工件的辅助时间，并减少工件在机床之间的搬运次数和工作量，缩短生产周期。

2）减少机床数量，节省车间面积

同时还可简化生产计划和生产组织工作。

工序分散的特点：

(1) 机床设备及工、夹具比较简单，调整比较容易，能较快地适应新的生产对象，操作工人易于掌握。

(2) 有利于选择最合理的切削用量，减少机动时间。

(3) 生产、技术准备工作量小，投产期短，易于变换产品。

工序集中和分散各有特点，要根据生产规模，零件结构特点和技术要求、机床设备等具体生产条件来综合分析，以便决定按照哪一种原则来制定工艺过程。

在大批大量生产中，既可采取工序集中，也可采取工序分散。工序集中时，广泛采用多刀车床、单轴多轴自动和半自动车床、多轴龙门铣床、组合机床等高效自动机床。对那些不便于集中加工零件，各个工序可以广泛采用效率高而结构简单的专用机床和夹具，按照工序分散的原则制定工艺过程。

在成批生产中，应尽可能使工序集中。在单件小批量生产中，为了使生产计划和组织工作简化，也应尽可能在一台机床上加工出零件的更多表面。特别是重型机器的大零件，集中在一个工序中加工尽可能多的表面，可以大大减少装卸工件和运输工作的劳动量。

从今后的发展趋势看，由于数控机床、柔性制造单元和柔性制造系统的发展，应该提高工序集中的程度。

5.4　零件的工艺性分析与毛坯选择

对被加工零件进行工艺性分析是通过分析研究产品的装配图和零件图，熟悉产品的用途、性能及工作条件，明确被加工零件在产品中的位置与作用，在此基础上检查图纸的完整性和正确性、审查零件材料的选择是否恰当、分析零件的技术要求、审查零件结构的工艺性。

5.4.1　分析和审查产品装配图和零件图

1. 检查图纸的完整性和正确性

检查图纸的完整性和正确性主要是看图纸是否有足够的视图，尺寸、公差和技术要求是否标注齐全、完整合理等。若有错误和遗漏,应提出修改意见。

2. 分析零件的技术要求

零件的技术要求包括下列几个方面:

(1) 加工表面的尺寸精度;

(2) 加工表面的几何形状精度;

(3) 各加工表面之间的相互位置精度;

(4) 加工表面的粗糙度以及表面质量方面的其他要求;

(5) 热处理要求及其他要求。

在分析零件的技术要求时,要了解这些技术要求的作用,并从中找出主要的技术要求,以及在工艺上难以达到的技术要求,特别是对制定工艺方案起决定作用的技术要求。

5.4.2 分析零件的结构工艺性

1. 概述

零件的结构,对加工质量、生产效率和经济效益等都有着重要的影响,为了获得较好的技术经济效果,在设计零件结构时,不仅要考虑如何满足使用要求,还应考虑是否符合加工及装配的工艺要求,即要考虑零件的结构工艺性。

所谓零件结构工艺性,是指零件在满足使用要求的前提下,其结构在具体生产条件下便于经济的制造和维护。也就是说,如果所设计的产品结构工艺性好,则便于应用先进的、生产效率高的工艺过程、工艺方法,因而使产品的制造也是最经济的。

零件的结构工艺性是一个相对的概念。在空间上,不同生产规模或具有不同生产条件的工厂,对产品结构工艺性的要求不同。例如,某些单件生产的产品,其结构在单件生产时也是合理的,但要大批量生产该产品,其零件结构就不合理了,必须加以改进。如图 5-19 所示的内齿结构,图 5-19(a)适合在插齿机上加工,但要大批大量生产,则应改为图 5-19(b)的结构,以便采用拉削方式生产。在时间上,随着科学技术的发展,新技术新工艺不断出现,一些过去被认为是难加工,甚至是无法加工的结构,现在已变得可行,甚至很容易。例如图 5-20(a)所示电液伺服阀套上精密方孔的加工,为了保证方孔之间的尺寸公差要求,过去将阀套分成五个圆环分别加工.然后再连接起来,认为这样的结构工艺性好。但是随着电火花加工精度提高,把原来由五个圆环组装改为整体结构(见图 5-20(b)),用四个电极,同时把四个方孔加工出来,也能保证方孔之间的尺寸精度。这样既减少了劳动量又降低了成本,所以这种整体结构的工艺性也是好的。

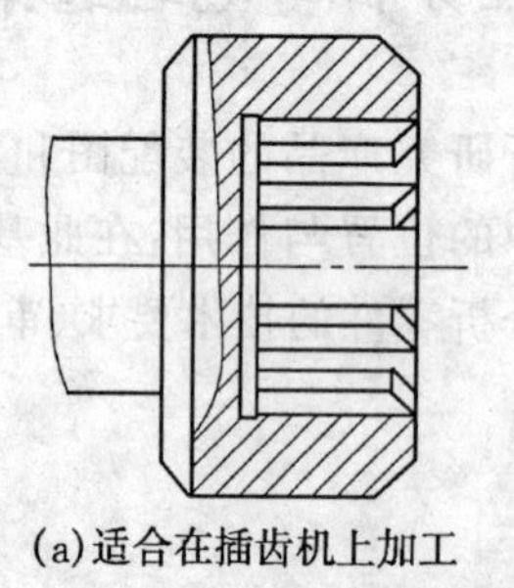

(a)适合在插齿机上加工

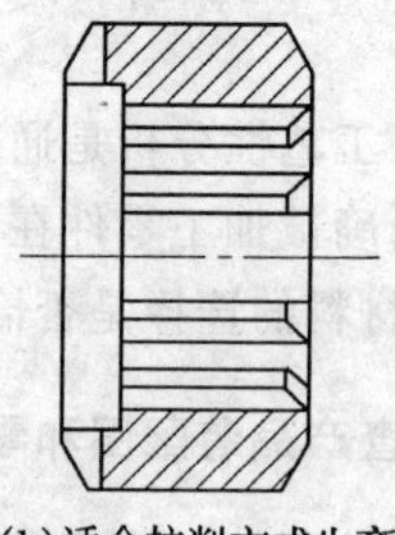

(b)适合拉削方式生产

图 5-19 内齿离合器

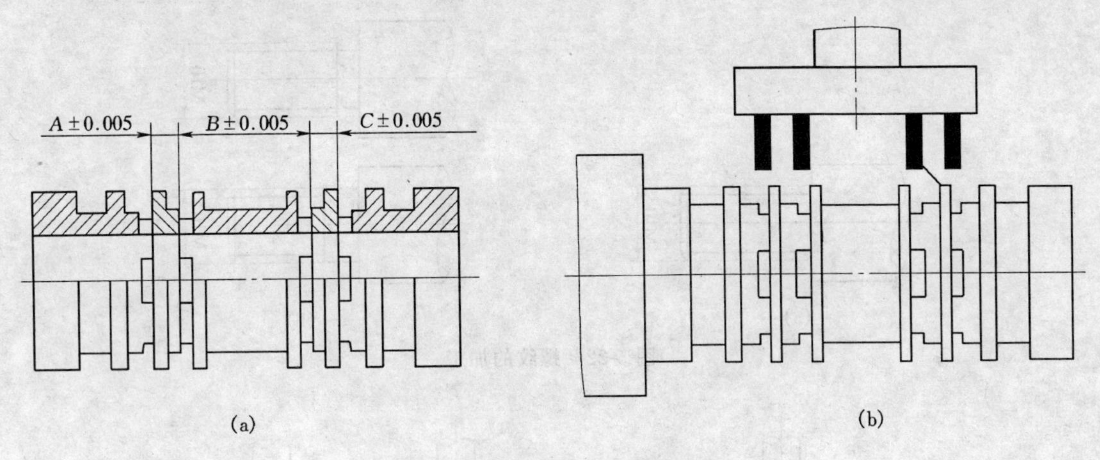

图 5-20　电液伺服阀阀套结构

2. 零件结构工艺性设计的一般原则

在进行零件结构设计时，除考虑满足使用要求外，为改善零件结构的工艺性，还应注意以下几项原则：

1) 零件加工部位的结构应便于刀具正确地切入及切出

例如，当箱体凸缘需加工孔时，孔的位置不能靠箱壁太近，以便加工（见图 5-21）。

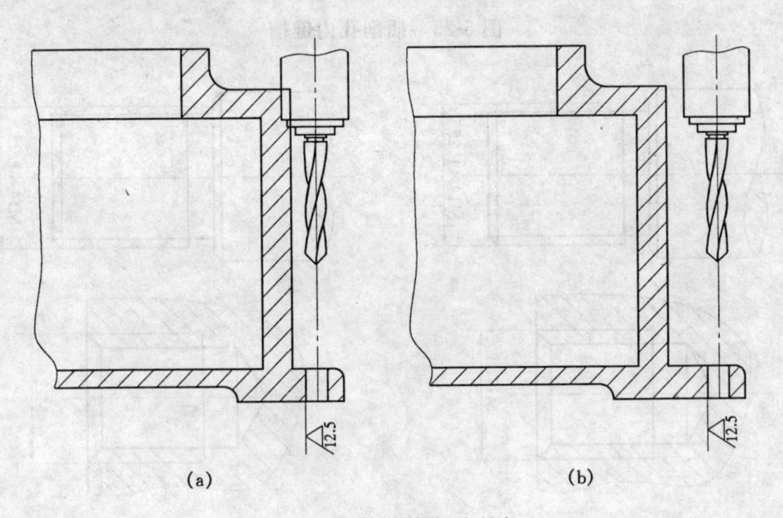

图 5-21　箱体凸缘上孔的加工

图 5-22(a)螺纹加工时无法加工到轴肩的根部，应设计退刀槽（见图 5-22(b)），以便于退刀。

图 5-23 所示为在零件孔内插一段键槽，底部无退刀空间容易打刀，应在键槽顶端设计一孔或一环形越程槽（见图 5-23(b)）。

2) 应能采用标准化刀具加工

图 5-24 所示螺纹设计时，要采用标准参数，这样才能使用标准丝锥和板牙加工，也能利用标准螺纹量规进行检验。

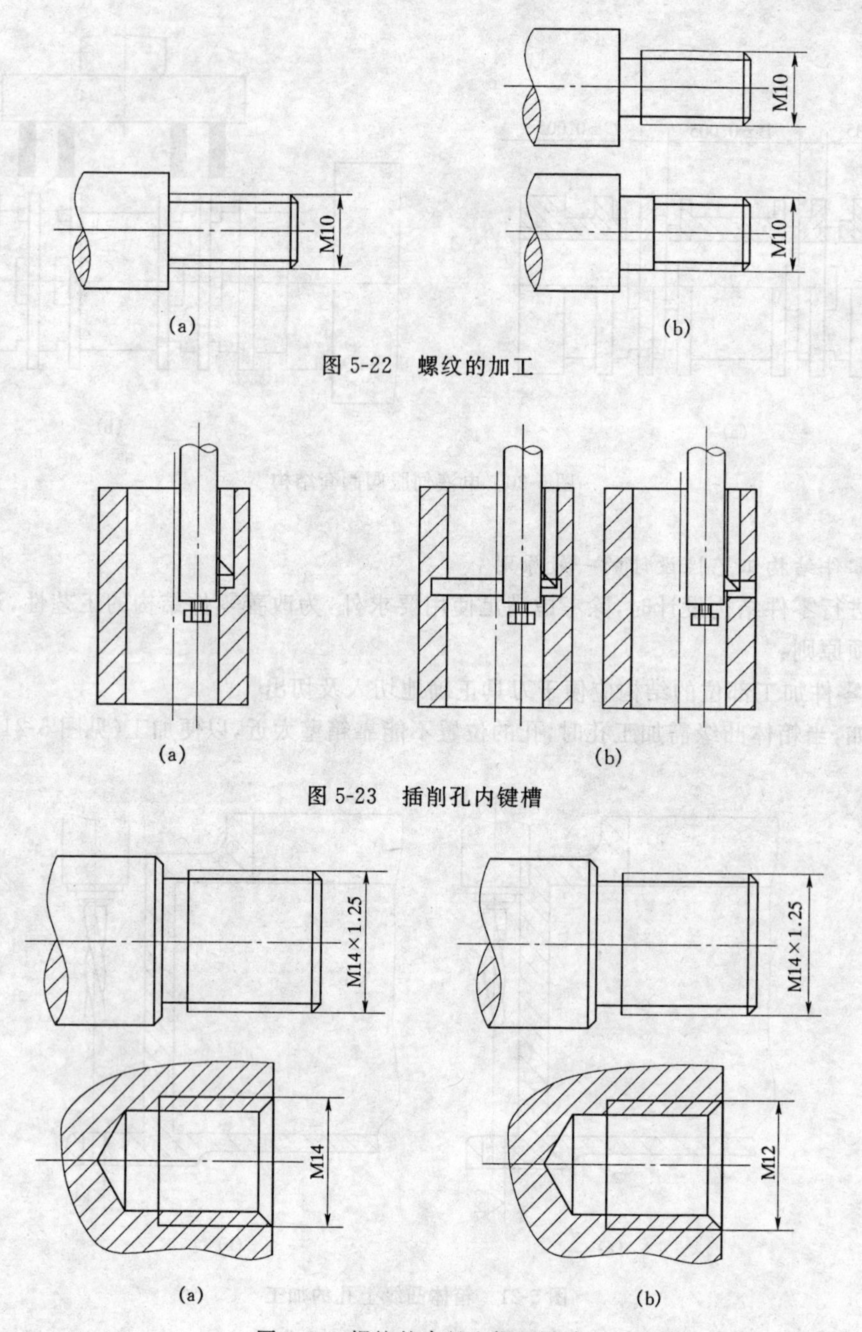

图 5-22 螺纹的加工

图 5-23 插削孔内键槽

图 5-24 螺纹的直径和螺距设计

3) 零件应便于安装

在必要时应增加一些工艺结构来满足此项要求。例如,增加工艺凸台,增加辅助安装面等。

图 5-25(a)所示零件,在加工上表面时,因底面不平,不便安装,增加一个工艺凸台便可方便地安装。

图 5-26(a)所示的大平板,在加工其上表面时,不易装夹,若增加凸缘便能可靠夹紧(见图 5-26(b))。

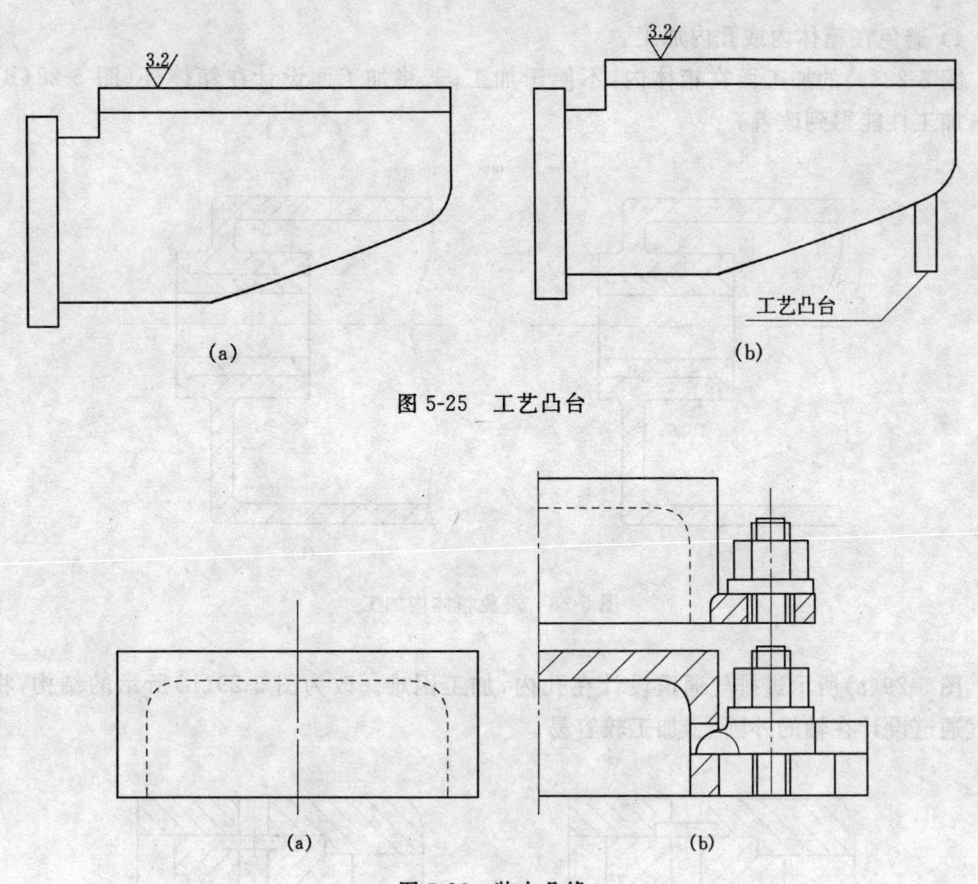

图 5-25　工艺凸台

(a)　(b)

图 5-26　装夹凸缘

图 5-27(a)所示的轴承盖，要加工的外圆及端面，如果夹在 A 处，一般卡爪的长度不够，B 面又不便装夹。若改为图 5-27(b)所示结构，便可在 C 面方便地装夹，或者改成图 5-27(c)所示结构，增加一工艺圆柱面 D 用于装夹。

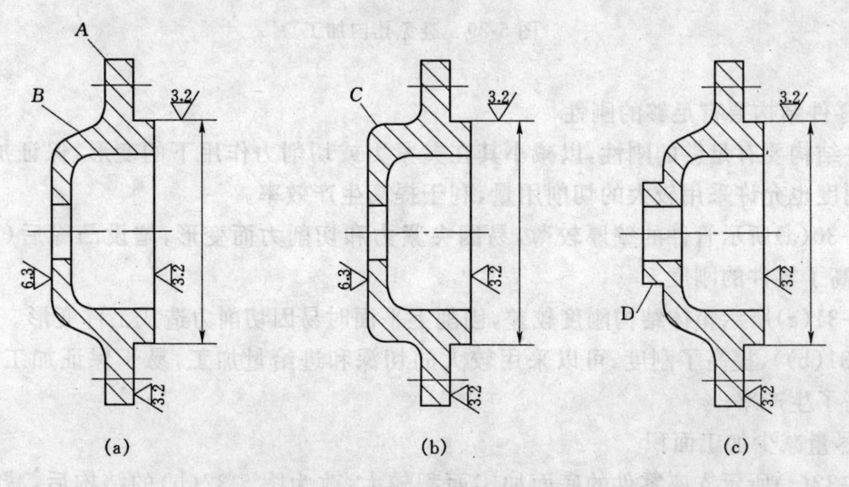

图 5-27　轴承盖结构的改进

4) 避免在箱体内或孔内加工

图 5-28(a)的加工面在箱体内,不便于加工;若将加工面设计在箱体外(图 5-28(b)所示),加工性能得到改善。

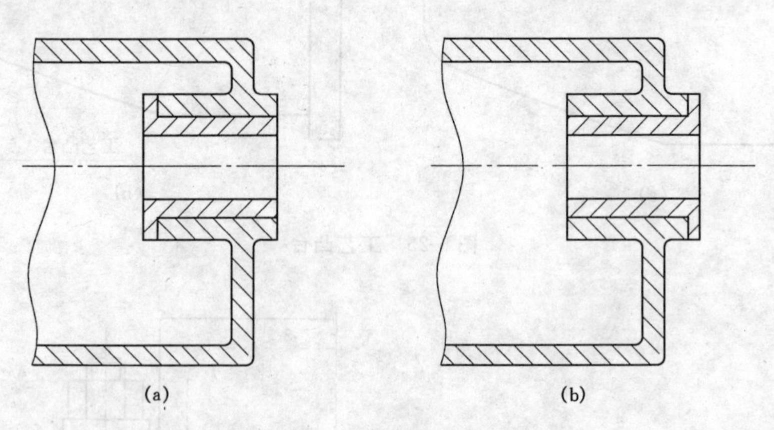

图 5-28 避免箱体内加工

图 5-29(a)所示进排气通道设计在孔内,加工困难。改为图 5-29(b)所示的结构,将进排气通道设计在轴的外圆上,加工较容易。

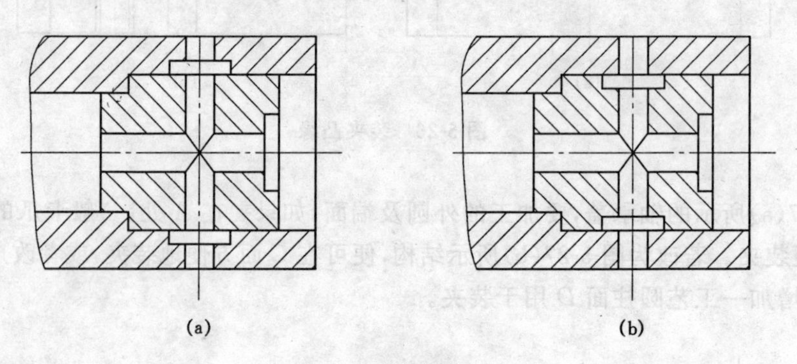

图 5-29 避免孔内加工

5) 零件结构要有足够的刚性

零件结构要有足够的刚性,以减小其在夹紧力或切削力作用下的变形,保证加工精度。足够的刚度也允许采用较大的切削用量,利于提高生产效率。

图 5-30(a)所示管件的壁厚较薄,易因夹紧力和切削力而变形,增设凸缘后(见图 5-30(b)),提高了零件的刚度。

图 5-31(a)所示箱体结构刚度较差,刨削上平面时易因切削力造成工件变形。增加肋板后(图 5-31(b)),提高了刚度,可以采用较大的切深和进给量加工,易于保证加工工件的质量并提高了生产率。

6) 尽量减少加工面积

图 5-32(a)所示支座零件的底面加工面积较大,改为图 5-32(b)的结构后,减少了加工面积,从而减少机械加工量,减少了材料和刀具消耗。

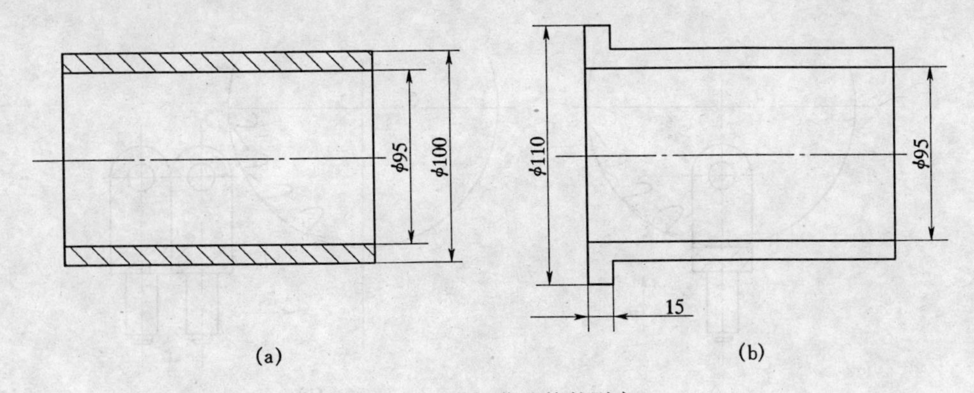

图 5-30　增加薄壁管件刚度

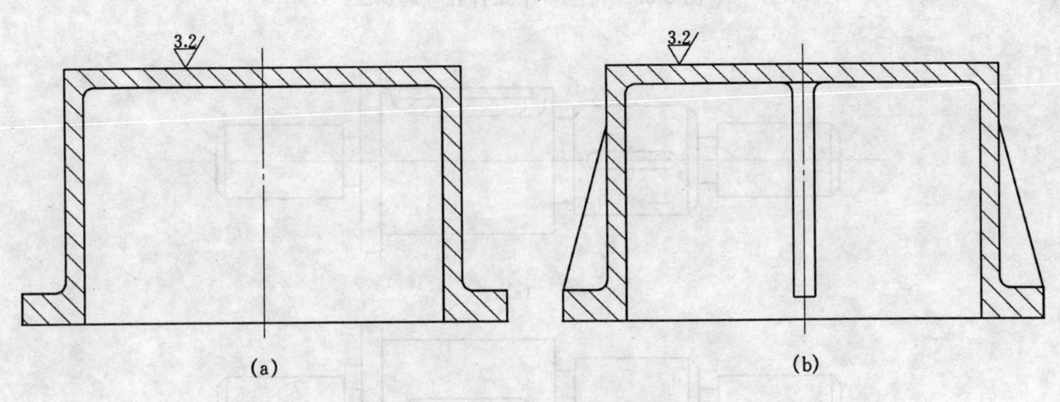

图 5-31　增加薄壁箱体件刚度

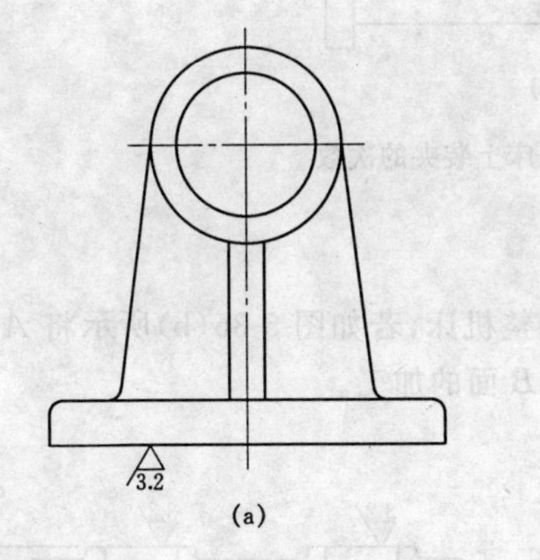

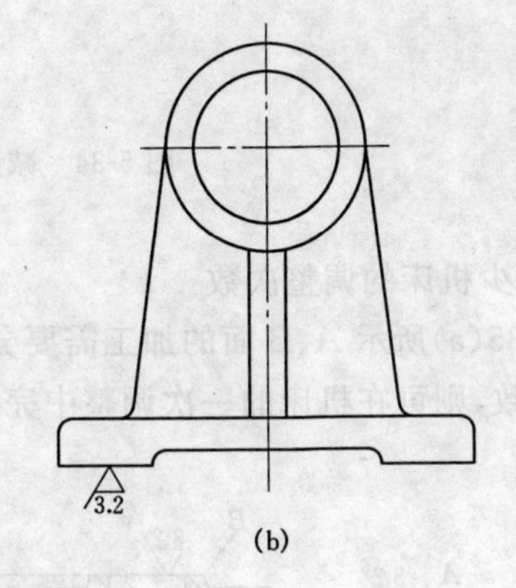

图 5-32　支座底面结构

7) 减少加工面积便于多个工件在一起加工

图 5-33(a)所示拨叉的沟槽底部为圆弧形，只能单个进行加工。改为图 5-33(b)所示的结构后，可实现多个工件一起加工，有利于提高生产率。

8) 减少在机床上装夹的次数

图 5-34(a)所示的轴上设计的两个键槽的加工需在两次装夹中完成，而如图 5-34(b)所示将两个键槽改成同一方向后，两个键槽的加工只需装夹一次。

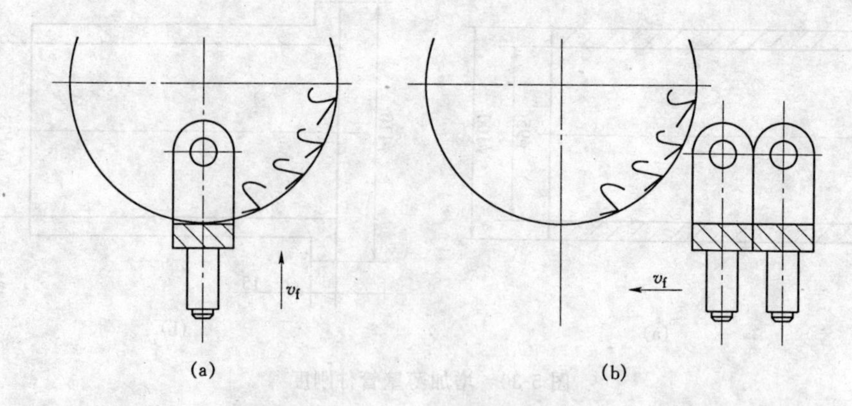

图 5-33 便于多个工件在一起加工

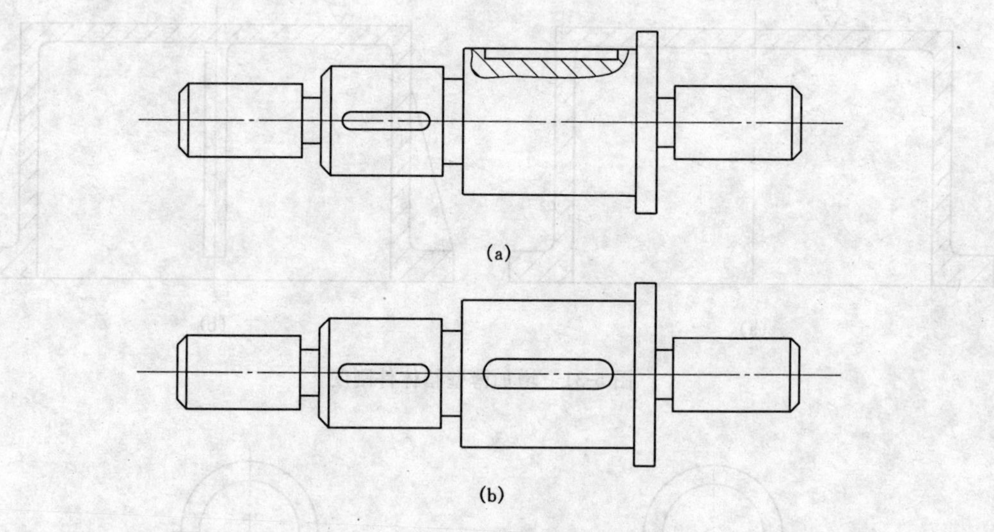

图 5-34 减少在机床上装夹的次数

9) 减少机床的调整次数

图 5-35(a)所示 A、B 面的加工需要分别调整机床，若如图 5-35(b)所示将 A、B 面的高度改成一致，则可在机床的一次调整中完成 A、B 面的加工。

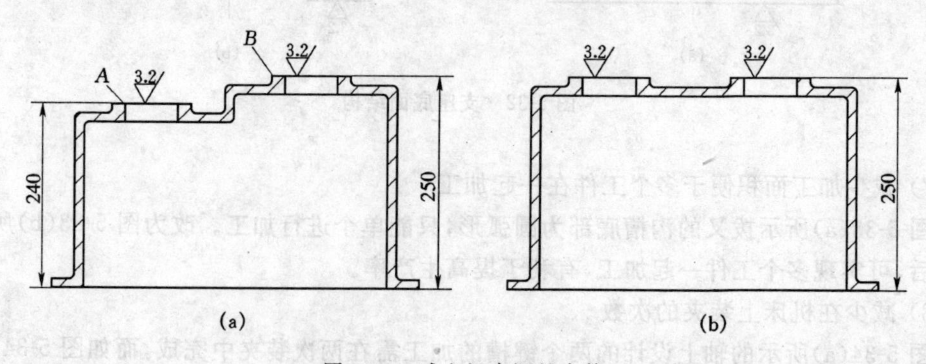

图 5-35 减少机床调整次数

10) 同类参数尽量一致

图 5-36(a)所示的轴上砂轮越程槽宽度、键槽宽度设计成不同尺寸，则需采用不同尺寸的刀具加工。若如图 5-36(b)所示将这些槽的宽度改成相同尺寸，则可用一把刀具完成所有槽的加工。

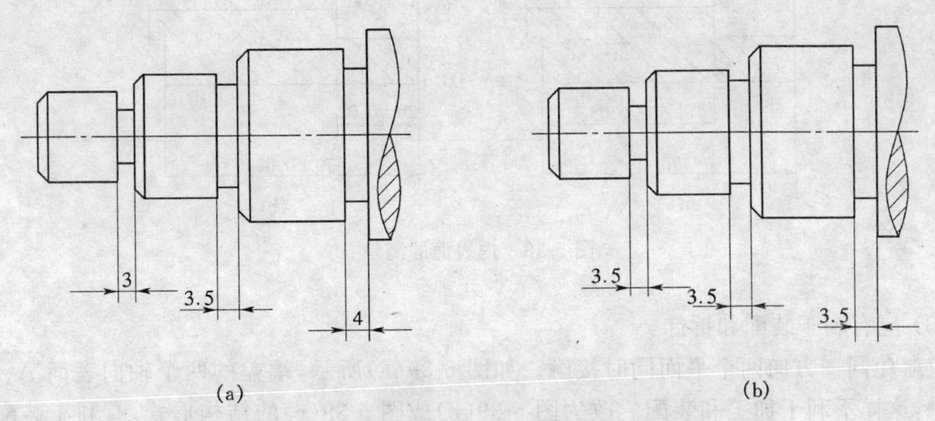

图 5-36　减少刀具种类

11) 有利于保证位置精度

有相互位置精度要求的表面，最好能在一次安装中加工，这样既有利于保证加工表面间的位置精度、又可减少安装次数及所用的辅助时间，提高生产效率。

图 5-37(a)所示零件的外圆面与内孔有同轴度要求，但图 5-37(a)所示结构需要通过两次装夹来分别加工外圆面和内孔，难以满足同轴度精度的要求。若改成图 5-37(b)所示结构，这样便可在一次装夹中加工出内、外圆表面，容易满足同轴度要求。

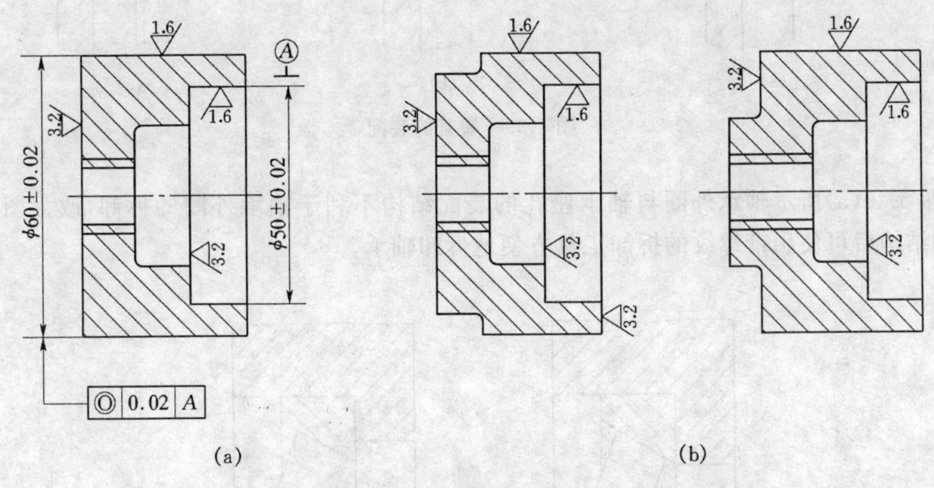

图 5-37　有同轴度要求的工件

12) 便于测量

图 5-38(a)所示，标注尺寸测量基准为 A 面，不便测量，改为图 5-38(b)后，尺寸测量基准为 B 面，便于测量。

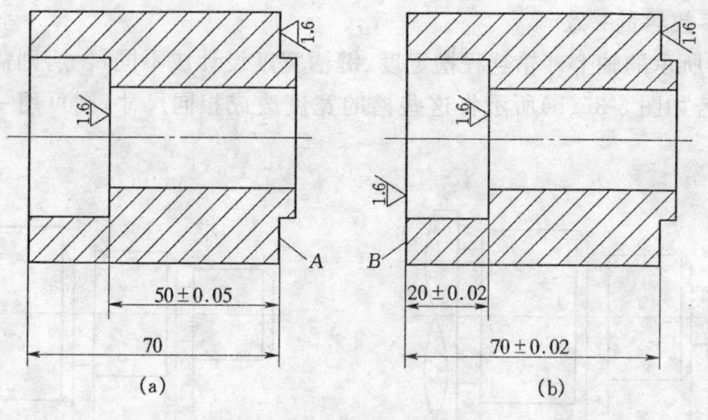

图 5-38　内表面的测量

13）应有利于装配和拆卸

应避免同一方向两个平面同时接触。如图 5-39(a)所示，端盖的两个轴向表面 A、B 同时接触，这样不利于加工和装配。改为图 5-39(b)或图 5-39(c)的结构形式，有利于装配，并可降低零件上有关表面加工的尺寸精度和形位精度要求，减少加工和装配的工作量。

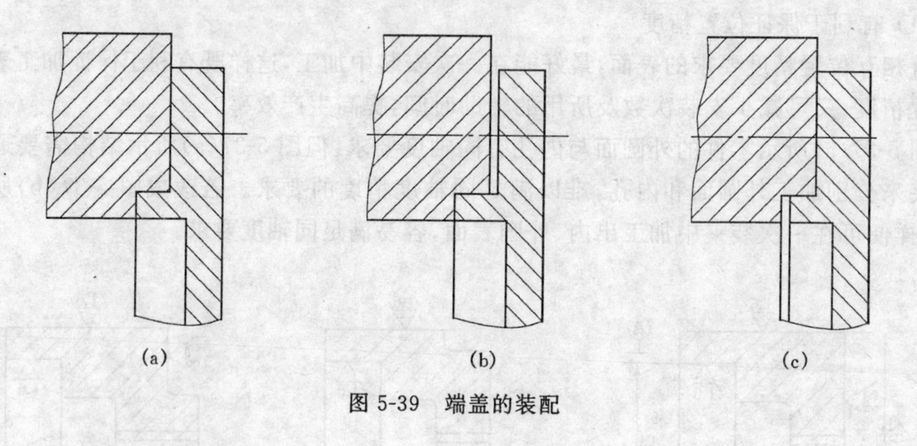

图 5-39　端盖的装配

图 5-40(a)所示轴承外圈与轴承座孔的装配结构不利于轴承外圈的拆卸，改为图 5-40(b)的结构后可使用带螺纹的拆卸工具方便地拆卸轴承。

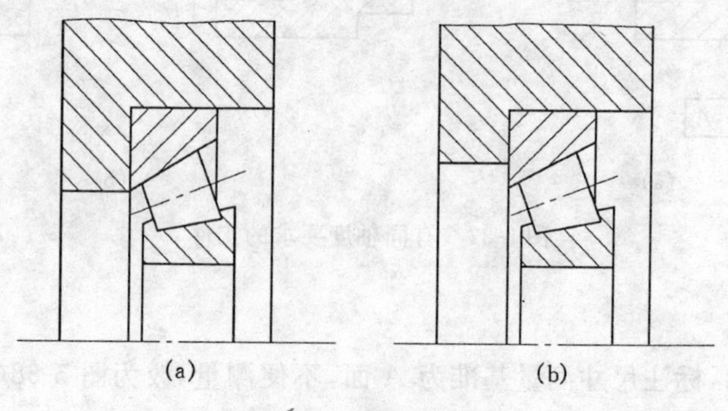

图 5-40　轴承的装配

5.4.3　毛坯的选择

1.毛坯的种类

常用的毛坯主要有如下几种形式：

(1) 铸件。对于形状复杂的毛坯宜采用铸件，如箱体、机座等。

(2) 型材。型材有很多的品种。常用型材的断面有圆形、方形、长方形、六角形，以及管材、板材、带材等。型材有热轧和冷拉两种。

(3) 锻件。锻件能获得纤维组织的连续性和均匀分布，从而提高了零件的强度，所以适用于制造强度要求较高，形状比较简单的零件毛坯。

(4) 焊接件。将型钢或钢板焊接成所需要的结构件，其优点是结构重量轻，制造周期短，但焊接结构的抗振性差，零件的热变形大。

(5) 冲压件。冲压件的精度较高，冲压生产的效率也比较高，适于加工形状复杂，批量较大的中小尺寸板料零件。

2.选择毛坯应考虑的因素

毛坯质量的提高，对减少机械加工量，降低加工成本，提高加工材料的利用率都是十分有利的。但是，在一定的生产技术的条件下，毛坯质量的提高也将伴随着毛坯制造难度的增加，也就意味着毛坯制造成本的增加。因此，在选择毛坯材料和制造方法时，应考虑如下几个问题。

(1) 零件生产纲领的大小。当零件产量较大时，应选择精度和生产率比较高的毛坯制造方法；在单件小批生产时，应选择精度较低和生产率较低的毛坯生产方法。

(2) 毛坯材料及工艺特性。毛坯材料的选择一般是根据零件在机器中的作用为依据的。主要是考虑机器工作对零件强度、刚度、韧性、耐磨性、耐腐蚀等方面的要求。在满足使用要求的前提下，再来考虑加工工艺对毛坯材料及工艺性的要求。

对机械性能要求高的钢制零件，应选择锻造毛坯。对某些材料，如铸铁、铸铝等，只能采用铸造成形。

(3) 零件的形状和尺寸。零件形状的复杂程度、尺寸的大小对毛坯的制造方法确定有很大的影响。形状复杂的零件，一般不宜采用金属模铸造；尺寸较大的毛坯，往往不能采用模锻、压铸、精铸，而应选择砂型铸造、自由锻和焊接等方法制造毛坯。

另外，毛坯的制造还必须考虑现有的生产条件，充分挖潜，提高毛坯质量。

5.5　典型零件加工工艺过程举例

5.5.1　轴类零件加工工艺过程举例

1.轴类零件的结构特点、功用及技术要求

轴类零件主要用来支承传动零件和传递扭矩。轴上的主要结构要素有内外圆柱面、圆锥面、螺纹、键槽等。根据结构形状的不同，可分为光轴、阶梯轴、空心轴、异型轴四大类。

轴一般都有两个支承轴颈。支承轴颈是轴的装配基准，其精度和表面质量要求一般较高。除了尺寸精度外,重要的轴还规定了圆度、圆柱度等形状公差的要求及两个轴颈之间的同轴度要求等。对于安装齿轮等传动件的轴颈,除了本身尺寸精度和表面粗糙度外,还要求其轴线与两支承轴颈的公共轴线同轴,用于轴向定位的轴肩对轴线的垂直度也有要求。

2. 轴类零件的材料、热处理及毛坯

根据轴在使用中的重要程度的不同,轴的材料和热处理亦有很大的不同。

不重要的轴,可采用碳素结构钢 Q235A、Q255A 等,不经热处理使用。一般的轴,可采用优质碳素结构钢 35、45、50 钢等,并根据不同的要求进行不同的热处理,以获得一定的强度、韧性、耐磨性等。对于重要的轴,当精度、转速要求较高时,采用合金结构钢 40Cr、轴承钢 GCr15、弹簧钢 65Mn 等,进行调质和表面淬火处理,使其具有较高的机械性能、耐磨性;当转速高、载荷大时,可采用低碳合金钢 20Cr、20CrMnTi 等进行渗碳淬火处理或氮化钢 38CrMoAlA 进行调质和氮化处理。此外,有些形状复杂的,还可采用球墨铸铁 QT600-2、QT1200-1 等,并进行正火、调质或等温淬火处理。

轴的毛坯,对于光轴和直径相差不大的阶梯轴,一般采用圆钢作为毛坯。直径相差较大的阶梯轴和比较重要的轴,应采用锻件作为毛坯。其中大批大量生产采用模锻;单件小批生产采用自由锻。对于结构复杂的,可采用球墨铸铁件或锻件作为毛坯。

3. 定位基准的选择

1) 粗基准的选择

轴类零件粗基准一般选择外圆表面。这样,既可方便装夹,同时也容易获得较大的支撑刚度。

2) 精基准的选择

轴类零件的精基准在可能的情况下一般都选择轴两端面中心孔。这是因为轴类零件的各主要表面的设计基准都是轴线,选择中心孔作精基准,既可满足基准重合的要求,又可满足基准统一的要求。

当不能选中心孔作为精基准时,可采用轴的外表面或轴的外表面加一中心孔作为精基准。

对精度要求不高的轴,为了减少加工工序,增加支撑刚度,一般选择轴的外圆作精基准。

4. 工艺路线

轴类零件主要表面加工的工艺路线如下:下料(圆棒料毛坯)→车端面、打中心孔→粗车各外圆表面→正火或调质→修研中心孔→半精车和精车各外圆表面、车螺纹→铣键槽→淬火→修研中心孔→粗、精磨外圆→检验。

5. 加工示例

下面给出单件小批量生产图 5-41 所示轴的机械加工工艺过程的制定过程。

1) 主要技术要求

(1) $\phi22^{-0.020}_{-0.041}$ mm 两段轴颈用于安装轴承;$\phi30^{0}_{-0.031}$ 和 $\phi20^{0}_{-0.031}$ mm 段上装齿轮;上述轴颈的表面粗糙度 R_a 值不大于 0.8μm。

(2) 各外圆柱表面对两段 $\phi22^{-0.020}_{-0.041}$ mm 轴颈的公共轴线的径向圆跳动公差为 0.02mm。

(3) 材料选择 45 钢，淬火硬度 40～45HRC。

2) 工艺分析

与轴承孔相配的两 $\phi22_{-0.041}^{-0.020}$ mm 轴颈，其尺寸精度为 IT7，表面粗糙度 R_a 值不大于 0.8μm；用于安装齿轮的轴颈尺寸精度为 IT6；轴上各配合面对两 $\phi22_{-0.041}^{-0.020}$ mm 轴颈的公共轴线的径向圆跳动公差为 0.02mm，可保证平稳传动。

淬火硬度为 40～45HRC 对 45 钢是合适的。

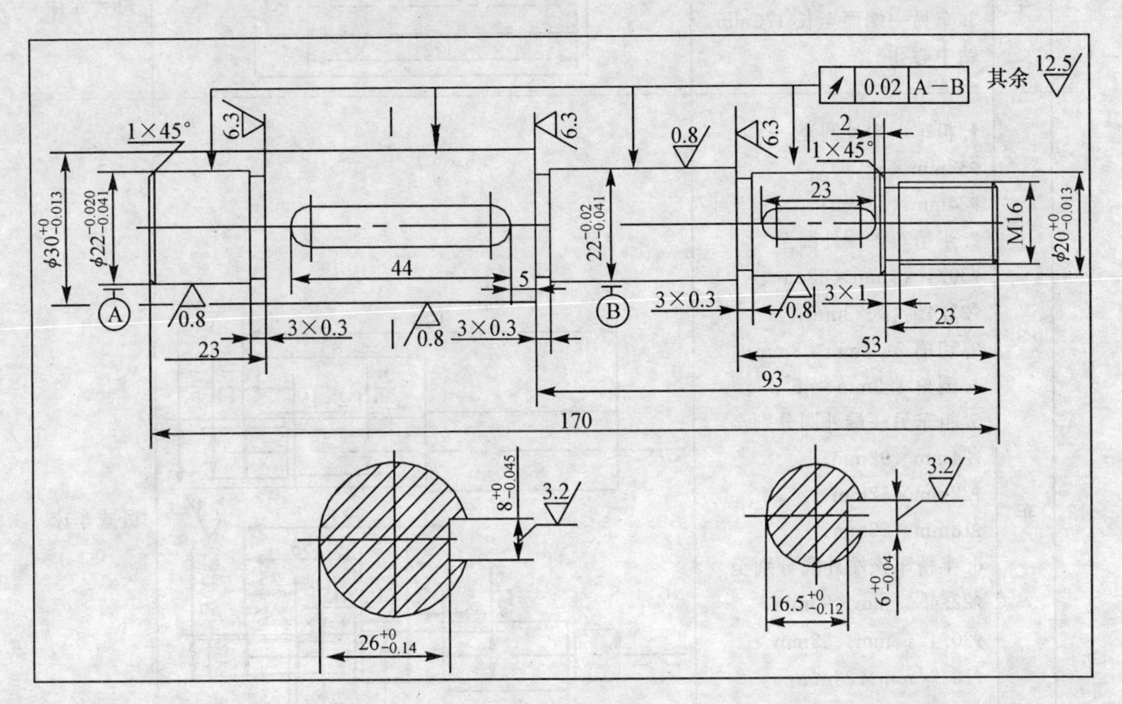

图 5-41　传动轴

轴的两端均有 1mm×45°的倒角，便于零件装配。轴上各段需磨削的外圆，段与段之间均开有 3mm 宽的砂轮越程槽。

(1) 毛坯材料选择。

此轴形状简单，精度要求中等，各段轴颈直径尺寸相差不大，且为单件小批量生产。故毛坯选用 ϕ35 圆钢。

(2) 基准选择。

粗基准选用坯料外圆柱面。精基准选两端面中心孔。在热处理后修研中心孔。

(3) 工艺路线制定。

根据该轴的结构特点和技术要求，其主要表面可在车床和磨床上加工，键槽可在立铣上加工。

因该轴为单件小批量生产，宜采用工序集中原则。用两道车工序完成端面、中心孔及外圆表面的加工。在车、铣工序后安排热处理工序。热处理后修研中心孔。其加工方案为：

粗车→半精车→铣→热处理(淬火)→粗磨→精磨。

其工艺过程见表 5-10。

表 5-10　　单件小批生产轴的工艺过程

工序号	工序名称	工序内容	定位基准	加工设备
1	车	1. 车一端面，钻中心孔； 2. 切断长 172mm； 3. 车另一端面至长 170mm，钻中心孔	12.5 $\phi35$ 172	卧式车床
2	车	1. 粗车一端外圆至 $\phi32mm\times82$、$\phi24mm\times22mm$； 2. 半精车该端外圆至 $\phi30.4^{0}_{-0.1}mm\times83mm$、$\phi22.4^{0}_{-0.1}\times23mm$； 3. 切槽 21.4mm×3mm； 4. 倒角 1.2mm×45°； 5. 粗车另一端外圆分别至 $\phi24mm\times92mm$、$\phi22mm\times52mm$、$\phi18mm\times22mm$； 6. 半精车该端外圆分别至 $\phi22.4^{0}_{-0.1}mm\times93mm$、$\phi20.4^{0}_{-0.1}mm\times53mm$、$\phi16^{-0.1}_{-0.2}mm\times23mm$； 7. 切槽分别至 $\phi21.4mm\times3mm$、$\phi19.4mm\times3mm$、$\phi14mm\times3mm$； 8. 倒角 1.2mm×45°； 9. 车螺纹 M16	170　83　23　6.3 $\phi21.4$　1.2×45°　$\phi22.4^{+0}_{-0.1}$　$\phi30.4^{+0}_{-0.1}$ 93　53　23　6.3 $\phi21.4$　3　$\phi22.4^{+0}_{-0.1}$　3　1.2×45°　1×45°　$\phi20.4^{+0}_{-0.1}$　M16 $\phi19.2$　$\phi14$　3	卧式车床
3	铣	粗、精铣键槽分别至 $8^{0}_{-0.045}mm\times26.2^{0}_{-0.09}mm\times44mm$、$6^{0}_{-0.04}mm\times16.7^{0}_{-0.07}mm\times26.2mm$	44　5　3.2　23　2 $8^{+0}_{-0.045}$　3.2　$26.2^{+0}_{-0.09}$ 3.2　$6^{+0}_{-0.04}$　$16.7^{+0}_{-0.07}$	立式铣床

续表

工序号	工序名称	工序内容	定位基准	加工设备
4	热	淬火回火 HRC40～45		
5	钳	修研中心孔		钻　床
6	磨	1. 粗磨一端外圆分别至 $\phi30.06^{0}_{-0.04}$ mm、$\phi24.06^{0}_{-0.04}$ mm； 2. 精磨一端外圆分别至 $\phi30^{0}_{-0.014}$ mm、$\phi22^{-0.02}_{-0.04}$ mm； 3. 粗磨一端外圆分别至 $\phi22.06^{0}_{-0.04}$ mm、$\phi20.06^{0}_{-0.04}$ mm； 4. 精磨一端外圆分别至 $\phi22^{-0.02}_{-0.04}$ mm、$\phi20^{0}_{-0.04}$ mm	0.8 $\phi30^{+0}_{-0.014}$　$\phi22^{-0.02}_{-0.04}$ 0.8 $\phi22^{-0.02}_{-0.04}$　$20^{+0}_{-0.14}$	外圆磨床
7	检			

5.5.2　箱体类零件加工工艺过程

1. 箱体零件的结构特点及主要技术要求

箱体零件的机器的基础零件，它将其他零件连接成一个整体，使各零件之间保持正确的相互位置关系。箱体的结构形状复杂、体积较大、壁薄且不均匀、内部呈腔形、有若干精度要求较高的平面和孔系，还有较多的紧固螺孔等。

箱体的机械加工主要是平面和孔系的加工。加工平面一般采用刨削、铣削和磨削等；加工孔系常用镗削，小孔多采用钻削。

箱体的主要技术要求有主要孔的尺寸、几何形状精度；主要平面的平面度、表面粗糙度；孔与孔之间的同轴度、孔与孔的中心距误差、各平行孔轴线的平行度、孔与平面之间的位置精度等。

2. 箱体零件的毛坯与材料

箱体的毛坯材料通常的灰铸铁，最常用的牌号为 HT200。在单件小批生产中也可采用焊接毛坯。

为了消除内应力，箱体毛坯应进行退火处理。对精度要求高和容易变形的箱体，在粗加工后要再进行退火或时效处理。

3. 定位基准的选择

1）粗基准的选择

一般应选取重要的孔为主要粗基准，而辅以内腔或其他毛坯孔为次要基准面。这样可保证重要孔的加工余量均匀。

2）精基准的选择

一般选择箱体的一个大平面或者一个大平面与其上的两个销孔作为精基准，以满足装夹可靠和基准统一的要求。

4. 箱体零件加工工艺路线

箱体上各种表面的加工方法，应根据生产实际情况决定。主要孔的加工，在单件小批生产中常采用粗镗—精镗的方案；大批量生产中则可采用粗镗—半精镗—精镗—细镗(或珩磨、滚压)的方案。单件小批生产中平面的加工可采用粗刨—精刨的方案；大批量生产中则常采用粗铣—精铣，或粗铣—磨削的方案。

5. 加工示例

现以图 5-42 所示的减速器箱体的加工为例，说明在单件小批生产中，一般箱体零件的机械加工工艺过程。

1）减速器箱体的技术要求

(1) 底座底面和对合面的任意 100mm×100mm 范围内平面度公差为 0.015mm。

(2) 底座对合面与底面的平行度公差为 100 : 0.05 。

(3) 轴承孔的尺寸精度为 IT6；圆柱度公差为 0.07mm。各孔轴线对其公共轴线的同轴度公差为 0.04mm。各孔外侧面对其公共轴线的垂直度公差为 0.1mm。

(4) 轴承孔间中心距公差为 0.1mm；各轴承孔间平行度公差为 0.074mm。

(5) 轴承孔和主要平面的表面粗糙度 R_a 值不大于 1.6m。

2）工艺分析

此箱体为铸件，机械加工前应经去应力退火热处理；粗加工后还应安排时效处理。

减速器加工表面可分为三类：一是主要平面，包括底座底面和对合面，箱盖对合面。其中底面和对合面精度和粗糙度要求均较高，又是装配基准和定位基准，可采用粗刨、精刨加工，对合面在精刨后还应精细加工——刮研。二是孔加工。为了保证三个轴承孔的位置精度、形状精度和尺寸精度，底面和对合面加工后，将底座和箱盖装好后粗镗、精镗三孔，同时镗削孔端面以达要求。三是其他表面，如连接孔、螺孔、销钉孔等次加工面。这类加工面的加工可安排在主要加工的加工工序间。

3）毛坯材料选择

根据减速器箱体结构特点和使用要求，选择铸造性能好、切削性能好、吸振性好、价格低廉的灰铸铁 HT200，毛坯采用砂型铸造。

4）基准选择

该箱体为分离式，故其加工工艺过程可分为两个阶段：第一阶段主要分别完成箱盖和底座的平面、螺孔、定位孔的加工。第二阶段为将箱盖和底座装在一起后加工三个轴承孔。

(1) 第一阶段基准的选择。

① 粗基准的选择。单件小批量生产时，箱盖和底座分别以法兰的凸缘和内壁作基准划线，使各加工面有足够余量，并保证加工表面与非加工表面的均匀性，然后按划线找正加工；大批大量生产中，是以对合面法兰的不加工部分作定位基准。实际上，前者是以箱盖顶面和底面及三个主要孔为粗基准，后者则是以三个主要孔为粗基准。

② 精基准选择　箱盖与底座对合面加工好后，分别以它们作为精基准加工箱盖顶面方孔端面及底座底面。

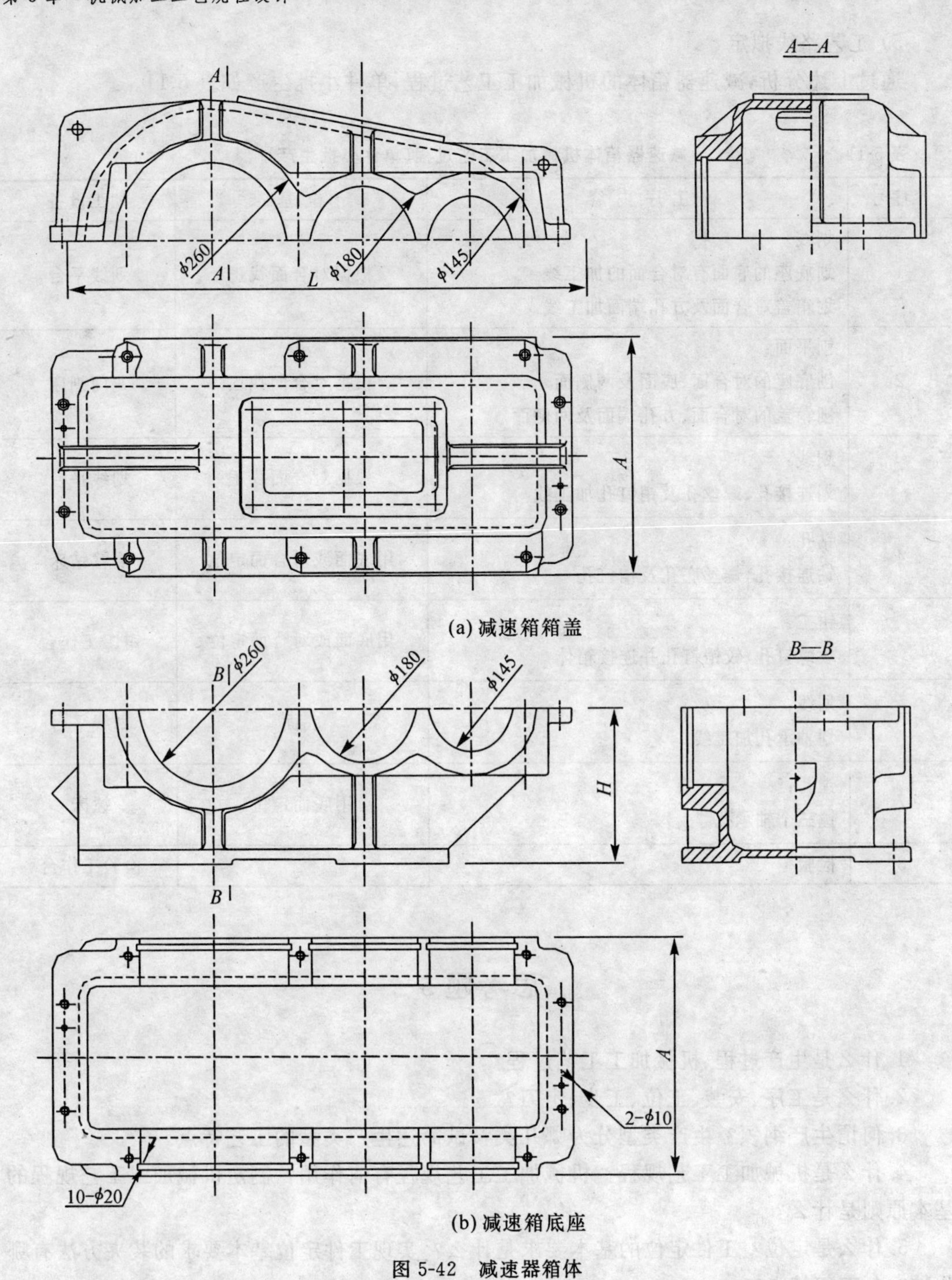

(a) 减速箱箱盖

(b) 减速箱底座

图 5-42　减速器箱体

(2) 第二阶段基准的选择。

箱盖和底座对合面加工后，将其装在一起，镗削三个轴承孔。按精基准应尽量与装配基准、测量基准重合及基准统一等原则，该箱体底座底面是设计和装配基准，故选底面为精基准加工三个轴承孔。

5) 工艺路线拟定

通过上述分析,减速器箱体的机械加工工艺过程,单件小批生产如表 5-11。

表 5-11　**减速器箱体机械加工工艺过程(单件小批生产)**

工序号	工 序 内 容	定 位 基 准	加工设备
1	划线 划底座的底面有对合面的加工线 划箱盖对合面及方孔端面加工线	根据对合面找正	划线平台
2	刨平面: 刨底座的对合面、底面及两侧面 刨箱盖的对合面、方孔端面及两侧面	根据对合面找正	龙门刨床
3	划线: 划连接孔、螺丝孔及销钉孔加工线	根据对合面找正	划线平台
4	钻孔: 钻连接孔、螺丝底孔及销钉孔	用底面或对合面定位	摇臂钻床
5	钳工: 攻螺钉孔、铰销钉孔并连接箱体	用底面或对合面定位	钳工工作台
6	划线: 划轴承孔加工线	底面	划线平台
7	镗孔: 镗三个轴承孔	用底面定位	镗床
8	检验		检验工作台

思考题 5

1. 什么是生产过程、机械加工工艺过程?

2. 什么是工序、安装、工位、工步、走刀?

3. 何谓生产纲领?生产类型分为哪几类?试简述生产类型的工艺特点。

4. 什么是机械加工工艺规程?机械加工工艺规程有何作用?制定机械加工工艺规程的基本原则是什么?

5. 什么是定位?工件定位的基本要求是什么?实现工件定位基本要求的装夹方法有哪几种?各有何特点?

6. 何谓设计基准、工艺基准、工序基准、定位基准、测量基准及装配基准?

7. 简述获得尺寸精度有哪几种方法?各有什么特点?

8. 试分析下列情况的定位基准。

1) 浮动铰刀铰孔;2)珩磨连杆大头孔;3)浮动镗刀镗孔;4)磨削床身导轨面;5)无心磨外圆;6)拉孔;7)超精加工主轴轴颈。

举例说明粗、精基准的选择原则。

9. 何谓加工经济精度？简述选择加工方法时应考虑的因素。

10. 试说明安排切削加工工序顺序的原则。

11. 试述零件机械加工过程中安排热处理工序的目的及其安排顺序。

12. 机械加工工艺过程为什么通常要划分加工阶段？各加工阶段的主要作用是什么？

13. 何谓工序集中与工序分散？各有何特点？

14. 试说明零件的技术分析通常包括哪些内容？工艺分析有何作用？

15. 何谓零件结构工艺性？零件结构工艺性设计的原则是什么？

16. 毛坯通常分为几类？试说明选择毛坯时应考虑哪些因素。

17. 轴类零件的结构特点是什么？其功用以及技术要求有哪些？

18. 轴类零件加工的定位基准该如何选择？简述其加工工艺线路。

19. 箱体零件的结构特点是什么？其主要技术要求有哪些？

20. 箱类零件加工定位基准的选择有什么特点？简述其加工工艺线路。

第6章 精密加工与特种加工简介

6.1 精密加工和超精密加工

6.1.1 精密加工和超精密加工的基本概念

精密加工是指在一定的发展时期,加工精度和表面质量达到较高程度的加工工艺。超精加工是指加工精度和表面质量达到最高程度的精密加工工艺。可见,精密加工和超精密加工的概念是与某个时期的加工工艺水平相关联的,随着科技进步精密加工和超精密加工所能达到的精度将逐步提高。例如在19世纪,加工工件尺寸公差为1μm的加工被称为超精密加工,而现在超精密加工一般是指工件的尺寸公差为0.1～0.01μm数量级的加工方法。

6.1.2 精密加工和超精密加工的特点

1. 加工方法

目前精密和超精密加工方法根据加工机理可分为四大类:

- 切削加工:精密切削、微量切削和超精密切削等;
- 磨削加工:精密磨削、微量磨削和超精密磨削等;
- 特种加工:电火花加工、电解加工、激光加工、电子束加工、离子束加工等;
- 复合加工:将几种加工方法复合在一起,如机械化学研磨、超声磨削、电解抛光等。

在精密和超精密加工中特种加工和复合加工方法应用得越来越多。

2. 加工原则

一般加工时,机床的精度总是高于这被加工零件的精度,这一规律被称为"蜕化"原则。而对于精密加工和超精密加工时,有时可利用低于工件精度的设备、工具,通过工艺手段和特殊的工艺装备,加工出精度高于"母机"的工作母机或工件。这种方法称为进化加工。

3. 加工设备

加工设备的几何精度向亚微米级靠近。关键元件,如主轴、导轨、丝杆等广泛采用液体静压或空气静压元件。

定位机构中采用电致伸缩、磁致伸缩等微位移结构。

设备广泛采用计算机控制、适应控制、在线检测与误差补偿等技术。

4. 切削性能

当精密切削的切深在1μm以下时,切深可能小于工件材料晶粒的尺寸,因此切削就在晶粒内进行,这样切削力一定要超过晶粒内部非常大的原子结合力才能切除切屑,于是刀具上的剪切应力就变得非常大，刀具的切削刃必须能够承受这个巨大的剪切应力和由此产生的很大的热量，这对于一般的刀具或磨粒材料是无法承受的。这就需要找到满足加工精度要求的刀具材料和结构。

5.加工环境

精密加工和超精密加工环境必须满足恒温、防振、超净三个方面对环境提出的要求。

6.工件材料

用于精密加工和超精密加工的材料要特别注重其加工性。工件材料必须具有均匀性和性能的一致性，不允许存在内部或外部的微观缺陷。

7.加工与检测一体化

精密测量是进行精密加工和超精密加工的必要条件。不具备与加工精度相适应的测量技术，就无法判断被加工件的精度。在精密和超精密加工中广泛采用精密光栅、激光干涉仪、电磁比较仪、圆度仪等精密测量仪器。

6.1.3 精密加工和超精密加工方法

1.金刚石精密切削

1）概念

金刚石精密切削是指用金刚石车刀加工工件表面，获得尺寸精度为 0.1μm 数量级和表面粗糙度 R_a 值为 0.01μm 数量的超精加工表面的一种精密切削方法。实现金刚石精密切削关键问题是如何均匀、稳定地切除如此微薄的金属层。

2）金刚石精密切削的机理

金刚石超精密切削属微量切削，切削层非常薄，常在 0.1μm 以下，切削常在晶粒内进行，要求切削力大于原子、分子间和结合力，剪切应力高达 13000MPa。由于切削力大，应力大，刀尖处会产生很高的温度，使一般刀具难以承受。而金刚石刀具不仅有很好的高温强度和高温硬度，而且因其材料本身质地细密，刀刃可以刃磨得很锋利，切削刃钝圆半径可达 0.02μm，因而可加工出粗糙度值很小的表面。而且金刚石超精密切削速度很高，工件变形小，表层高温不会波及工件内层，因而可获得高的加工精度。

3）影响金刚石超精密切削的主要因素

(1) 加工设备要求具有高精度、高刚度、良好的稳定性、抗振性和数控功能等。

(2) 金刚石刀具的刃磨是一个关键技术。金刚石刀具通常在铸铁研磨盘上进行研磨，研磨时应使金刚石的晶向与主切削刃平行，并使刀口圆角半径尽可能小。理论上，金刚石刀具的刃口圆角半径可达 1nm，实际仅到 5nm。

(3) 由于金刚石精密切削的切深很小，因此要求被加工材料组织均匀，无微观缺陷。

(4) 工作环境要求恒温、恒湿、净化和抗振。

4）金刚石精密切削的应用

目前金刚石超精密切削主要用于切削铜、铝及其合金。例如，高密度硬磁盘的铝合金片基，表面粗糙度 R_a 可达 0.003μm，平面度可达 0.2μm 。切削铁金属时，由于碳元素的亲和作用，会使金刚石刀具产生“碳化磨损”，从而影响刀具寿命和加工质量。

2.砂带磨削

砂带磨削是根据工件形状，用相应的接触方式及高速运动的砂带对工件表面进行磨削和抛光的一种新工艺。砂带磨床主要用来作为粗磨、去毛刺、大余量磨削、精磨、细磨、装饰抛光、无心磨以及成形磨削之用。在现代工业中,砂带磨削技术以其独具的加工特点被视为是一种很重要的加工方法。

1) 砂带磨削原理

实现砂带磨削加工的主要方法有:砂带自由张紧法、带有接触轮的转动砂带法和接触板法。最常用的是带有接触轮的转动砂带法。每一种磨削方法都有闭式和开式两种方式,参见图 6-1。

(1) 闭式砂带磨削采用无接头或有接头的环形砂带,通过张紧轮撑紧,由电动机通过接触轮带动砂带高速回转,工件回转,砂带头架或工作台作纵向及横向进给运动,从而对工件进行磨削。这种方式效率高,但噪声大,易发热,可用于粗、半精和精加工。

(2) 开式砂带磨削采用成卷砂带,由电机经减速机构通过卷带轮带动砂带作极缓慢的移动,砂带绕过接触轮并以一定的工作压力与工件被加工表面接触,工件回转,砂带头架或工作台作纵向及横向进给,从而对工件进行磨削。由于砂带在磨削过程中的缓慢移动,切削区域不断出现新砂粒,磨削质量高且稳定,磨削效果好,但效率不如闭式砂带磨削,多用于精密和超精密磨削中。

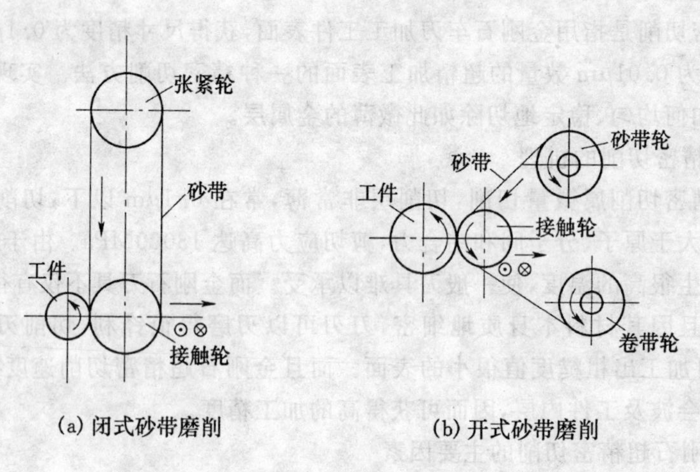

图 6-1 砂带磨削方式

砂带磨削的基本部件有:

(1) 主轴传动装置。有单速或具有较大灵活性的变速传动,有时装有可逆电动机,以改变砂带的运动方向。皮带速度为 10～50m/min,通常取 16～30m/min,主传动装置的功率,在每 10mm 宽的砂带上是 0.3～0.7kW。

(2) 砂带张紧装置。保持磨削及导向时砂带的适当张力在砂带磨削过程中起着重要的作用,它影响到砂带的切削性能和加工零件表面粗糙度。当增加砂带拉力时,可提高金属切除量,但同时也提高表面粗糙度值和磨料覆盖层的消耗量。经试验表明,砂带的张力在 6～8N/mm 范围内,在逆磨削时每次行程能切出最大的金属量。拉紧机构有各种形式,从简单的机械或弹簧方法到宽砂带与重负载磨削机床用的气动及液压拉紧装置。同时,为了获得最大的生产率,必须使更换砂带的时间最少,通常操作者能在 1min 之内更换砂带。

(3) 砂带导向装置。砂带工作时,惰轮或张紧轮应当可以调整,使砂带定位及对中,根据砂带的宽度,这一装置可以手动或自动。砂带宽度大于 200mm 时,通常使用自动导向装置,使接触轮与张紧轮之间的砂带自动对正。

(4) 接触轮。接触轮在磨削点上支承砂带,其本体是用铝或钢制成,轮上覆盖橡胶、纤维、毛毡或其他材料制造的弹性圈(厚度为 3～15mm)。根据需要,可制成各种密度橡胶轮,轮的表面制成交错开槽式或平滑式。使用各种橡胶化合物作为接触轮的覆盖面,以满足一定的磨削要求。这些化合物包括:氯丁橡胶、乙烯树脂、硅酮橡胶、氯硫酸化聚乙烯合成橡胶。

(5) 若在砂带后面安装一块型板(钢、硬质合金或铸铁平板)来代替接触轮,则可完成磨边、四边形、端面、平面及精磨工作,保证零件的平面度或直线性。

此外还有吸尘系统等。

2) 砂带磨削特点

砂带与易损坏的工具如用于单刃车削、铣削、砂轮磨削等工具相比,具有下列特点:

(1) 加工效率高。经过精选的针状砂粒采用先进的"静电植砂法",使砂粒均匀直立于基底、且锋口向上、定向整齐排列,等高性好,容屑间隙大,接触面小,具有较好的切削性能。应用这一多刀多刃的切削工具进行磨削加工,对钢材的切除率已达每毫米宽砂带 200～600mm^3/min。

(2) 加工表面质量高。砂带磨削时接触面小摩擦发热少,且磨粒散热时间间隔长,可以有效地减少工件变形及烧伤,故加工精度高,尺寸精度可达±0.002mm,平面度可达 0.001mm。另外,砂带在磨削时是柔性接触,具有较好的磨削、研磨和抛光等多重作用,再加上磨削系统振动小,磨削速度稳定使得表面加工质量粗糙度值小,残余应力状态好,工件的粗糙度 R_a 可达 0.4～0.1μm,且表面有均匀的粗糙度。但由于砂带不能修整,故砂带磨削加工精度比砂轮磨削略低。

(3) 工艺灵活性大,适应性强。砂带磨削可以方便地用于平面、外圆、内圆磨削、复杂的异形面加工、切削余量 20mm 以下的粗加工磨削、去毛刺和为镀层零件的预加工、抛光表面、消除板坯表面缺陷、刃磨和研磨切削工具、消除焊接处的凸瘤、代替钳工作业的手工劳动。除了有各种通用、专用设备外,设计一个砂带磨头能方便地装于车床、刨床和铣床等常规现成设备上,不仅能使这些机床功能大为扩展,而且能解决一些难加工零件如超长、超大型轴类、平面零件、不规则表面等的精密加工。

(4) 砂带有很大的弹性,因而整个系统有较高的抗振性。

(5) 砂带尺寸可以很大,适用于大面积高效率加工,且设备简单,操作安全,使用维护方便,更换砂带和培训机床操作人员花费时间较少。

(6) 在加工过程中砂带增长,外形和尺寸达不到高精度,加工零件上的尖锐突出部位和用细粒度磨料精磨困难,砂带的坚固性比较低,同时在大多数情况下砂带不可能修正,所以使用期限短。

3. 油石抛光

油石抛光是一种由切削过程过渡到摩擦抛光过程的加工方法。它是利用低发泡氨基甲酸(乙)酯和磨料混合制成的油石对工件表面进行抛光,能够加工出比较理想的镜面,这是一种固定磨料的抛光方法。油石一般都是细粒度磨料。材料有氧化铝、碳化硅、金刚石粉等,其加工表面粗糙度 R_a 可达 0.005μm。

它的加工机理是微切削作用，当加工压力增加时，油石与加工表面的接触面积增加，参加微切削的磨粒也增加，但压力增加不能太大，否则被加工表面易产生划痕，甚至产生微裂纹。抛光时，油石与被加工表面之间可加润滑液。

油石抛光的工作原理如图 6-2 所示。加工时油石以较低的压力和切削速度对工件表面进行精密加工。工件和油石共有三个无能运动，即工件低速回转运动、磨头轴向进给运动油石高速往复振动。这三种运动的合成使磨粒在工件表面上形成不重复的轨迹。如果不考虑磨头的轴向进给运动，则磨粒在工件表面形成的轨迹是正弦曲线。

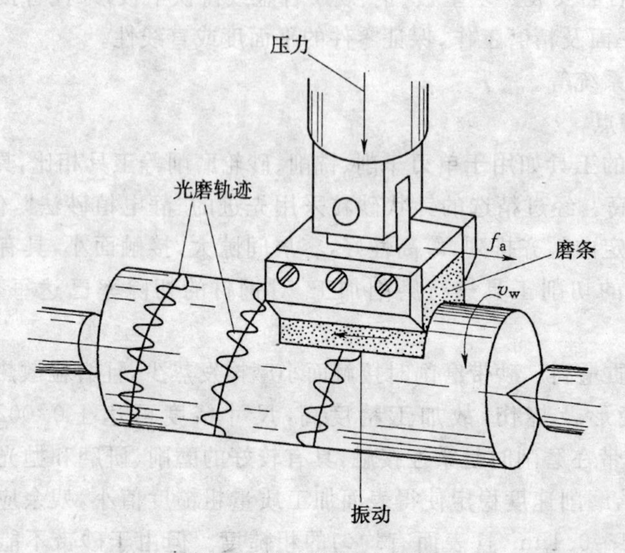

图 6-2 油石抛光加工原理

4. 珩磨

珩磨是用装有磨条(油石)的珩磨头对孔进行光整加工的方法。珩磨时，工件固定不动，装有几个磨条的珩磨头插入被加工孔中，并使磨条以一定的压力(0.4～2MPa)与孔壁接触。珩磨头由机床主轴带动旋转，同时沿轴向做往复运动，使磨条从孔壁上切除极薄的一层金属。由于磨条在工件表面上的切削轨迹是均匀而不重复的交叉网纹，因此可获得很高的精度和很小的表面粗糙度。珩磨时，为了及时排出切削，降低切削温度和减小表面粗糙度，需要大量的切削液。珩磨铸铁和钢件时，常用煤油加少量机油作切削液。珩磨后工件圆度和圆柱度一般可控制在 0.003～0.005mm；尺寸精度可达 IT5-IT6；表面粗糙度 R_a 为 0.2～0.025μm。

珩磨一般在专门的珩磨机上进行。有时也将普通车床或立式钻床进行适当的改装，来完成珩磨加工。图 6-3 为珩磨加工示意图。

5. 游离磨料抛光

游离磨料抛光是利用一个抛光工具作为参考表面，与被加工表面形成一定大小的间隙，并用一定粒度的磨料和抛光液来加工工件表面。如果加工设备精度较高，加工工具运用恰当，则加工精度可达 0.01μm，表面粗糙度 R_a 可达 0.005μm，平面度可达 0.1μm。

游离磨料抛光加工方法有弹性发射加工、液体动力抛光、机械化学抛光、化学机械抛光等，如图 6-4 所示。

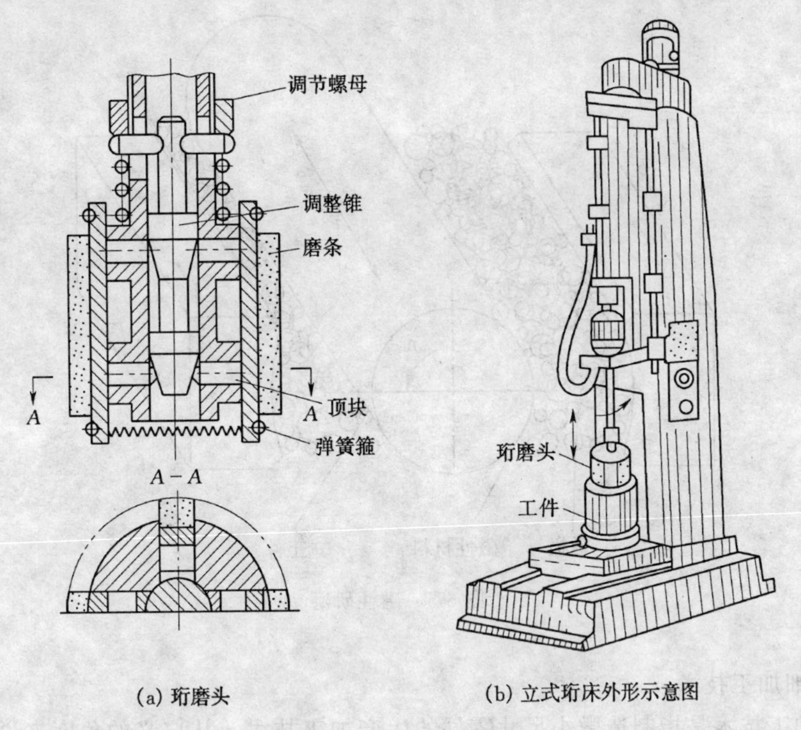

(a) 珩磨头　　(b) 立式珩床外形示意图

图 6-3　珩磨加工示意图

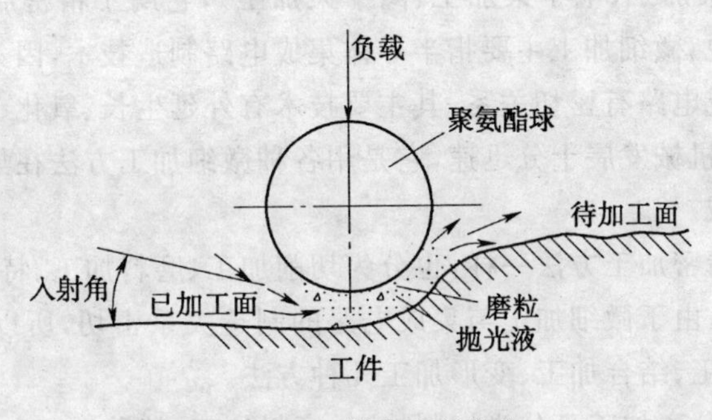

图 6-4　游离磨料抛光

超精密游离磨料抛光的机理是微切削和微塑性流动作用，抛光工具要与被加工表面形成一定大小的间隙，它不但提高被加工表面的质量，而且能提高其几何精度。

6. 磁性研磨和微细加工技术

1）磁性研磨

图 6-5 是磁性研磨工件示意图。工件和磁极间放入含铁的刚玉等磁性磨料，在直流磁场的作用下，磁性磨料沿磁力线方向整齐排列，如同刷子一般对被加工表面施加压力，并保持加工间隙。研磨压力的大小随磁场密度及磁性磨料填充量的增大而增大，因此可以调节。研磨时，工件一面旋转，一面沿轴线方向振动，使磁性磨料与被加工表面之间产生相对运动。这种方法可以研磨轴类零件内外圆表面，也可以用来去毛刺，对钛合金的研磨效果较好。

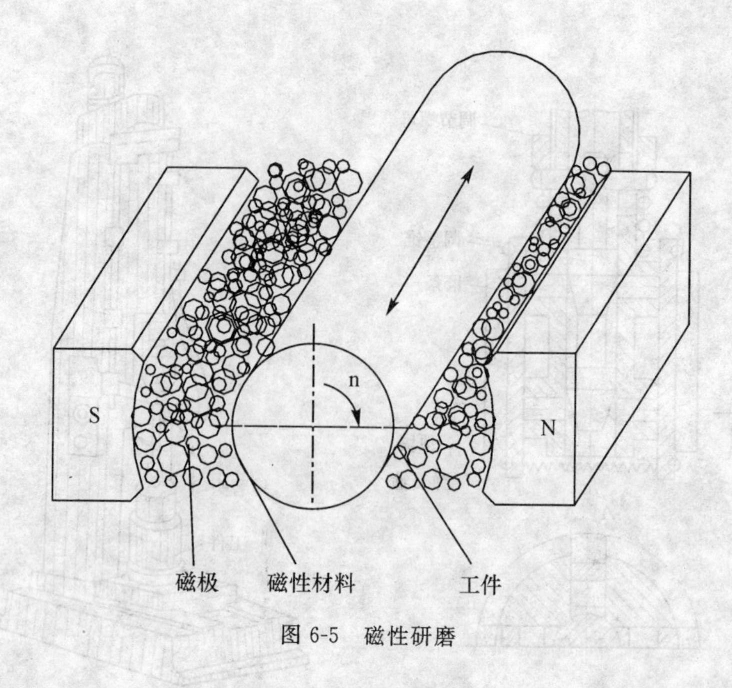

图 6-5 磁性研磨

2) 微细加工技术

微细加工技术是指制造微小尺寸零件的生产加工技术。从广义的角度来说,微细加工包括了各种传统的精密加工方法(如切削加工、磨料加工等)及特种加工方法(如外延生长、光刻加工、电铸、激光束加工、电子束加工、离子束加工),它属于精密加工和超精密加工范畴。从狭义的角度来说,微细加工主要指半导体集成电路制造技术,因为微细加工技术的出现和发展与大规模集成电路有密切关系,其主要技术有外延生长、氧化、光刻、选择扩散和真空镀膜等。目前,微小机械发展十分迅速,它是用各种微细加工方法在集成电路基片上制造出各种微型运动的机械。

微细加工方法与精密加工方法一样,也分为切削加工、磨料加工、特种加工和复合加工,大多数方法是共同的。由于微细加工与集成电路的制造关系密切,所以通常从机理上来分类,包括分离(去除)加工、结合加工、变形加工几种方法。

与精密加工相同,分离加工又分为切削加工、磨料加工、特种加工和复合加工。

结合加工又可分为附着、注入、接合三类。附着指附加一层材料;注入是指表层经处理后产生物理、化学、力学性质变化,可统称为表面改性,或材料化学成分改变,或金相组织变化;接合指焊接、粘接等。

对于变形加工,主要指利用气体火焰、高频电流、热射线、电子束、激光、液流、气流和微粒子流等的力、热作用使材料产生变形而成形,是一种很有前途的微细加工方法 。

6.2 特种加工

特种加工是直接利用电能、光能、声能、化学能等对工件进行加工。在加工进程中工件与刀具之间没有接触,因而不存在明显的机械切削力,刀具的材料硬度可以低于被加工材料的硬度。目前特种加工已用在航天、电子、化工、汽车等制造工业部门得到广泛的应用。

6.2.1　电火花加工

1. 电火花加工的基本原理

电火花加工是直接利用电能对零件进行加工的一种方法，其加工原理是使工件和工具之间产生周期性的、瞬间的脉冲放电，依靠电火花产生的高温将金属熔蚀，并在工件上形成与工具电极截面形状相同的精确形状，而工具电极的形状保持原有的形状。电火花加工是基于脉冲放电的腐蚀原理，故也称放电加工或电蚀加工。电火花加工原理如图 6-6 所示。

如图 6-6 所示，在充满液体介质的工具电极和工件之间的很小间隙上，施加脉冲电压，当两极间隙达到一定值时，其间的液体绝缘介质最先被击穿而电离成电子和正离子，形成放电通道。在电场力作用下，电子高速奔向阳极，正离子奔向阴极，产生火花放电。工具电极由电液伺服系统 2 控制进给。放电通道中电子、正离子受到磁场力和周围液体介质的压缩，致使通道截面积很小而电流密度很大（$10^4 \sim 10^7$ A/cm^2），放电能量高度集中。此外，由于放电时间很短（为 $10^6 \sim 10^8$ s），且发生在放电区的小点上，所以能量高度集中，使放电区的温度高达 10000℃～12000℃，于是工件上这一小部分金属材料被迅速熔化或气化，并具有爆炸性质。爆炸力将熔化或气化了的金属微粒迅速抛出，并在液体介质中很快冷却和凝固成细小的金属颗粒被循环的液体介质带走。每次放电后在工件表面上形成一个微小凹坑，放电过程多次重复进行，大量微小凹坑重叠在工件上，既可把工具电极的轮廓形状相当精确地复制在工件上，达到加工的目的。

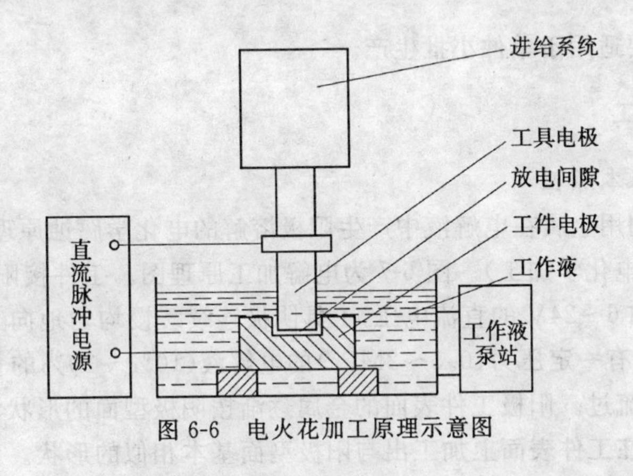

图 6-6　电火花加工原理示意图

在电火花加工时，不仅工件电极被蚀除，工具电极也同样遭到蚀除，但两极的蚀除量是不一样的。为减少工具损耗和提高生产率，加工中应使工具电极的电蚀程度比工件小得多，因此应根据加工要求，正确选择极性，将工具接到蚀除量小的一极。一般，当直流脉冲电源为高频时，工件接在电源正极；电源为低频时，工件接在电源负极；当用钢作工具电极时，工件一般接负极。

电火花加工在专用的电火花加工机床上进行。常用的工作液有煤油、去离子水、乳化液等。

2. 电火花加工的工艺特点

(1) 电火花可加工任何硬、脆、韧、软和高熔点的导电材料，在一定条件下，还可加工半导体材料和非导电材料。

(2) 加工时无切削力,有利于小孔、薄壁、空槽以及各种复杂截面的型孔、曲线孔和型腔等零件的加工,也适于精密细微加工。

(3) 当脉冲宽度不大时,对整个工件而言,几乎不受热影响,可提高加工质量,适于加工热敏感性强的材料。

(4) 脉冲参数可任意调节,能在同一台机床上连续进行粗、半精、精加工。精加工时精度为0.005mm,表面粗糙度 R_a 为 1.6～0.8μm,尺寸精度;精微加工时精度可达 0.002～0.001mm,表面粗糙度 R_a 为 0.05～0.01μm。

(5) 直接使用电能加工,易于实现自动化。

3. 电火花加工的应用

目前电火花加工主要有两种类型,即电火花成形加工和电火花线切割。

(1) 穿孔加工。加工型孔(圆孔、方孔、多边形孔和异形孔)、曲线孔(弯孔、螺纹孔)、小孔、微孔,例如落料模、复合模、拉丝模、喷嘴、喷丝孔等。

(2) 型腔加工。锻模、压铸模、挤压模、塑料模,以及整体叶轮、叶片等各种典型零件的加工。

(3) 线切割加工。进行线电极切割,例如切断、切割各类复杂型孔(如冲裁模)。

(4) 电火花切割加工按走丝速度可分为快走丝和慢走丝两种类型。快走丝速度一般为10m/s 左右,电极丝可往复移动,并可以循环反复使用。慢走丝速度通常为 2～8m/min,为单向运动,电极丝为一次性使用。慢走丝线切割走丝平稳,无振动,电极丝损耗小,加工精度高,是发展方向。

电火花加工主要适用于单件小批生产。

6.2.2 电解加工

1. 电解加工的基本原理

电解加工就是利用金属在电解液中产生阳极溶解的电化学腐蚀原理对工件进行成形加工的一种方法(也称电化学加工)。图 6-7 为电解加工原理图。工件接阳极,工具(铜或不锈钢)接阴极,两极间加 6～24V 的直流电压,工具阴极连续缓慢均匀地向工件进给,极间保持0.1～1mm 间隙。具有一定压力(0.5～2MPa)的电解液(10%～20%的食盐水)从两极间隙中高速(5～60 m/s)流过。阳极工件表面的金属逐渐按阴极型面的形状溶解,电解产物被高速电解液带走,于是在工件表面上加工出与阳极型面基本相似的形状。

2. 电解加工的工艺特点

(1) 电解加工能以简单的进给运动,一次加工出形状复杂的型面和型腔,如锻模、叶片等;

(2) 可加工高硬度、高强度和高韧性等难切削的金属材料,如淬火钢、高温合金等;

(3) 加工型面和型腔的效率比电火花加工高 5～10 倍;

(4) 加工中无机械切削力或切削热,加工面质量好、无残余应力和毛刺;

(5) 加工中阴极损耗小,一般可加工上千个零件;

(6) 因影响电解加工的因素很多,故难以实现高精度的稳定加工。尺寸精度低于电火花加工,且不易控制,一般型孔加工为:0.03～0.05mm,型腔加工为 0.05～0.2mm;

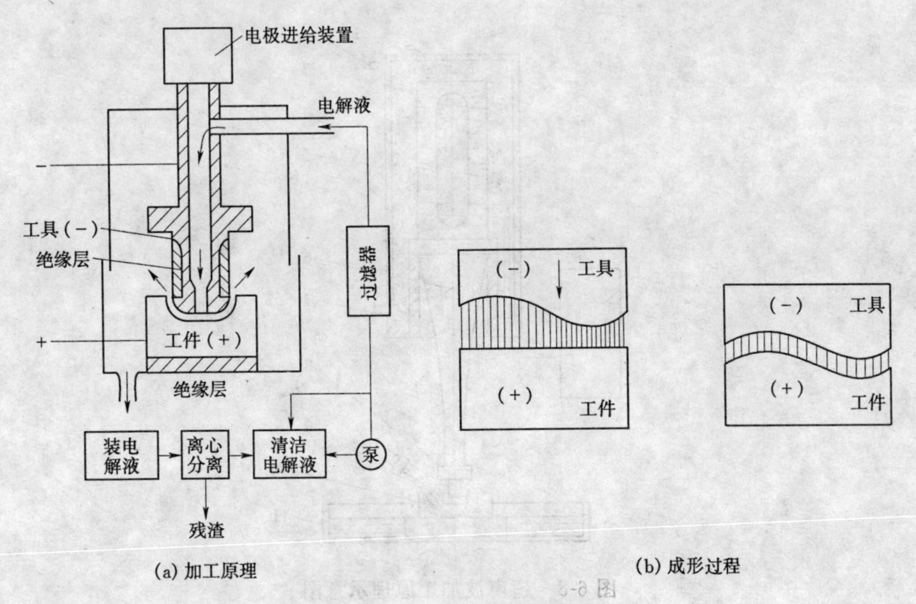

(a) 加工原理　　　　(b) 成形过程

图 6-7　电解加工原理图

(7) 电解液对机床有腐蚀作用,设备费用高,电解产物的处理和回收较困难,污染较严重。

3. 电解加工应用

电解加工主要用于加工各种型腔模具,各种型孔、花键孔、深孔、小孔等复杂型面(如汽轮机、航空发动机的叶片)以及套料、膛线(炮管、枪管的来复线等)等。此外还有电解抛光、倒棱、去毛刺、切割和刻印等。电解加工适于成批和大量生产,多用于粗加工和半精加工。

6.2.3　超声波加工

1. 超声波加工原理

超声波比声波能量大得多,它对其传播方向上的障碍物产生很大的压力,能量强度可达几十瓦到几百瓦每平方厘米,因此用超声波可进行机械加工。超声波加工正是利用超声振动(16～30kHz)的工具冲击磨料对工件进行加工的一种方法,其加工原理如图 6-8 所示。

超声波发生器 1 产生超声频电振荡,由能量转换器 5 将其转变为超声频机械振动。机械振动的振幅很小,不能用来进行机械加工,需要再通过振幅扩大棒 4 将振幅扩大。加工时,工具 6 固定在振幅扩大棒端头,获得超声频机械振动,在工具与工件之间不断地注入悬浮液 8,当工具与工件接触时,由于工具高速冲击悬浮液,使悬浮液中的液体分子及固体磨粒以极高的速度不断地冲击工件被加工面,冲击加速度可达重力加速度的一万倍左右,在加工面上产生很大的瞬间压力,通过磨料的作用使工件局部材料破碎成粉末被打击下来。与此同时,由于悬浮液的扰动,磨料还以很高的速度和频率抛光研磨工件的加工面。悬浮液的循环流动,可使磨料不断更新,并带走被粉碎下来的材料微粒,工具逐渐向工件伸入,工具形状就可复制在工件上。

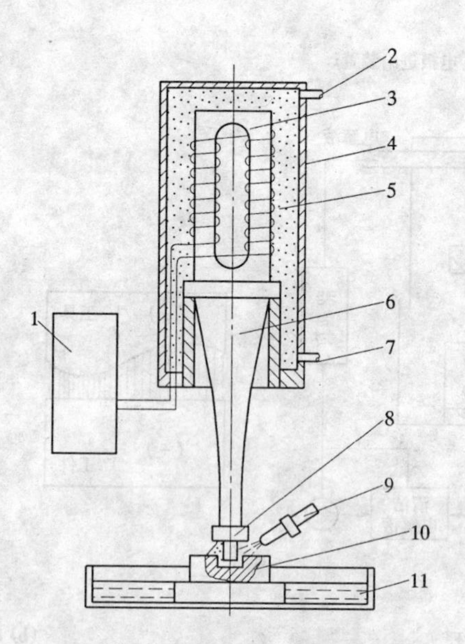

图 6-8 超声波加工原理示意图

工具材料常用不淬火的 45 钢。工具的形状和尺寸应比被加工面的形状和尺寸相差一个“加工间隙”。磨料常用碳化硼、碳化硅、氧化铝或金刚石粉等。工具振动频率一般选择在 16～25kHz,工具端部的振幅一般是 20～80μm。

2. 超声波加工的特点和应用

(1) 超声波加工主要适于加工各种硬脆材料,特别是不导电材料和半导体材料,如玻璃、陶瓷、宝石、金刚石等。对于难以切削加工的高硬度、高强度的金属材料,如淬火钢、硬质合金等,也可加工,但效率较低。因为超声波加工主要是靠磨粒的冲击作用,材料越硬、越脆加工效率越高,对于韧性好的材料,由于缓冲作用大则不易加工;

(2) 易于加工各种形状复杂的型孔、型腔和成形表面,也可进行套料、切割和雕刻等;

(3) 对工件的宏观作用力小、热影响小,可加工某些不能承受较大切削力的薄壁、薄片等零件;

(4) 工具材料的硬度可低于工件硬度;

(5) 超声波加工能获得较好的加工质量。尺寸精度可达 0.01～0.05mm,表面粗糙度 R_a 为 0.4～0.1μm。因此,一些高精度的硬质合金冲压模、拉丝模等,常先用电火花粗加工和半精加工,后用超声波精加工。

目前,超声波主要用于硬脆材料的孔加工、套料、切割、雕刻以及研磨金刚石拉丝模等。

6.2.4 激光加工

1. 激光加工的基本原理

激光是一种亮度高、方向性好、单色性好的相干光。由于激光发散角小和单色性好,理论上可通过一系列装置把激光聚焦成直径与光的波长相近的极小光斑,加上亮度高,其焦点处的功率密度可达 107～1011W/cm²,温度高达万度左右,在此高温下,任何坚硬的或难加工的材料都将瞬时急剧熔化和气化,并产生强烈的冲击波,使熔化的物质爆炸式地喷射出